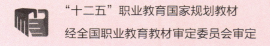

"十二五"职业教育国家规划教材

经全国职业教育教材审定委员会审定

JIANZHU CAD

# 建筑 CAD

## （第 3 版）

丁文华　岳晓瑞　主编

陈继华　段平　副主编

高等教育出版社·北京

内容简介

本书在"十二五"职业教育国家规划教材《建筑CAD》（第2版）的基础上，依据教育部2018年颁布的《高等职业学校建筑工程技术专业教学标准》修订而成。

本书分为两个模块。模块1主要介绍AutoCAD软件在建筑领域中的应用，包括文件操作与绘图设置，二维图形绘制，编辑图形的基本命令，图案填充方法，图层设置，块的定义，表格创建，尺寸及文字标注，距离、面积、体积的查询等基础知识，介绍建筑工程平面图、立面图、剖面图、大样图的绘制方法和技巧。模块2以绘制建筑工程平面图、立面图、剖面图为例，介绍使用基于AutoCAD平台的天正建筑软件绘制建筑施工图的方法和技巧。

本书以绘制工程图实例为主线，介绍AutoCAD和天正建筑软件的使用方法，结构编排合理，图文并茂，实例丰富，实用性强。

本书配套学习卡资源和二维码资源。登录Abook网站http://abook.hep.com.cn/sve，可获取教学课件、书中绘图案例和补充工程案例的图纸文件、选学模块等资源，详细操作说明见书后"郑重声明"页；用手机扫描书中的二维码，可学习"知识链接"和"任务拓展"等内容。

本书可作为职业院校建筑类专业教材，也可作为AutoCAD中文版绘图用户和天正建筑软件用户的参考用书。

## 图书在版编目（CIP）数据

建筑CAD/丁文华，岳晓瑞主编.--3版.--北京：高等教育出版社，2021.3（2022.1重印）
ISBN 978-7-04-055195-2

Ⅰ.①建… Ⅱ.①丁… ②岳… Ⅲ.①建筑设计-计算机辅助设计-AutoCAD软件-高等职业教育-教材 Ⅳ.①TU201.4

中国版本图书馆CIP数据核字（2020）第201514号

策划编辑　梁建超　　　责任编辑　梁建超　　　封面设计　李卫青　　　版式设计　童　丹
插图绘制　黄云燕　　　责任校对　张　薇　　　责任印制　赵　振

| 出版发行 | 高等教育出版社 | 网　址 | http://www.hep.edu.cn |
| 社　址 | 北京市西城区德外大街4号 | | http://www.hep.com.cn |
| 邮政编码 | 100120 | 网上订购 | http://www.hepmall.com.cn |
| 印　刷 | 高教社（天津）印务有限公司 | | http://www.hepmall.com |
| 开　本 | 787mm×1092mm　1/16 | | http://www.hepmall.cn |
| 印　张 | 19.5 | 版　次 | 2008年6月第1版 |
| 字　数 | 470千字 | | 2021年3月第3版 |
| 购书热线 | 010-58581118 | 印　次 | 2022年1月第3次印刷 |
| 咨询电话 | 400-810-0598 | 定　价 | 48.70元 |

# 本书配套数字化资源的获取与使用

## Abook 教学资源

登录高等教育出版社Abook网站http://abook.hep.com.cn/sve或Abook APP，可获取配套教学课件、工程案例图纸文件、选学模块等辅教辅学资源，详细使用说明见本书最后一页"郑重声明"下方的"学习卡账号使用说明"。

| 注册 | 登录 | 绑定课程 | |
|---|---|---|---|
|  |  |  |  |
| 访问网站abook.hep.com.cn/sve 用常用邮箱注册，设置用户名、密码 | 输入用户名、密码、验证码 | 刮开教材封底学习卡上的防伪标签，输入20位防伪码 | 扫码下载 Abook APP |

## 二维码教学资源

用手机扫描书中"知识链接""任务拓展"等对应的二维码，可查看天正软件中图形对象的基本知识和比较专业化的操作命令。

打开书中附二维码的页面          扫码二维码          查看相应资源

# 出版说明

　　教材是教学过程的重要载体,加强教材建设是深化职业教育教学改革的有效途径,推进人才培养模式改革的重要条件,也是推动中高职协调发展的基础性工程,对促进现代职业教育体系建设,切实提高职业教育人才培养质量具有十分重要的作用。

　　为了认真贯彻《教育部关于"十二五"职业教育教材建设的若干意见》(教职成〔2012〕9 号),2012 年 12 月,教育部职业教育与成人教育司启动了"十二五"职业教育国家规划教材(高等职业教育部分)的选题立项工作。作为全国最大的职业教育教材出版基地,高等教育出版社整合全国的优质出版资源,积极参与了该项工作,通过立项的选题品种最多、规模最大,充分发挥了教材建设主力军和国家队的作用。目前,已获立项的建筑工程技术、医药卫生、学前教育等专业的高等职业教育教材相继完成了编写工作,通过全国职业教育教材审定委员会审定并公示后,陆续出版。

　　高等教育出版社国家规划教材的作者中有参与制定高等职业教育新专业教学标准的专家,有高等职业教育国家专业教学资源库建设项目的主持人,有学科领域的领军人物,有企业的专业人员,他们是保证教材编写质量的基础。

　　高等教育出版社国家规划教材主要突出以下五个特点:

　　1. 执行新标准。以《高等职业学校专业教学标准(试行)》为依据,服务经济社会发展和人的全面发展。教材内容与职业标准对接,突出综合职业能力培养。

　　2. 构建新体系。教材整体规划、统筹安排,注重系统培养,兼顾多样成才。遵循技术技能人才培养规律,构建服务于中职高职衔接、职业教育与普通教育相互沟通的现代职业教育教材体系。

　　3. 找准新起点。教材编写遵循易用、易学、易教的原则,强调以学生为中心,符合职业教育的培养目标与学生认知规律。

　　4. 推进新模式。在高等职业教育工学结合、知行合一的人才培养模式下,改革教材编写体例,创新内容呈现形式,推进"任务驱动""项目化""工作过程导向""理实一体化"等教学模式的实施,凸显了"做中学、做中教"的职业教育特色。

　　5. 配套新资源。秉承高等教育出版社打造数字化教学资源的传统与优势,教材内容与高等职业教育国家专业教学资源库紧密结合,纸质教材配套多媒体、网络教学资源,形成数字化、立体化的教学资源体系,为促进职业教育教学信息化提供有力支持。

　　为了更好地为教学服务,高等教育出版社将以国家规划教材为基础,组织教师培训和教学研讨活动,通过与教师互动以及滚动建设立体化教学资源,把教材建设提高到一个新的水平。

高等教育出版社

2014 年 7 月

# 第3版前言

本书是在"十二五"职业教育国家规划教材《建筑CAD》(第2版)的基础上,依据教育部2018年颁布的《高等职业学校建筑工程技术专业教学标准》修订而成的。

本书编写团队由行业企业技术人员和职业院校的骨干教师组成。编写团队积极关注行业发展和专业建设,长期致力于建筑CAD的教学与应用,注重收集建筑领域专家建议,加强与读者的沟通与交流。

本书第1版自2008年6月出版以来,因内容翔实、实用性强、突出案例教学,将AutoCAD和天正建筑软件结合起来,贴近工程实际应用等特点,受到广大读者欢迎,在全国众多职业院校中广泛使用。

本书第2版2014年10月出版,在保持第1版突出案例教学等优点和特色的基础上,根据项目教学需要,采用任务驱动方式,讲解住宅楼建筑施工图的绘制过程。依据教育部2012年《高等职业学校建筑工程技术专业教学标准》,对接专业教学标准和岗位要求,根据当时执行的建筑制图标准对书中案例进行了全面修订。

本次修订依据教育部2018年颁布的《高等职业学校建筑工程技术专业教学标准》,结合现行建筑制图标准,适应教学改革和行业发展需要,对部分内容进行了调整和完善。

本次修订具有以下特点:

1. 对接专业教学标准和岗位要求,突出实用性

围绕专业教学标准中应掌握投影、建筑绘图的基本理论与知识,能绘制土建工程竣工图和施工洽商图等人才培养要求,讲解、演示用AutoCAD的基本命令或天正建筑软件绘制建筑工程平面图、立面图、剖面图、大样图的方法和技巧,增强读者绘图能力的训练。在此基础上,针对资料员、施工员等岗位的需要,读者可选学数字资源中的资料收集、竣工图绘制、面积等工程量计算等内容。

2. 使用成熟常用的软件版本,采用现行制图标准

从AutoCAD R14版本到现在的AutoCAD 2020版本均为窗口界面,这些版本均能满足一般建筑绘图的应用。特别是从AutoCAD 2004版本开始,区别不是太大,有一定的AutoCAD绘图经验后,很快能过渡到高一级的版本。故本书以较为常用、较为稳定的AutoCAD 2012版本为例,介绍AutoCAD的有关操作。也基于此,选择了天正建筑2013软件平台作为专业软件平台。

依据2014年至2020年之间新修订的建筑类制图标准对书中案例进行全面修订,使图样更加规范。

3. 配备丰富的数字化资源,适应不同读者的需要

本书提供丰富的数字化资源,满足不同层次读者的个性化需求。

登录Abook网站http://abook.hep.com.cn/sve,可获取教学课件、书中绘图案例和补充工程案例的图纸文件、选学模块等资源。其中丰富的补充工程案例图纸,供读者练习与对照;建筑电气施工图、建筑给排水施工图、建筑结构施工图、竣工图的绘制方法和技巧,作为选学

模块,供相应专业的读者使用。

用手机扫描书中"知识链接""任务拓展"等对应的二维码,可查看天正软件中图形对象的基本知识,和比较专业化的操作命令。

本书由湖北城市建设职业技术学院和湖北长江电气有限公司合作编写,由丁文华、岳晓瑞担任主编,陈继华、段平担任副主编。参加本书修订的有湖北城市建设职业技术学院丁文华、岳晓瑞、陈继华、段平、秦首禹、徐俊、郭宇珍、易操、胡永骁、刘晗、冯晨、王勇、段丽娜、高秋平,湖北长江电气有限公司胡世祥、郑涛。

由于编者水平有限,且科技不断发展,书中难免有不足之处和需要探讨的问题,恳请专家及广大读者批评指正(读者意见反馈信箱:zz_dzyj@ pub.hep.cn)。

编 者

2021 年 1 月

# 第1版前言

为了适应建筑工程技术人员绘制建筑施工图的需要,本书以实际建筑工程为例,分上、下两篇,分别介绍了 AutoCAD 2007 软件和天正建筑 T-Arch 7.5 软件在建筑领域的应用。

AutoCAD 是通用计算机辅助绘图和设计软件,被广泛应用于建筑、机械、电子等领域。在中国,AutoCAD 已成为工程设计领域应用最为广泛的计算机辅助设计软件之一。

AutoCAD 2007 是适应当今科学技术的快速发展和用户需要而开发的面向 21 世纪的 CAD 软件包。它贯彻了为广大用户考虑的方便性和高效率,为多用户合作提供了便捷的工具与规范的标准,以及方便的管理功能,因此用户可以与设计组密切而高效地共享信息资源。

因为 AutoCAD 是通用计算机辅助绘图和设计软件,不能完全符合建筑绘图和设计标准,在绘制建筑施工图时,还需要按建筑制图标准进行大量的设置,导致设计效率不高。因此,绝大多数建筑工程技术人员都是先用天正工程软件进行绘图和设计,然后在 AutoCAD 平台上进行少量的编辑和修改,将两种软件结合起来使用,以提高设计效率。

天正建筑 T-Arch7.5 是基于 AutoCAD 2000 以上版本平台的建筑设计软件。由于天正建筑软件在全国范围内广泛应用,它的图档格式已经成为各设计单位与甲方之间图形信息交流的基础。

随着 AutoCAD 2000 以上版本平台的推出和普及,以及新一代自定义对象化的 ObjectARX 开发技术的发展,天正公司推出了从界面到核心面目全新的 T-Arch 系列,采用二维图形描述与三维空间表现一体化的先进技术,从方案到施工图全程体现建筑设计的特点,在建筑 CAD 技术上掀起了一场革命;采用自定义对象技术的建筑 CAD 软件具有人性化、智能化、参数化、可视化多个重要特征,以建筑构件作为基本设计单元,把内部带有专业数据的构件模型作为智能化的图形对象;天正提供体贴用户的操作模式使得软件更加易于掌握,可轻松完成各个设计阶段的任务,包括体量规划模型和单体建筑方案比较,适用于从初步设计直至最后阶段的施工图设计,同时可为天正日照设计软件和天正节能软件提供准确的建筑模型,大大推动了建筑节能设计的普及。

本书面向 AutoCAD 及天正建筑 T-Arch 的初、中级用户,采用由浅入深、循序渐进的讲述方法,内容丰富,结构安排合理,实例来自工程实际,适合职业教育特色。

本书由丁文华担任主编,段平、岳晓瑞担任副主编,参加本书编写的有湖北城市建设职业技术学院的丁文华、段平、岳晓瑞、冯晨、曾小红、赵定翠、酒潇华、陈继华、董琪等。丁文华负责全书的统稿工作,段平和岳晓瑞负责本书的校对工作。

参加本书编写的人员均是工作在教学第一线,有着丰富教学经验、工程实践经验、软件使用经验的优秀教师和工程技术人员。

本书由山东省城建职业学院赵清江担任主审,他对书稿提出了许多宝贵意见和建议,在此表示衷心感谢。

在本书的编写过程中,得到了湖北城市建设职业技术学院、湖北华疆建筑设计院领导、工程技术人员和师生的大力支持,在此一并表示衷心的感谢。

由于作者水平有限,时间仓促,书中难免存在不足之处,恳请专家及广大读者批评指正。

编　者

2008 年 2 月

# 目  录

# 模块1
# AutoCAD在建筑领域中的应用

AutoCAD 是美国 Autodesk 公司于 20 世纪 80 年代初应用 CAD 技术开发的绘图软件包，是目前国际上最流行的绘图工具之一。

经过近 40 年的发展，AutoCAD 在国内建筑绘图领域得到了广泛应用。几乎所有的建筑设计院都用 AutoCAD 绘图，各高等学校、职业院校以及培训机构纷纷开设了 AutoCAD 绘图的相关课程。

从 AutoCAD R14 到现在的 AutoCAD 2020 均为窗口界面，这些版本均能满足一般建筑绘图的应用。特别是从 AutoCAD 2004 开始，各版本区别不是太大，有一定的 AutoCAD 绘图经验后，很快能熟悉更高版本软件的应用。故本书以较为常用、较为稳定的 AutoCAD 2012 为例，介绍 AutoCAD 的有关操作。

# 项目 1
# AutoCAD 基本知识

## 项目提要

进行施工图绘制之前,初学者应先掌握有关 AutoCAD 的基本知识。通过本项目学习,读者可了解 AutoCAD 的应用领域,初步了解 AutoCAD 用户界面,熟悉图形文件的基本操作,初步了解绘图环境设置方法,初步掌握绘图辅助工具的使用,熟悉对象选择的常用方法,了解视图的调整方法,了解夹点的编辑方法,理解图层的含义及其管理方法,了解查询距离、面积、体积的方法,熟悉图形的打印输出方法。

在 AutoCAD 中,二维图形对象都是通过一些基本二维图形的绘制,以及在此基础上进行的编辑得到的。AutoCAD 为用户提供了基本图形绘制命令、二维图形编辑命令、图案填充的基本方法、表格的创建和块的插入方法。用户通过这些命令的结合使用,可以方便快速地绘制出二维图形对象。

基本图形绘制完成之后,还需要通过文字和尺寸对图形进行补充说明,以便施工人员能够结合文字和尺寸读懂图纸进行施工。

本项目通过 3 个任务介绍有关知识点。

## 任务 1.1　熟悉 AutoCAD 的基本操作

 任务内容

1. 学会启动 AutoCAD。
2. 熟悉 AutoCAD 经典工作界面。
3. 学习图形文件的基本操作。
4. 学习绘图环境设置方法。
5. 学习图层设置方法。
6. 学习正确使用绘图辅助工具。
7. 学会通过多种方法选择对象。
8. 学习利用夹点进行编辑。
9. 学习查询距离、面积、体积等参数。
10. 学习视图调整操作。
11. 学习打印输出功能。

　任务分析

AutoCAD 的主要应用是进行图形文件的绘制和编辑,最终打印到硫酸纸上,晒成蓝图。

在安装 AutoCAD 软件之后,如何启动软件?工作界面是什么样的?如何进行文件的新建、打开、保存?如何设置绘图环境?怎样正确使用图层?如何快速、准确定位?如何得到距离、面积、体积等参数?怎样将电子图形打印到图纸上?

　任务实施

AutoCAD 安装完毕后,应用程序自动在 Windows 开始菜单的 [所有程序] 菜单中添加 AutoCAD 菜单项,同时,在 Windows 桌面上建立 AutoCAD 的快捷图标 。

> 说明:以 AutoCAD 2012 安装在 Windows 7 操作系统上为例,其他操作系统与此类似。

### 1.1.1　启动 AutoCAD

启动 AutoCAD 有 3 种方法。

方法 1:双击 Windows 桌面上 AutoCAD 2012 的快捷图标,启动 AutoCAD 2012。

方法 2:单击 "开始" → "所有程序" → [AutoCAD 2012 - Simplified Chinese],启动 AutoCAD 2012。

方法 3:找到一个用 AutoCAD 创建的图形文件,双击该图形文件,打开文件的同时也启动了 AutoCAD 2012。

用方法 1 或方法 2 启动 AutoCAD 后,出现 AutoCAD 的 "草图与注释" 工作界面,如图 1-1-1 所示。

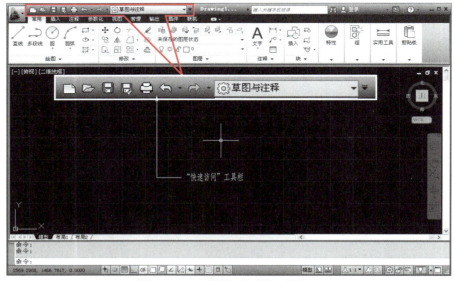

图 1-1-1　"草图与注释"工作界面

　　用鼠标单击软件窗口顶端的"快速访问"工具栏的"工作界面选择"下拉列表框,弹出"工作界面选择"下拉列表,如图 1-1-2 所示。

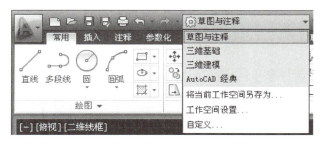

图 1-1-2　"工作界面选择"下拉列表

列表中包含四种工作界面:

- 草图与注释
- 三维基础
- 三维建模
- AutoCAD 经典

为了兼顾较早版本的用户,同时考虑用户使用习惯,在此介绍"AutoCAD 经典"工作界面。

"AutoCAD 经典"工作界面包括"快速访问"工具栏、菜单栏、工具栏、绘图窗口、命令行、状态栏等,如图 1-1-3 所示。

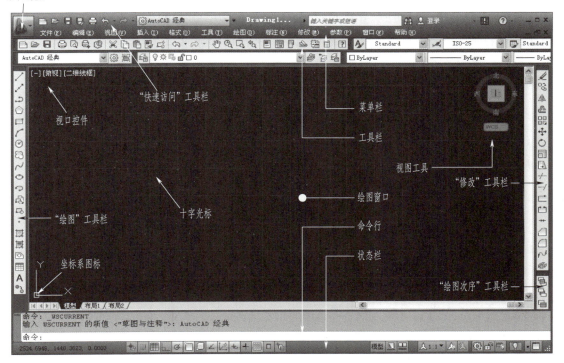

图 1-1-3　"AutoCAD 经典"工作界面

说明：退出 AutoCAD 的方法与一般程序的退出方法一致。可以单击软件窗口右上角的"关闭"按钮"×"，或双击 AutoCAD 左上角的"控制"按钮，退出软件。

### 1.1.2  熟悉"AutoCAD 经典"工作界面

进入 AutoCAD 绘图环境之后，选择如图 1-1-3 所示"AutoCAD 经典"工作界面。可以看出，AutoCAD 界面主要由六部分组成。

1. 标题栏和"快速访问"工具栏

它们位于应用程序窗口的顶部，显示当前运行的工作界面和快速访问工具。

2. 菜单栏

位于"快速访问"工具栏和标题栏下方的是 AutoCAD 的菜单栏，它包括了 12 个主菜单，分别对应 12 个下拉菜单。用户单击某个主菜单，便可打开其下拉菜单。下拉菜单中的大多数菜单项都代表了相应的 AutoCAD 命令，如果某菜单项后面有省略符号"..."，则表明此命令激活后会弹出一个对话框，供用户选择使用；若菜单项后面有实心三角形符号" ▶ "，表明此菜单项有下一级子菜单项。

3. 工具栏

工具栏是一组以图标形式表示的工具按钮，每个按钮代表一个命令，它们可以完成大部分的绘图操作。AutoCAD 提供了 50 多个工具栏，在默认情况下，"AutoCAD 经典"工作界面在绘图窗口顶部显示"标准"工具栏、"样式"工具栏等，在绘图窗口左侧显示"绘图"工具栏，在绘图窗口右侧显示"修改"工具栏和"绘图次序"工具栏。如果界面中的工具栏不够用，用户在已有的任意一个工具栏上单击鼠标右键，在弹出的快捷菜单中可以单击选择需要显示的工具栏。选中显示的工具栏前面带有"√"标记，再次单击带有"√"标记的工具栏，可以隐藏该工具栏。

4. 绘图窗口

绘图窗口是显示界面中最大的一块区域，是用户的工作窗口。用户所做的一切工作都需要在这个窗口内体现。该窗口内的选项卡用于图形输出时模型空间"模型"和图纸空间"布局 1"（或"布局 2"）之间的切换。

十字光标在这个窗口内出现，移动鼠标，十字光标跟着移动。十字光标是用于绘图的基本工具。

绘图窗口的左下方有一个符号，这是用户坐标系（UCS）图标，它指示了绘图的方位。图标上的"X"和"Y"指出了 X 轴和 Y 轴的方向。

说明：选择"视图"→"显示"，再选择"UCS 图标"，取消选中"开"复选框，可以在绘图窗口中不显示用户坐标系（UCS）图标。

5. 命令行

命令行位于工作界面的下方，显示用户输入的命令，或显示通过其他方式激活的命令及命令的各种提示信息，并在此区域内选择激活子命令的方法和输入坐标值等。用户可以通过拖曳的方式改变命令行的高度。

6. 状态栏

状态栏位于命令行的下方，即工作界面的底部。状态栏内显示当前十字光标所处的坐标位置以及 AutoCAD 辅助绘图工具（捕捉、栅格、正交、极轴、对象捕捉、显示/隐藏线宽），只需在这些工具上单击鼠标左键，即可实现这些工具的"开/关"状态的切换。

### 1.1.3　学习图形文件的基本操作

为了实现在 AutoCAD 中绘制建筑图形，必须学会图形文件的基本操作，如新建图形文件、打开图形文件、保存图形文件、关闭图形文件等。

1. 新建图形文件

当采用前面介绍的方法 1 或方法 2 启动 AutoCAD 时，系统会自动新建一个名称为 "Drawing1.dwg"的图形文件。如果还想再创建另一个图形文件，可单击"快速访问"工具栏 "新建文件"按钮，弹出如图 1-1-4 所示的"选择样板"对话框，系统自动定位到样板文件所在的文件夹，然后在样板列表中选择合适的样板，单击"打开"按钮即可。

> 说明：也可单击菜单栏中的"文件"，在出现的下拉菜单中选择"新建"命令，以后记为"文件|新建"。本书对类似菜单中的命令均采用这种表述方法，例如"工具|选项"代表菜单栏中"工具"的下拉菜单中的"选项"命令。

图 1-1-4　"选择样板"对话框

单击"打开"按钮右侧的倒三角按钮，打开下拉列表，用户可以采用英制或者公制的无样板新建图形文件。执行无样板操作后，新建的图形文件不以任何样板为基础。

如果用户选择一个图形样板文件，如选择图形样板文件中的"acad"，如图 1-1-5 所示，单击"打开"按钮后，就以该图形样板文件为基础新建一个图形文件。

图 1-1-5　选择图形样板文件(acad)

2. 打开图形文件

选择"文件|打开"命令,弹出如图 1-1-6 所示的"选择文件"对话框。在"查找范围"中找到对应的文件夹,在"名称"列表框中选择所要打开的图形文件,单击"打开"按钮即可打开已有的图形文件。

> 说明:高版本 AutoCAD 软件可以打开以低版本 AutoCAD 软件创建的图形文件;反之,则不能打开。

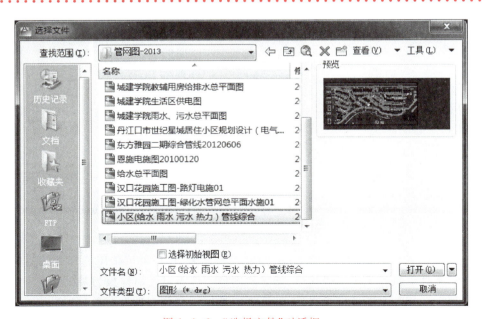

图 1-1-6　"选择文件"对话框

3. 保存图形文件

在工作过程中应定时存盘,以防止数据丢失。如不需要更改文件名,则选择"文件|保存"命令,或单击"快速访问"工具栏中的"保存"按钮 ▢ 来保存文件。

> 说明:在文件尚未命名时,单击"保存"按钮会打开"图形另存为"对话框。

为了不影响设计工作的连续性,可以选择"工具|选项"中的"打开和保存"选项卡,如图 1-1-7 所示,在此选项卡中可以设置自动保存间隔分钟数。在"文件安全措施"中,选中"自动保存"复选框(前面带有"√"标记表示已选中),同时设置"保存间隔分钟数"的值,此处设为"30"。在以后的操作中,每隔 30 min,系统自动保存一次图形文件。

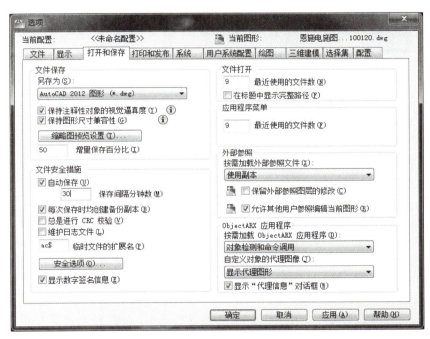

图 1-1-7　"选项"(设置自动保存间隔分钟数)对话框

当需要更改文件名来保存图形时,只需选择"文件|另存为"命令,打开如图 1-1-8 所示的"图形另存为"对话框。在"保存于"下拉列表中选择保存路径,在"文件名"文本框中输入文件名,单击"保存"按钮即可。

> 说明:在取文件名时,一定要见名知义,以便今后调用和查找。如某项目名称为养老院,处于建筑电气新方案阶段,工程设计时间开始于 2013 年 1 月 7 日,则该图形文件名可取为"养老院新方案电施-20130107"。存储文件类型选择"AutoCAD 2012 图形( * .dwg)。"最好每一个项目都建一个文件夹,单独存放该项目的所有文件,以便进行分类管理。

4. 关闭图形文件

当完成一个项目或需间隔较长时间再使用某图形文件时,需要关闭图形文件,有以下几

图 1-1-8　"图形另存为"对话框

种常用的方法关闭图形文件：

① 单击右上角的"关闭"按钮；

② 选择"文件|退出"命令；

③ 同时按 Alt 和 F4 键；

④ 单击 AutoCAD 左上角的控制按钮，再选择"关闭"命令；

⑤ 双击 AutoCAD 左上角的控制按钮。

当用户想退出一个已经修改过的图形文件而又未保存时，会弹出图 1-1-9 所示的提示对话框。单击"是"按钮，AutoCAD 将退出并保存所作修改，单击"否"按钮，AutoCAD 将退出且不保存所作修改，单击"取消"按钮，AutoCAD 将取消退出。这可以给用户一个机会确认自己的选择，以免不必要的文件丢失。

> 说明：AutoCAD 可以同时对几个图形文件进行编辑，可以只关闭其中的一个图形文件。

图 1-1-9　"图形另存为"提示对话框

### 1.1.4　绘图环境设置

绘图环境的设置包括绘图界限的设置和绘图单位的设置。

1. 绘图界限

默认情况下,AutoCAD 系统对绘图范围没有限制,可将绘图区看成一幅无穷大的图纸。选择"格式|图形界限"命令,命令行提示如下:

```
命令:'_limits
重新设置模型空间界限:
指定左下角点或[开(ON)/关(OFF)]<0.0000,0.0000>:
指定右上角点<12.0000,9.0000>:42000,29700
```

命令行提示中的"开"表示打开绘图界限检查,如果所绘图形超出了界限,则系统不绘制此图形并给出提示信息,从而保证了绘图界限的正确性。"关"表示关闭绘图界限检查。"指定左下角点"表示设置绘图界限左下角坐标,如果采用默认值,直接按回车键即可。"指定右上角点"表示设置绘图界限右上角坐标。

> 说明:如何确定绘图界限呢? 首先确定所绘图形的实际大小,再按实际尺寸的 1 mm 对应 AutoCAD 中的 1 个单位长度计算出长度和宽度的最大值(AutoCAD 中的单位),再适当放大一些以满足其他标注,从而取与长度和宽度的最大值接近的图纸规格来设置绘图界限。

例如"指定左下角点或[开(ON)/关(OFF)]<0.0000,0.0000>:↙"(↙表示按回车键,此时取默认值);"指定右上角点<12.0000,9.0000>:"时,输入"84100,59400 ↙"。此处以 A1 图纸的大小来设置绘图界限,以后打印输出时,采用 1∶100 比例输出,可以得到 A1 的图纸。

> 说明:建立完新的绘图界限后,在绘图窗口的空白处单击鼠标右键,在弹出快捷菜单中选择 🔍 缩放(Z) ,进入视图缩放状态,再在绘图窗口的空白处单击鼠标右键,在弹出快捷菜单中选择 范围缩放 ,滚动鼠标滚轮,缩放显示全部的绘图界限。

2. 绘图单位

选择"格式|单位"命令,弹出如图 1-1-10 所示的"图形单位"对话框。"长度"选项组的"类型"下拉列表框用于设置长度单位的格式类型,"精度"下拉列表框用于设置长度单位的显示精度。"角度"选项组的"类型"下拉列表框用于设置角度单位的格式类型,"精度"下拉列表框用于设置角度单位的显示精度,"顺时针"复选框用于设置角度测量方向。

> 说明:在绘制建筑图形时,最小单位为 mm,设实际尺寸的 1 mm 对应计算机中的 1 个单位长度。在这种假设下,插入比例中用于缩放插入内容的单位为 mm;设"长度"的"类型"为"小数","精度"为"0";"角度"的"类型"为"十进制度数","精度"为"0.0"(即保留 1 位小数);当未选中"顺时针"时,角度测量的默认方向为逆时针方向。

图 1-1-10　"图形单位"对话框

### 1.1.5　图层设置

在 AutoCAD 中,用户可以根据需要创建多个图层,然后将相关的图形对象放在同一图层上,以此来管理图形对象。

1. 图层概念

在 AutoCAD 中,将性质相近、相同或在逻辑上相关的图形对象放在一个图层上,以方便管理。例如:在画建筑图形时,通常将轴线设在一个图层;将墙线设在一个图层;将门设在一个图层;将窗户设在一个图层;将尺寸标注设在一个或多个图层。图层就像一张一张的透明纸,将它们所载的图形分开,而把所有图层叠加在一起就构成了某栋建筑物的图纸。若需要对某些对象进行修改处理,只要单独对相应的图层进行修改即可,不会影响其他图层。另外,可以通过关闭建筑施工图中的某些图层,方便地由建筑施工图得到水、暖、电等的条件底图。

图层是 AutoCAD 中帮助用户组织图形的最有效的工具之一。AutoCAD 的图形对象必须绘制在某个图层上。图层一般用层名来标识,用户可以创建自己的图层。AutoCAD 还提供了大量的用于图层管理的功能(如开/关、冻结/解冻、锁定/解锁等),使图形的组织非常灵活、方便、快捷。

2. 图层的管理

进行图层管理经常会用到"图层"工具栏,如图 1-1-11 所示。

选择"格式|图层"命令,打开"图层特性管理器"面板,如图 1-1-12 所示。单击"新建图层"按钮,可以新建一个图层;单击"删除图层"按钮,可以删除一个选中的图层;单击"置为当前"按钮,可以将选中的图层置为当前图层。

说明:只能在当前图层上绘制图形,故若希望将某个对象画在某个图层上,必须先将对应的图层置为当前图层。

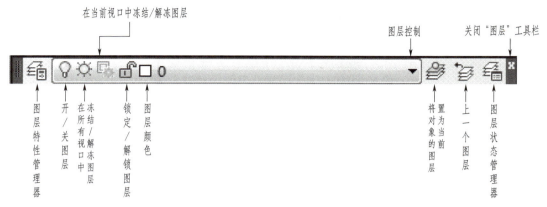

图 1-1-11　"图层"工具栏

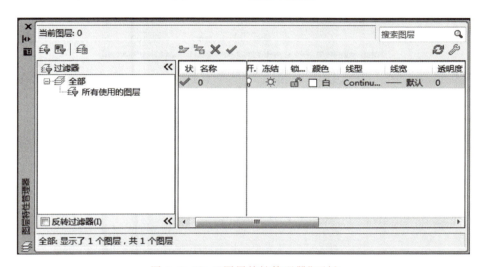

图 1-1-12　"图层特性管理器"面板

在"图层特性管理器"面板中,用户可以对图层特性进行管理和控制。单击"新建图层"按钮 后,默认名称处于可编辑状态,此时用户可以输入新的图层名称。

对于已经创建的图层,如果需要修改图层的名称,可右击该图层,选择"重命名图层"命令,再输入新的名称。双击图层的名称,可将该图层置为当前。

在"图层特性管理器"面板(图 1-1-12)中,单击"颜色"列中的颜色特性图标,弹出如图 1-1-13 所示的"选择颜色"对话框,用户可以对图层颜色进行设置。

在"图层特性管理器"面板(图 1-1-12)中,单击"线型"列中的线型特性图标,弹出如图 1-1-14 所示的"选择线型"对话框。默认状态下,"选择线型"对话框中只有"Continuous"一种线型。单击"加载"按钮,弹出如图 1-1-15 所示的"加载或重载线型"对话框,用户可以在"可用线型"列表框中选择所需要的线型,然后回到"选择线型"对话框选择合适的线型。

> 说明:单击需加载的第一种线型后,按住 Shift 键,再单击最后一种线型,可以一次连续加载多种线型;单击需加载的第一种线型后,按住 Ctrl 键,再依次单击需加载的每一种线型,可以一次不连续加载多种线型。

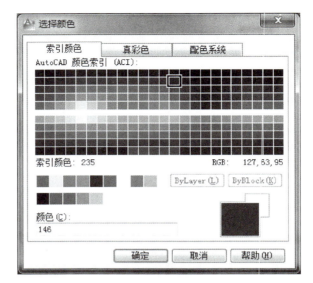

图 1-1-13　"选择颜色"对话框

图 1-1-14　"选择线型"对话框

图 1-1-15　"加载或重载线型"对话框

在"图层特性管理器"面板(图 1-1-12)中,单击"线宽"列中的线宽特性图标,可弹出如图 1-1-16 所示的"线宽"对话框,在其"线宽"列表框中可以选择合适的线宽。

### 1.1.6　绘图辅助工具

AutoCAD 为用户提供了捕捉、栅格、正交、极轴、对象捕捉、对象追踪等绘图辅助工具,来帮助用户快速绘图。

在状态栏的绘图辅助工具上单击鼠标右键,在弹出的快捷菜单中单击"使用图标",去掉前面的"√"标记,使绘图辅助工具变成文字显示,便于理解其功能。

图 1-1-16　"线宽"对话框

1. 捕捉

捕捉设定了光标移动间距,即在图形区域内提供了不可见的参考栅格。当打开捕捉模式时,光标只能处于离光标最近的捕捉栅格上。当使用键盘输入点的坐标或者关闭捕捉模式时,系统将忽略捕捉间距的设置,对光标不再起任何作用。

(1)捕捉模式的打开与关闭

捕捉模式的打开与关闭方法有多种。

方法 1:在状态栏中,单击"捕捉"按钮即可打开捕捉模式;再次单击"捕捉"按钮,则关闭捕捉模式。

方法 2:AutoCAD 系统默认 F9 键为控制捕捉的快捷键,用户可用它打开和关闭捕捉模式。

方法 3:右键单击状态栏中"捕捉"按钮,在弹出的快捷菜单中选择"启用栅格捕捉"选项,打开栅格捕捉模式;在弹出的快捷菜单中选择"关"选项,即可关闭捕捉模式。

方法 4:选择"工具|绘图设置"命令,弹出如图 1-1-17 所示"草图设置"对话框,勾选"捕捉和栅格"选项卡中的"启用捕捉"复选框,则可打开捕捉模式;如果不选中"启用捕捉"复选框,则关闭捕捉模式。

(2)捕捉参数设置

捕捉的设置主要通过"草图设置"对话框进行操作。

打开"草图设置"对话框后选择"捕捉和栅格"选项卡,此选项卡中包含了"捕捉"命令的全部设置。选项卡中各项含义如下。

① 捕捉间距

● 捕捉 X 轴间距:沿 X 轴方向的捕捉间距。

● 捕捉 Y 轴间距:沿 Y 轴方向的捕捉间距。

此项设置可以使 X 轴方向的捕捉间距与 Y 轴方向的捕捉间距不同,这样在绘制一些特殊图形时,会带来很多方便。

② 捕捉类型

捕捉类型可设置为"栅格捕捉"或"PolarSnap"。

图 1-1-17  "草图设置"对话框

● 栅格捕捉：分为矩形捕捉和等轴测捕捉两种样式。其中矩形捕捉是栅格捕捉的常规标准样式，也是系统的默认选项。而等轴测捕捉指的是为绘制轴测图设计的栅格和捕捉。

● PolarSnap：将捕捉类型设定为"PolarSnap"。如果启用了捕捉模式并在极轴追踪打开的情况下指定点，光标将沿在"极轴追踪"选项卡上相对于极轴追踪起点设置的极轴对齐角度进行捕捉。

2. 栅格

栅格是绘图窗口中的一些标定位置的点，帮助用户准确定位。用户可以根据需要打开或关闭栅格，并能改变点的间距。栅格只是绘图的辅助工具而不是图形中的一部分，即它只是一个可见的参考，而不会打印输出。

（1）栅格的打开与关闭

在 AutoCAD 中，用户可以用以下多种不同方法打开或关闭栅格。

方法 1：在状态栏中，单击"栅格"按钮，将打开栅格；再次单击"栅格"按钮，将关闭栅格。

方法 2：默认 F7 键为控制栅格的快捷键，用户用它可以打开或关闭栅格。

方法 3：用鼠标右键单击状态栏中的"栅格"按钮，在弹出的快捷菜单中单击"启用"打开栅格（使"启用"前面出现"√"），再次单击"启用"关闭栅格（使"启用"前面的"√"消失）。

方法 4：选择"工具|绘图设置"命令，弹出"草图设置"对话框（图 1-1-17）。从中选择"捕捉和栅格"选项卡，在此选项卡中勾选"启用栅格"复选框即可打开栅格。

（2）栅格间距设置

在"草图设置"对话框中进行设置。在该对话框中选择"捕捉和栅格"选项卡，则可通过"栅格 X 轴间距"和"栅格 Y 轴间距"两个文本框，分别设置所需的栅格沿 X 轴方向间距和沿 Y 轴方向间距。

（3）捕捉设置与栅格设置的关系

栅格和捕捉这两个绘图辅助工具之间有很多联系,尤其是两者间距的设置。有时为了方便绘图,可将栅格间距设置成与捕捉间距相同,或者使捕捉间距为栅格间距的倍数。这样的设置可以通过在"草图设置"对话框中设置两者间距完成。

3. 正交

正交辅助工具可以使用户仅能绘制平行于 X 轴或 Y 轴的直线。当绘制众多正交直线时,通常需要打开正交模式。另外,当捕捉类型设为等轴测捕捉时,该命令将使绘制的直线平行于当前轴测平面中正交的坐标轴。

正交模式打开与关闭方法与前面介绍的类似,可以通过状态栏中的"正交"按钮或者通过快捷键 F8 控制。

在打开正交模式后,只须在平面内平行于两个正交坐标轴的方向上绘制直线并指定点的位置,而不用考虑屏幕上光标的位置。绘图的方向由当前光标在平行于其中一条坐标轴(如 X 轴)方向上的距离值与在平行于另一条坐标轴(如 Y 轴)方向上的距离值相比来确定。如果沿 X 轴方向的距离大于沿 Y 轴方向的距离,系统将绘制水平线;相反,如果沿 Y 轴方向的距离大于沿 X 轴方向的距离,那么只能绘制竖直线。注意,正交并不影响从键盘上输入点的位置。

4. 对象捕捉

对象捕捉可以利用已经绘制的图形上的几何特征点定位新点。对象捕捉的打开与关闭方法与前几种辅助工具类似,可以通过状态栏中的"对象捕捉"按钮或者通过快捷键 F3 控制对象捕捉的打开或关闭,也可以在"草图设置"对话框的"对象捕捉"选项卡中进行设置,如图 1-1-18 所示。

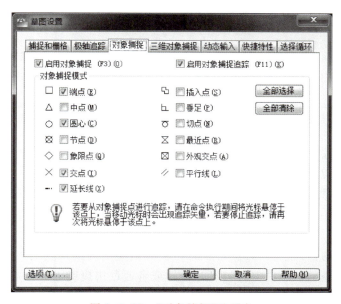

图 1-1-18　"对象捕捉"选项卡

在图 1-1-18 所示的"对象捕捉"选项卡中提供了多种对象捕捉模式。用户可选中某一种或几种模式,表 1-1-1 所示是对各种对象捕捉模式的说明。

表 1-1-1    对象捕捉模式功能表

| 对象捕捉 | 功能阐述 |
| --- | --- |
| 端点 | 用于捕捉直线、圆弧、椭圆弧、多线、多段线线段上的最近端点,以及捕捉直线、图形或三维面域上最近的封闭角点 |
| 中点 | 用于捕捉直线、圆弧、椭圆弧、多线、多段线线段、参照线、图形或样条曲线的中点 |
| 圆心 | 用于捕捉圆弧、圆、椭圆或椭圆弧的圆心 |
| 节点 | 用于捕捉用"绘图\|点"命令生成的对象 |
| 象限点 | 用于捕捉圆弧、圆、椭圆、椭圆弧的象限点 |
| 交点 | 用于捕捉两个对象的交点,包括圆弧、圆、椭圆、椭圆弧、直线、多线、多段线、射线、样条曲线或参照线的交点 |
| 延长线 | 当光标从一个对象的端点移出时,系统将显示并捕捉沿对象轨迹延伸出来的虚拟点 |
| 插入点 | 用于捕捉插入图形文件中的块、文本、属性及图形的插入点,即它们插入时的原点 |
| 垂足 | 用于捕捉直线、圆弧、圆、椭圆弧、多线、多段线、射线、图形、样条曲线或参照线上的一点,而该点与用户指定的上一点形成一条直线,此直线与用户当前选择的对象正交(垂直)。该点不一定在对象上,有可能在对象延长线上 |
| 切点 | 用于捕捉圆弧、圆、椭圆或椭圆弧的切点。此切点与用户所指定的上一点形成一条直线,这条直线将与用户当前所选择的圆弧、圆、椭圆或椭圆弧相切 |
| 最近点 | 用于捕捉对象上最近的一点,一般是端点、垂足或交点 |
| 外观交点 | 用于捕捉 3D 空间中两个对象的视图交点(这两个对象实际上不一定相交,但看上去相交)。在 2D 空间中,外观交点捕捉模式与交点捕捉模式是等效的 |
| 平行线 | 用于绘制平行于另一对象的直线。在指定了直线的第一点后,用光标选定一个对象(此时不用单击鼠标指定,AutoCAD 将自动帮助用户指定,并且可以选取多个对象),之后再移动光标,这时经过第一点且与选定的对象平行的方向上将出现一条参照线,这条参照线是可见的。在某方向上指定一点,那么该直线将平行于选定的对象 |

5. 追踪

当自动对象追踪打开时,绘图窗口中将出现追踪线(追踪线可以是水平或垂直的,也可以有一定角度),可以帮助用户精确确定位置和角度来创建对象。在用户界面的状态栏中可以看到 AutoCAD 提供了两种追踪模式:极轴追踪与对象捕捉追踪。下面介绍这两种追踪模式。

(1)极轴追踪

极轴追踪模式的打开、关闭方法与状态栏上其他绘图辅助工具的打开、关闭方法类似,可以通过用户界面底部状态栏中的"极轴"按钮或者通过快捷键 F10 控制,在"草图设置"对话框里选择"极轴追踪"选项卡,在其中可以完成相关设置。在打开极轴追踪模式后,追踪线由相对于起点和端点的极轴角定义。

在打开极轴追踪模式后,用户就可以沿极轴追踪线移动精确的距离。这样在极轴坐标系中,极轴长度和极轴角度两个参数均可以精确指定,实现了快捷地使用极轴坐标进行点的定位。

> 说明：在前面介绍正交辅助工具时，已经介绍过如果打开正交模式，将限制光标只能沿着水平或垂直方向移动。因此，正交模式和极轴追踪模式不能同时打开。若打开了正交模式，极轴追踪模式将自动关闭；反之亦然。

（2）对象捕捉追踪

在 AutoCAD 中，通过对象捕捉追踪功能可以使对象的某些特征点成为追踪的基准点，根据此基准点沿正交方向或极轴方向形成追踪线进行追踪。

控制对象捕捉追踪模式打开和关闭的办法主要有：通过用户界面底部状态栏中的"对象追踪"按钮或者通过快捷键 F11 控制；也可在"草图设置"对话框里选择"对象捕捉"选项卡，通过其右上角的"启用对象捕捉追踪"复选框来控制对象捕捉追踪控制。

### 1.1.7　对象选择

AutoCAD 提供了两种编辑图形的顺序：先输入命令，后选择要编辑的对象；或者先选择对象，然后进行编辑。用户可以结合自己的习惯和命令要求灵活使用这两种方法。

用户在进行复制、粘贴等编辑操作的时候都需要选择对象，也就是构造选择集。构造了一个选择集以后，这一组对象将作为一个整体被施行编辑命令以及其他的 AutoCAD 命令。

用户通常可以用以下 3 种方式构造选择集：单击选择、窗口选择（左选）和交叉窗口选择（右选）。

1. 单击选择

当命令行提示"选择对象："时，需要用户选择对象，绘图窗口中出现拾取框光标，将光标移动到某个图形对象上单击左键，则可以选择与光标有公共点的图形对象，被选中的对象呈高亮显示。

2. 窗口选择

窗口选择简称左选。当需要选择的对象较多的时候，可以使用窗口选择方式。这种选择方式与 Windows 一般鼠标窗口选择方式类似，首先单击鼠标左键并将光标向右下方拖动，再次单击后形成选择框，选择框呈实线显示，被选择框完全包容的对象就被选择。

3. 交叉窗口选择

交叉窗口选择简称右选。交叉窗口选择（右选）与窗口选择（左选）选择方式类似，所不同的是交叉窗口选择时光标向左上方移动形成选择框，选择框呈虚线显示，只要与交叉窗口相交或者被交叉窗口包容的对象都将被选中。

### 1.1.8　夹点编辑

对象处于选择状态时，会出现若干个带颜色的小方框。这些小方框代表的是所选实体的特征点，称为夹点。

夹点有 3 种状态：冷态、温态和热态。夹点未被激活时处于冷态，默认为蓝色；光标移动到某个夹点上时该夹点处于温态，系统默认为绿色；单击夹点后该夹点被激活，处于热态，系统默认为红色，可以对图形对象进行编辑。

当图形对象处于选中状态时,图形显示表示特征的夹点;当光标移动到某夹点时,夹点变为温态,显示与此夹点相关的参数,如图 1-1-19 所示。单击夹点,夹点处于热态,用户可以在快捷特性浮动窗中修改相应的参数,修改后图形对象随之变化,如图 1-1-20 所示。

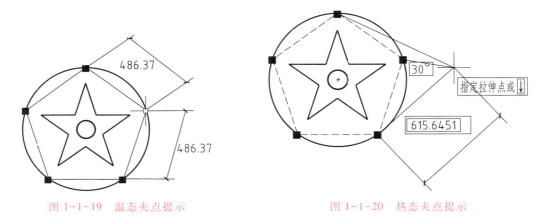

图 1-1-19　温态夹点提示　　　　　图 1-1-20　热态夹点提示

选择"工具 | 选项"命令,打开"选项"对话框,在"选择集"选项卡中可以对夹点进行编辑,如图 1-1-21 所示。

图 1-1-21　在"选项"对话框中编辑夹点选项

### 1.1.9　查询距离、面积或体积

在 AutoCAD 的绘图过程中,用户可根据需要查询选定对象或点序列的距离、半径、角度、面积和体积等。

选择"工具 | 查询"命令,弹出"查询"子菜单,如图 1-1-22 所示。根据需要选择相应的查询项。

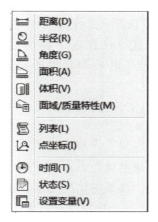

图 1-1-22　"查询"子菜单

（1）查询距离

查询距离即测量指定点之间的距离。选择"工具 | 查询 | 距离"命令，单击选择要测量距离的第一点和第二点，能测量出两点间的距离。

查询距离命令行示例：

命令：_MEASUREGEOM
输入选项［距离（D）/半径（R）/角度（A）/面积（AR）/体积（V）］<距离>：_distance
指定第一个点：
指定第二个点或［多个点（M）］：
距离 = 7.2183，XY 平面中的倾角 = 352，与 XY 平面的夹角 = 0
X 增量 = 7.1551，Y 增量 = -0.9530，　Z 增量 = 0.0000

（2）查询面积

查询面积即测量对象或定义区域的面积和周长。选择"工具 | 查询 | 面积"命令，单击选择要测量面积的第一点、第二点、第三点……能测量出多点围成区域的面积。

查询面积命令行示例：

命令：_MEASUREGEOM
输入选项［距离（D）/半径（R）/角度（A）/面积（AR）/体积（V）］<距离>：_area
指定第一个角点或［对象（O）/增加面积（A）/减少面积（S）/退出（X）］<对象（O）>：
指定下一个点或［圆弧（A）/长度（L）/放弃（U）］：
指定下一个点或［圆弧（A）/长度（L）/放弃（U）］：
指定下一个点或［圆弧（A）/长度（L）/放弃（U）/总计（T）］<总计>：
区域 = 29.5906，周长 = 22.4023
输入选项［距离（D）/半径（R）/角度（A）/面积（AR）/体积（V）/退出（X）］<面积>：

可以选择增加面积或减少面积,从总面积中增加、减去指定的面积。

● 增加面积:打开"增加面积"选项(选择选项中的"A"),并在定义区域时保存最新总面积。可以使用"增加面积"选项计算以下各项:各个定义区域和对象的面积、各个定义区域和对象的周长、所有定义区域和对象的总面积、所有定义区域和对象的总周长。

● 减少面积:从总面积中减去指定的面积(选择选项中的"S")。命令行和快捷特性浮动窗中将显示总面积和总周长。

(3)查询体积

查询体积即测量对象或定义区域的体积。

可以选择三维实体或二维对象。如果选择二维对象,则必须指定该对象的高度。

如果通过指定点来定义对象,则至少指定三个点才能定义多边形。所有点必须位于与当前 UCS 的 XY 平面平行的平面上。如果多边形未闭合,则将计算面积,就如同输入的第一个点和最后一个点之间存在一条直线。

可以选择增加体积和减少体积,从总体积中增加、减去指定的体积。

● 增加体积:打开"增加体积"选项,并在定义区域时保存最新总体积。

● 减去体积:打开"减去体积"选项,并从总体积中减去指定体积。

### 1.1.10　视图调整

在 AutoCAD 的绘图过程中,用户需要不断地对视图进行调整。AutoCAD 提供了视图缩放和平移功能,以方便用户观察和编辑图形对象。

1. 视图缩放

在命令行中输入命令"ZOOM"或"Z"(大小写均可),进行视图缩放。例如输入"Z"命令,命令行提示如下:

```
命令:Z
ZOOM
指定窗口的角点,输入比例因子(nX 或 nXP),或者
[全部(A)/中心(C)/动态(D)/范围(E)/上一个(P)/比例(S)/窗口(W)/对象
(O)]<实时>:A
正在重生成模型。
```

命令行中不同的选项代表了不同的缩放方法。下面介绍几种常用的缩放方式。

(1)全部缩放

在命令行中输入命令"Z",根据命令行提示输入"A",然后按回车键,在视图中将显示整个图形的全貌,显示用户定义的图形界限和图形范围。

(2)范围缩放

在命令行中输入命令"Z",在命令行提示中输入"E",然后按回车键,则在视图中以尽可能大的、包含图形中所有对象的放大比例显示视图,视图包含已关闭图层上的对象,但不包含冻结图层上的对象。

（3）显示上一个视图

在命令行中输入命令"Z"，在命令行提示中输入"P"，然后按回车键，则显示前一个视图。

（4）窗口缩放

窗口缩放方式用于缩放一个由两个对角点所确定的矩形区域，在图形中指定一个缩放区域，AutoCAD 将快速地放大包含在该区域中的图形。窗口缩放使用非常频繁，仅能用来放大视图。这是一种近似的操作，当图形复杂时可能要多次操作才能得到所要的效果。

（5）实时缩放

实时缩放可以更改视图的比例。最简便的方法是在任何状态上，滚动鼠标滚轮进行视图的缩放。

2. 视图平移

当绘图窗口不能显示所有的图形时，需进行平移操作，以便用户查看图形的其他部分。单击鼠标右键，在弹出的快捷菜单中选择"平移"命令，用户就可以按住鼠标左键向各个方向拖动，对图形对象进行实时移动。

### 1.1.11　打印输出

选择"文件|打印"命令，弹出如图 1-1-23 所示的"打印-模型"对话框。在"页面设置"的"名称"下拉列表框中可以选择所要应用的页面设置名称，如果没有进行页面设置，可以选择"无"选项。在"打印机/绘图仪"选项组的"名称"下拉列表框中可以选择要使用的绘图设备。

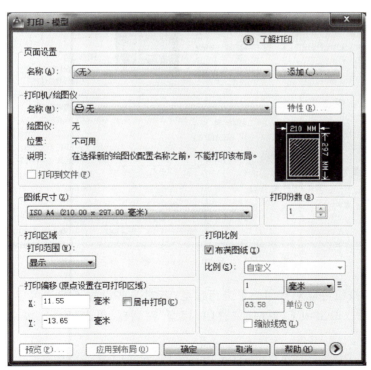

图 1-1-23　"打印-模型"对话框

在"图纸尺寸"下拉列表框中可以选择合适的图纸幅面,并且在右上方可以预览图纸幅面的大小。

在"打印区域"选项组中,用户有4种方法来确定打印范围。

● "图形界限"选项:表示打印布局时,将打印指定图纸尺寸的页边距内的所有内容,其原点从布局中的(0,0)点计算得出。

● "显示"选项:表示打印模型空间当前视口中的视图或布局中的当前图纸空间视图。

● "窗口"选项:表示打印指定图形的任何部分,这是直接在模型空间打印图形时最常用的方法。选择"窗口"选项后,命令行会提示用户在绘图窗口中指定打印区域。

● "范围"选项:用于打印图形的当前空间部分(该部分包含对象),当前空间内的所有几何图形都将被打印。

在"打印比例"选项组中,当选中"布满图纸"复选框后,其他选项显示为灰色不能更改。取消选中"布满图纸"复选框,用户即可对比例进行设置。

用户单击"打印-模型"对话框右下角的⊙按钮,则展开"打印-模型"对话框,如图1-1-24所示。在"打印样式表"下拉列表框中可以选择合适的打印样式表,在"图形方向"选项组中可以选择图形打印的方向和文字的位置。

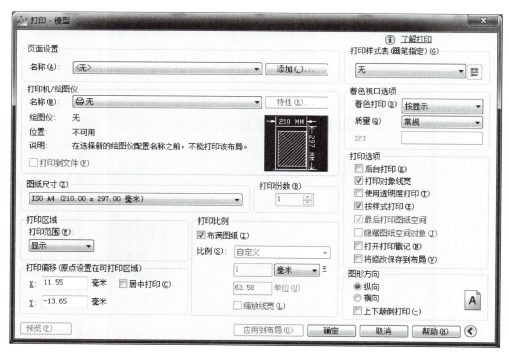

图 1-1-24　展开的"打印-模型"对话框

单击"预览"按钮可以对打印效果进行预览,若对某些设置不满意可以返回修改。在预览中,按回车键可以退出预览,返回原"打印-模型"对话框,单击"确定"按钮进行打印。

> 说明:要求将实物按 1 : 100 的比例绘制在图纸上,可以采用如下步骤:
> ① 约定实际尺寸的 1 mm 对应计算机中的 1 个单位长度;
> ② 按以上约定绘制并保存电子图形;
> ③ 选择打印功能,将图 1-1-24 中的"打印比例"设置为"1 : 100"出图。

## 【任务 1.1 实训】

按以下要求独立制订计划,并实施完成。

1. 安装 AutoCAD 软件(可以在网上下载免费试用版)。

2. 用不同的方法启动 AutoCAD。

3. 设置并熟悉 AutoCAD 经典工作界面。

4. 打开"绘图"工具栏,将"绘图"工具栏放置到恰当的位置。

5. 在状态栏中切换捕捉、栅格、正交、极轴、对象捕捉、对象追踪、DYN 动态输入、线宽的状态,观察发生的变化。

6. 单击"绘图"工具栏中的"直线"按钮，观察命令行中的提示信息。用该命令画一条给定长度的水平线(设为 2 000)和垂直线(设为 3 000),且使这两条线相交。

7. 在一个图形文件中完成以下操作:

① 用不同的方法创建一个图形文件,并将该文件保存至 E 盘根目录下,文件名及文件类型为"第一次作业 A.dwg"。

② 绘制一个简单的图形文件。

③ 用不同方法关闭图形文件,退出 AutoCAD。

④ 用不同方法打开图形文件"第一次作业 A.dwg";再增加一些图形,将该文件另存为"E:\第一次作业 B.dwg";将"第一次作业 A.dwg"打开,比较这两个文件的异同点。

⑤ 将绘图界限设置为 A2 图纸尺寸(59 400×42 000),并设置适当的图形单位。

⑥ 创建几个图层,设置成不同的颜色和线型,在每个图层上画几个图形(将特性工具栏中的参数全部设置成"ByLayer"),观察图形的颜色和线型。在绘图时适当应用绘图辅助工具。

⑦ 用不同方法选择对象,用"删除"按钮　将选中的对象删除;用"移动"按钮　将选中的对象移动到新的位置。

⑧ 用鼠标单击图中的一条直线,观察屏幕的变化;再将鼠标移至直线的中点,观察屏幕的变化;接着单击中点,观察屏幕的变化。

⑨ 单击"标准"工具栏中的"视图实时缩放"按钮　或"视图实时平移"按钮　,将视图作适当的调整,并观察发生的变化。

⑩ 用不同方法激活"打印"命令,观察"打印-模型"对话框中的各选项,并将"图纸尺寸"设置为"A4","打印比例"设置为"布满图纸","打印范围"设置为"窗口",用窗口选择需打印的区域,单击"预览"按钮,观察其效果。

# 任务 1.2　基本图形的绘制与编辑

 **任务内容**

1. 学会绘制常见的二维图形。
2. 掌握二维图形的常用编辑方法。
3. 学会正确使用填充图案。
4. 学会定义、插入、编辑块。
5. 学会创建表格。

 **任务分析**

　　AutoCAD 图形文件是由一些基本图形对象组成的。如何绘制它们？如何对它们进行编辑？如何填充图案？如何利用块生成图形？如何创建表格？

 **任务实施**

### 1.2.1　二维图形绘制

　　AutoCAD 在二维绘图方面体现了强大的功能,用户可以使用 AutoCAD 提供的各种命令来绘制点、直线、弧线以及其他图形,下面对这些基本绘制命令进行详细介绍。

　　1."绘图"工具栏

　　将鼠标移至任意一个已经显示的工具栏的空白位置,单击鼠标右键,在弹出的快捷菜单中选择"绘图",使"绘图"的前面出现"√"标记,即可显示"绘图"工具栏,如图 1-2-1 所示。用鼠标拖动(按住鼠标左键不松开,然后移动鼠标称为拖动鼠标)"绘图"工具栏将其放在屏幕的适当位置后再释放鼠标,这样可以使绘图区域更大些,便于图形绘制、编辑时的观察,从而可以节约绘图时间。

　　说明:将鼠标在工具栏的某个按钮上停留一会儿,就会显示该按钮的功能。

　　将鼠标移至"绘图"工具栏的某个按钮上停留片刻,则会显示该按钮的功能,再停留一会儿,可显示该按钮的功能说明。通过这种方法读者可以了解每个按钮的功能。"绘图"工具栏中的按钮如图 1-2-2 所示。

　　说明:其他工具栏的调用及功能显示同"绘图"工具栏类似。

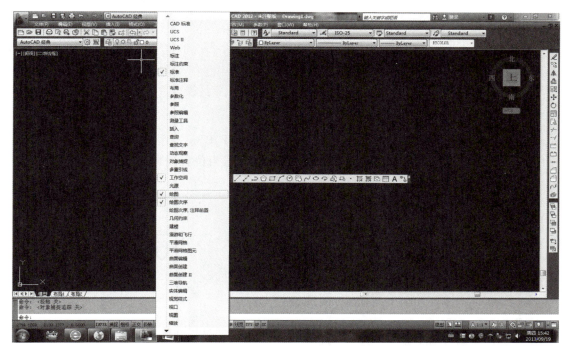

图 1-2-1　显示"绘图"工具栏

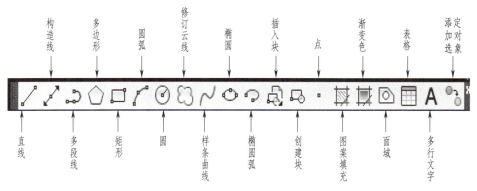

图 1-2-2　"绘图"工具栏

**2. 绘制直线**

直线是基本的图形对象之一。AutoCAD 中的直线就是几何学中的线段。AutoCAD 用一系列的直线连接各指定点。"直线"命令是为数不多的可以自动重复使用的命令之一。它可以将一条直线的终点作为下一条直线的起点,并连续地提示指定下一条直线的终点。

选择"绘图|直线"命令,或者单击"绘图"工具栏的"直线"按钮 ✎,或者在命令行输入命令"LINE"或"L"(大小写均可)激活该命令后,根据提示进行操作。

**举例:**以画一条水平直线,长度为 2 000 个单位长度为例,命令行提示如下:

> 命令:L
> LINE 指定第一点:
> 指定下一点或[放弃(U)]:<正交开>2000
> 指定下一点或[放弃(U)]:

命令行说明:

① 第一行是在命令状态下,输入命令"LINE"的缩写"L";

② 当出现"LINE 指定第一点:"时,在屏幕的左边适当位置用鼠标左键单击一下,拾取一点作为直线的起点;

③ 当出现"指定下一点或[放弃(U)]:"时,在状态栏中单击"正交"按钮,打开正交模式,此时将鼠标相对于第一点向右移动一下,然后输入"2000";

④ 当再次出现"指定下一点或[放弃(U)]:"时,若不需要连续画直线,可按回车键结束"直线"命令。

**举例:**绘制图 1-2-3 中的标高符号(不含尺寸标注),系统提示如下:

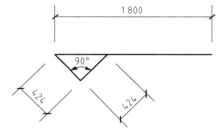

图 1-2-3　标高符号及尺寸

> 命令:L
> LINE 指定第一点:
> 指定下一点或[放弃(U)]:@ 424<-135
> 指定下一点或[放弃(U)]:@ 424<135
> 指定下一点或[闭合(C)/放弃(U)]:1800
> 指定下一点或[闭合(C)/放弃(U)]:

命令行说明:

(1)极坐标

极坐标是指定点与固定点之间的距离和角度。在 AutoCAD 中,通过指定点距前一点的距离以及指定点和前一点的连线与极坐标轴的夹角来确定极坐标。在 AutoCAD 中,测量角度的默认方向是逆时针方向。需要牢记的是,对于用极坐标指定的点,它们是相对于前一点而不是原点(0,0)来定位的。距离与角度之间用尖括号"<"(而不用逗号",")分开。如果没有使用符号"@",将使指定点相对于原点定位,如上面的"@ 424<-135"和"@ 424<135"均采用了相对极坐标来表示点的位置。

(2)相对直角坐标

相对坐标是以前一个输入点作为原点,将要绘制的点在此坐标系下的坐标。在 AutoCAD 中,无论何时指定相对坐标,"@"符号一定要放在输入值之前。在 AutoCAD 中,输入相对坐标的方式为"@ X,Y,Z",如"@ 1800,0",在二维平面中 Z 值可以省略。

3. 绘制点

当利用 AutoCAD 绘制图形时,经常需要绘制一些辅助点进行定位,完成图形后再删除它们。AutoCAD 既可以绘制单独的点,也可以绘制定数等分点和定距等分点。在创建点之前要设置点的样式和大小,然后再绘制点。

（1）设置点的大小与样式

选择"格式|点样式"命令,弹出如图 1-2-4 所示的"点样式"对话框,从中可以完成点的样式和大小的设置。在该对话框中,选择"相对于屏幕设置大小"单选按钮,表示将按屏幕尺寸的百分比设置点的显示大小。缩放时,点的显示大小不改变。此时"点大小"文本框变成 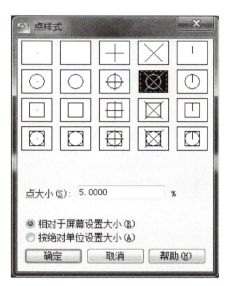 ,用户可以设置其百分比。选择"按绝对单位设置大小"单选按钮,表示将按指定的实际单位设置点的显示大小。缩放时,Auto-CAD 中点的显示大小随之改变。此时"点大小"文本框变成 ,用户可以调整点的实际值。

图 1-2-4　"点样式"对话框

一个图形文件中点的样式都是一致的,一旦更改了一个点的样式,该文件中所有的点都会发生变化,除了被锁定或者冻结图层上的点,但是将该图层解锁或者解冻后,点的样式和其他图层一样会发生变化。

（2）绘制点

选择"绘图|点|单点（或多点）"命令,或单击"绘图"工具栏的"点"按钮 ,即可在指定的位置单击鼠标左键创建点对象,也可输入点的坐标绘制点。

（3）绘制定数等分点

AutoCAD 提供了"等分"命令,可以将已有图形按照一定的要求等分。绘制定数等分点,就是将点或者块沿着对象的长度或周长等间隔排列。选择"绘图|点|定数等分"命令,在系统提示下选择要等分的对象并输入等分的线段数目,就可以在图形对象上绘制定数等分点了。可以绘制定数等分点的对象包括圆、圆弧、椭圆弧和样条曲线等。

**举例:**利用绘制定数等分点的方法,在已知长度的道路一侧种植 10 棵小树。假定用图 1-2-4 选中的点样式代表小树,并假定已设置好点样式了,绘制图形如图 1-2-5 所示。

操作步骤如下:

① 选择"绘图|点|定数等分"命令;

② 选择要等分的对象（单击要等分的直线）;

③ 输入等分的线段数目——5;

④ 完成小树的种植。

（4）绘制定距等分点

在 AutoCAD 中,还可以按照一定的间距绘制点,选择"绘图|点|定距等分"命令,在系统的提示下输入点的间距,即可绘制出该图形上的定距等分点。

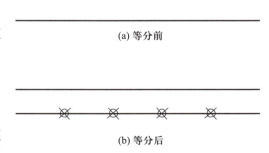

(a) 等分前

(b) 等分后

图 1-2-5　绘制定数等分点前后变化图

**举例:**使用"定距等分"命令在电施图屋顶防雷平面图中绘制支承卡子。

操作步骤如下：

① 在电施图屋顶防雷平面图中，将点样式设置成"×"；

② 选择"绘图│点│定距等分"命令；

③ 选择要等分的对象（单击要等分的避雷带）；

④ 输入等分的线段长度——1 000 个单位长度（即支承卡子的间距为 1 000 mm）；

⑤ 完成支承卡子的绘制。

**4. 绘制矩形**

AutoCAD 不仅提供了绘制标准矩形的命令 RECTANG，而且在此命令中设置了不同的参数，从而可以绘制出带有不同属性的矩形。

选择"绘图│矩形"命令，或者单击"绘图"工具栏的"矩形"按钮 ▭，操作提示如下：

> 命令：RECTANG
> 指定第一个角点或［倒角（C）/标高（E）/圆角（F）/厚度（T）/宽度（W）］：
> 指定另一个角点或［面积（A）/尺寸（D）/旋转（R）］：
> >>输入 ORTHOMODE 的新值<0>：
> 正在恢复执行 RECTANG 命令。
> 指定另一个角点或［面积（A）/尺寸（D）/旋转（R）］：@400,600

其中命令行各提示项的含义如下所述。

● 倒角：设置矩形各个角的修饰，从而绘制出 4 个角带倒角的矩形。

● 标高：设置绘制矩形时所在 Z 平面。此项设置在平面视图中看不出区别。

● 圆角：设置矩形各角为圆角，从而绘制出圆角矩形。

● 厚度：设置矩形沿 Z 轴方向的厚度，同样在平面视图中无法看到效果。

● 宽度：设置矩形边线的宽度。

● 旋转：按指定的旋转角度创建矩形。

采用各种方法绘制的二维矩形如图 1-2-6 所示。

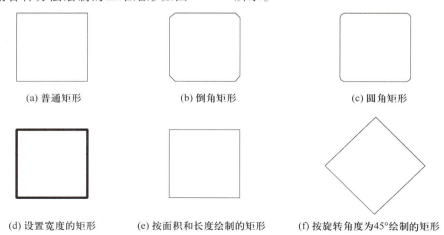

(a) 普通矩形　　(b) 倒角矩形　　(c) 圆角矩形

(d) 设置宽度的矩形　　(e) 按面积和长度绘制的矩形　　(f) 按旋转角度为45°绘制的矩形

图 1-2-6　用各种方法绘制的矩形

举例:绘制一个面积 $A$ = 240 000 平方单位、长度 $L$ = 600 单位长度的矩形,操作提示如下:

```
命令:_rectang
指定第一个角点或[倒角(C)/标高(E)/圆角(F)/厚度(T)/宽度(W)]:
指定另一个角点或[面积(A)/尺寸(D)/旋转(R)]:A
输入以当前单位计算的矩形面积<100.0000>:240000
计算矩形标注时依据[长度(L)/宽度(W)]<长度>:
输入矩形长度<10.0000>:600
```

5. 绘制正多边形

正多边形各边长度相等,利用 AutoCAD 的"正多边形"命令可以绘制边数为 3~1 024 的正多边形。

选择"绘图|正多边形"命令,或者单击"绘图"工具栏的"正多边形"按钮 可以绘制正多边形。以绘制正五边形为例,说明"正多边形"命令的具体操作步骤如下所述。

```
命令:_polygon
输入侧面数<4>:5
指定正多边形的中心点或[边(E)]:
输入选项[内接于圆(I)/外切于圆(C)]<I>:
指定圆的半径:400
```

各命令行提示项的含义如下所述。
- 边:以一条边的长度为基础绘制正多边形。
- 内接于圆:绘制圆的内接正多边形。
- 外切于圆:绘制圆的外切正多边形。

利用"正多边形"命令绘制图 1-2-7 所示的五角星。

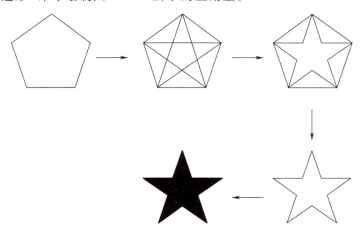

图 1-2-7  利用"正多边形"命令绘制五角星

6. 绘制圆、圆弧

在制图中,圆、圆弧、圆环是非常重要和基础的曲线图形。通过几何学可以知道有很多方法来构造圆、圆弧、圆环,下面分别进行介绍。

(1) 绘制圆

AutoCAD 提供了6种绘制圆的方法,它们都包含在"圆"命令中。可以通过选择"绘图|圆"命令,或者单击"绘图"工具栏中的"圆"按钮 ⊙ 进行圆的绘制。在菜单"绘图|圆"的级联菜单中,依次罗列了6种绘制圆的方法。下面对其中5种方法一一进行介绍。

方法1:使用"圆心、半径"命令绘制圆。此方法是利用圆的圆心和半径来绘制圆。具体操作如下:

```
命令:C
CIRCLE 指定圆的圆心或[三点(3P)/两点(2P)/切点、切点、半径(T)]:
指定圆的半径或[直径(D)]:250
```

绘制结果如图1-2-8所示。

图1-2-8 用"圆心、半径"命令绘制圆

方法2:使用"圆心、直径"命令绘制圆。此方法是利用圆的圆心和直径绘制圆。具体操作如下:

```
命令:C
CIRCLE 指定圆的圆心或[三点(3P)/两点(2P)/切点、切点、半径(T)]:
指定圆的半径或[直径(D)]<250.0000>:D
指定圆的直径<500.0000>:
```

绘制结果如图1-2-9所示。

图1-2-9 用"圆心、直径"命令绘制圆

方法3:使用"三点"命令绘制圆。此方法是利用圆上三点绘制圆。

**举例:**已知一个三角形,画一个圆,使其经过三角形每个边的中点。具体操作如下:

命令：C
CIRCLE 指定圆的圆心或［三点(3P)/两点(2P)/切点、切点、半径(T)］：3P
指定圆上的第一个点：
指定圆上的第二个点：
指定圆上的第三个点：

绘制结果如图 1-2-10 所示。

说明：当出现指定点时，先打开"对象捕捉"，并在"对象捕捉"快捷菜单中复选"中点"，然后再捕捉各边的中点作为圆上的一个点。

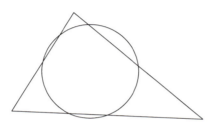

图 1-2-10　用"三点"命令绘制圆

方法 4：使用"两点"命令绘制圆。此方法是利用圆的一条直径的两个端点绘制圆。
利用两点绘制圆，实际上就是将这两点作为直径的两个端点来绘制圆。
方法 5：使用"切点、切点、半径"命令绘制圆。此方法是利用与圆周相切的 2 个物体绘制圆。
**举例：**已知两条直线，画一个圆，使其与两条直线相切，半径为 800。
具体操作时，先选择"绘图|圆|切点、切点、半径"命令，具体操作如下：

命令：CIRCLE
指定圆的圆心或［三点(3P)/两点(2P)/切点、切点、半径(T)］：T
指定对象与圆的第一个切点：
指定对象与圆的第二个切点：
指定圆的半径<577.6028>：800

绘制结果如图 1-2-11 所示。

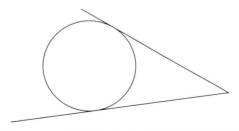

图 1-2-11　用"切点、切点、半径"命令绘制圆

> 说明:使用此方法绘制圆有可能找不到符合条件的圆,此时命令行将提示:"圆不存在"。有时会有多个圆符合指定的条件。AutoCAD 以指定的半径绘制圆,其切点是与选定点最近的点。

（2）绘制圆弧

圆弧是圆的一部分,绘制圆弧时除了需要知道圆心、半径之外,还需要知道圆弧的定位方法。

选择"绘图|圆弧"命令或者单击"绘图"工具栏中的"圆弧"按钮 ⌒ ,便可以绘制圆弧。下面介绍这些命令的使用。

方法 1:使用"三点"命令绘制圆弧。此方法是通过圆弧的起点、端点和圆弧上的任一点来绘制圆弧。"三点"命令绘制圆弧是系统默认的绘制圆弧的方法。具体操作如下:

> 命令:A
> ARC 指定圆弧的起点或[圆心(C)]:
> 指定圆弧的第二个点或[圆心(C)/端点(E)]:
> 指定圆弧的端点:

绘制结果如图 1-2-12 所示。

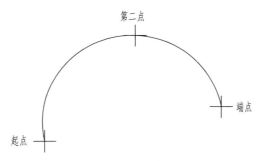

图 1-2-12　用"三点"命令绘制圆弧

方法 2:使用"起点、圆心、端点"命令绘制圆弧。此方法是通过圆弧的起点、圆弧所在圆的圆心和圆弧的端点来绘制圆弧。具体操作如下:

> 命令:A
> ARC 指定圆弧的起点或[圆心(C)]:
> 指定圆弧的第二个点或[圆心(C)/端点(E)]:C
> 指定圆弧的圆心:
> 指定圆弧的端点或[角度(A)/弦长(L)]:

绘制结果如图 1-2-13 所示。

> 说明:图 1-2-13 是根据圆弧端点在圆上、圆内、圆外三种情况绘制的。

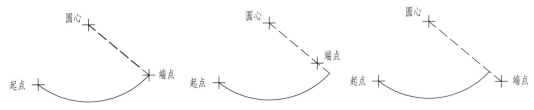

图 1-2-13  用"起点、圆心、端点"命令绘制圆弧

方法 3:使用"起点、圆心、角度"命令绘制圆弧。此方法是通过圆弧的起点、圆弧的圆心以及圆弧的圆心角来绘制圆弧。具体操作如下:

> 命令:A
> ARC 指定圆弧的起点或[圆心(C)]:
> 指定圆弧的第二个点或[圆心(C)/端点(E)]:C
> 指定圆弧的圆心:
> 指定圆弧的端点或[角度(A)/弦长(L)]:A
> 指定包含角:135

绘制结果如图 1-2-14 所示。

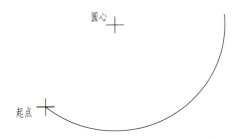

图 1-2-14  用"起点、圆心、角度"命令绘制圆弧

方法 4:使用"起点、圆心、长度"命令绘制圆弧。此方法是通过圆弧的起点、圆弧的圆心以及圆弧的弦长来绘制圆弧,注意输入的弦长不能超过圆弧所在圆的直径。具体操作如下:

> 命令:A
> ARC 指定圆弧的起点或[圆心(C)]:
> 指定圆弧的第二个点或[圆心(C)/端点(E)]:C
> 指定圆弧的圆心:
> 指定圆弧的端点或[角度(A)/弦长(L)]:L
> 指定弦长:800

绘制结果如图 1-2-15 所示。

方法 5:使用"起点、端点、角度"命令绘制圆弧。此方法是通过圆弧的起点、端点以及圆弧的圆心角来绘制圆弧。具体操作如下:

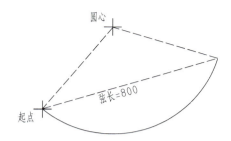

图 1-2-15　用"起点、圆心、长度"命令绘制圆弧

> 命令:A
> ARC 指定圆弧的起点或[圆心(C)]:
> 指定圆弧的第二个点或[圆心(C)/端点(E)]:E
> 指定圆弧的端点:
> 指定圆弧的圆心或[角度(A)/方向(D)/半径(R)]:A
> 指定包含角:135

绘制结果如图 1-2-16 所示。

> 说明:在使用这种方法时,如果角度给定的不恰当,就不能绘制圆弧。

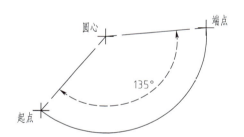

图 1-2-16　用"起点、端点、角度"命令绘制圆弧

方法 6:使用"起点、端点、方向"命令绘制圆弧。此方法是通过圆弧的起点、端点与通过起点的切线方向来绘制圆弧。具体操作如下:

> 命令:A
> ARC 指定圆弧的起点或[圆心(C)]:
> 指定圆弧的第二个点或[圆心(C)/端点(E)]:E
> 指定圆弧的端点:
> 指定圆弧的圆心或[角度(A)/方向(D)/半径(R)]:D
> 指定圆弧的起点切向:

绘制结果如图 1-2-17 所示。

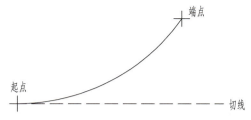

图 1-2-17　用"起点、端点、方向"命令绘制圆弧

方法 7：使用"起点、端点、半径"命令绘制圆弧。此方法是通过圆弧的起点、端点以及圆弧的半径来绘制圆弧。具体操作如下：

命令：A
ARC 指定圆弧的起点或［圆心（C）］：
指定圆弧的第二个点或［圆心（C）/端点（E）］：E
指定圆弧的端点：
指定圆弧的圆心或［角度（A）/方向（D）/半径（R）］：R
指定圆弧的半径：600

绘制结果如图 1-2-18 所示。

图 1-2-18　用"起点、端点、半径"命令绘制圆弧

方法 8：使用"圆心、起点、端点"命令绘制圆弧。此方法是通过圆弧的圆心以及圆弧的起点、端点来绘制圆弧。具体操作如下：

命令：A
ARC 指定圆弧的起点或［圆心（C）］：C
指定圆弧的圆心：
指定圆弧的起点：
指定圆弧的端点或［角度（A）/弦长（L）］：

绘制结果如图 1-2-19 所示。该图是根据端点相对于圆弧终点的位置存在三种情况而绘制的。

方法 9：使用"圆心、起点、角度"命令绘制圆弧。此方法是通过圆弧的圆心、圆弧的起点以及圆弧的圆心角来绘制圆弧。具体操作如下：

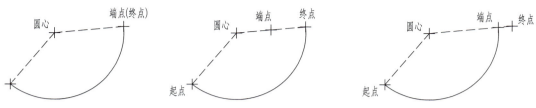

图 1-2-19　用"圆心、起点、端点"命令绘制圆弧

命令:A
ARC 指定圆弧的起点或[圆心(C)]:C
指定圆弧的圆心:
指定圆弧的起点:
指定圆弧的端点或[角度(A)/弦长(L)]:A
指定包含角:135

绘制结果如图 1-2-20 所示。

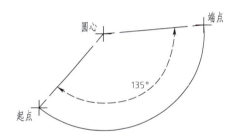

图 1-2-20　用"圆心、起点、角度"命令绘制圆弧

方法 10:使用"圆心、起点、长度"命令绘制圆弧。此方法是通过圆弧的圆心、圆弧的起点以及圆弧的弦长来绘制圆弧。具体操作如下:

命令:A
ARC 指定圆弧的起点或[圆心(C)]:C
指定圆弧的圆心:
指定圆弧的起点:
指定圆弧的端点或[角度(A)/弦长(L)]:L
指定弦长:800

绘制结果如图 1-2-21 所示。

方法 11:在菜单中还有最后一项为"继续"命令,其作用是继续绘制与最后绘制的直线或曲线的端点相切的圆弧。

7. 绘制多线

AutoCAD 提供了"多线"命令"MLINE"用于同时绘制多条平行的线,另外还提供了"多线编辑""MLEDIT"用于修改两条或多条多线的交点及封口样式,"多线样式"命令

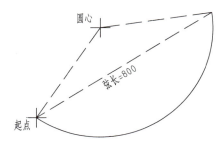

图 1-2-21　用"圆心、起点、长度"命令绘制圆弧

"MLSTYLE"用于创建新的多线样式或编辑已有的多线样式。在一个多线样式中，最多可以包含 16 条平行线，每一条平行线称为一个图元。

（1）"多线"命令

选择"绘图|多线"命令，或者在命令行输入命令"MLINE"或"ML"然后按回车键或空格键，均可激活"多线"命令。具体操作如下：

> 命令：ML
> MLINE
> 当前设置：对正=上，比例=20.00，样式=STANDARD
> 指定起点或[对正(J)/比例(S)/样式(ST)]：
> 指定下一点：
> 指定下一点或[放弃(U)]：
> 指定下一点或[闭合(C)/放弃(U)]：
> 指定下一点或[闭合(C)/放弃(U)]：C

命令行各提示项的含义如下。

● 对正：该选项确定如何在指定的点之间绘制多线。输入"J"并按回车键后，命令行提示 3 个选项"上(T)/无(Z)/下(B)"，其中"上(T)"表示在设置光标处绘制多线顶线，其余的线在光标之下；"无(Z)"表示在设置光标处绘制多线的中点，即偏移量为 0 的点；"下(B)"表示在设置光标处绘制多线的底线，其余的线在光标之上。

● 比例：多线的比例是指控制多线总宽度的缩放比例。多线的比例不影响线型宽度的缩放比例。

> 说明：如何确定多线宽度的缩放比例？假定要绘制 240 厚的墙，当设置新建样式中图元的偏移量分别为 0.5 和-0.5 时，多线宽度对应的缩放比例为 240；当设置新建样式中图元的偏移量分别为 20 和-20 时，多线宽度对应的缩放比例为 6。

● 样式：指定多线样式。选择此选项后，命令行会给出提示："输入多线样式名或[?]："，此处输入多线样式名称或者输入"?"（若输入"?"，显示已定义的多线样式名）。

（2）"多线样式"命令

在"格式"菜单中选择"多线样式"命令，弹出"多线样式"对话框。在此对话框中可以修改当前多线样式,也可以设定新的多线样式,如图 1-2-22 所示。

图 1-2-22 "多线样式"对话框

在此对话框中,各按钮含义如下。

● 加载:单击此按钮显示"加载多线样式"对话框,如图 1-2-23 所示。在此对话框中可选择后缀名为".mln"的文件,从中读取多线样式。

图 1-2-23 "加载多线样式"对话框

● 保存:保存或复制一个多线样式。

● 重命名:对一个多线样式进行重新命名。

● 删除:删除一个选中的多线样式。

● 新建:单击此按钮,可弹出如图 1-2-24 所示的"创建新的多线样式"对话框。

在"创建新的多线样式"对话框的"新样式名"文本框中输入新样式名称,例如"墙厚

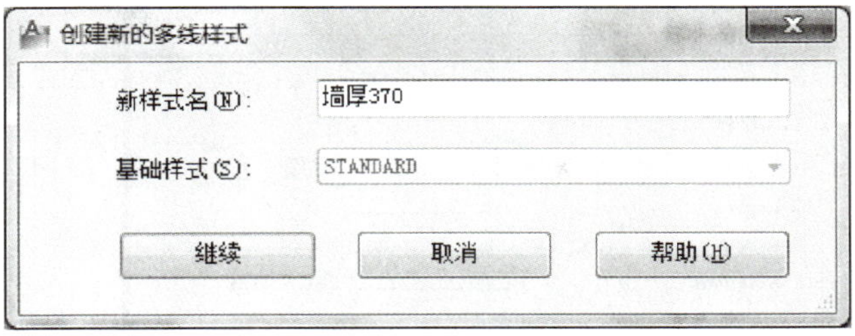

图 1-2-24　"创建新的多线样式"对话框

370"，在"基础样式"下拉列表中选择参考样式，单击"继续"按钮可弹出如图 1-2-25 所示的"新建多线样式:墙厚 370"对话框。

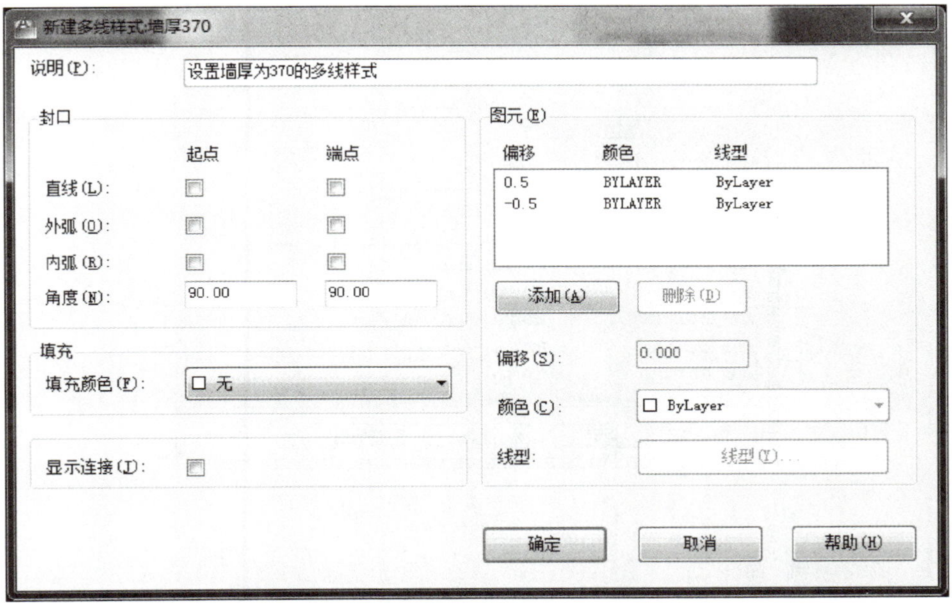

图 1-2-25　"新建多线样式:墙厚 370"对话框

　　在"新建多线样式:墙厚 370"对话框中，"说明"文本框给当前多线样式附加简单的说明和描述。

　　"封口"选项组用于设置多线起点和终点的封闭形式。"封口"选项组有 4 个选项，分别为"直线""外弧""内弧"和"角度"。"填充"下拉列表框用于设置多线背景的填充颜色。"显示连接"复选框控制多线每个部分的端点上连接线的显示。在默认状态下，此复选框不选中。

　　"图元"选项组可以设置多线图元的特性。图元特性包括每条直线的偏移量、颜色和线型。"添加"按钮可以将新的多线图元添加到多线样式中。"删除"按钮从当前的多线样式中删除不需要的图元。"偏移"文本框用于设置当前多线样式中某个直线图元的偏移量，偏移量可以是正值，也可以是负值。"颜色"下拉列表框可以选择图元的颜色。单击"线型"按钮，可弹出如图 1-2-26 所示的"选择线型"对话框，可以从该对话框中选择已经加载的线型或需要加载的线型。单击"加载"按钮，将弹出如图 1-2-27 所示的"加载或重载线型"对话框，可以从中选择合适的线型。图 1-2-27 与在图层管理中的"加载或重载线型"对话框是一样的。

图 1-2-26　"选择线型"对话框

图 1-2-27　"加载或重载线型"对话框

（3）"多线编辑"命令

AutoCAD 提供了"多线编辑"命令，用来对多线进行编辑。选择"修改|对象|多线"命令，或在命令行输入命令"MLEDIT"，弹出"多线编辑工具"对话框，如图 1-2-28 所示。

用户可以在该对话框中选择想要的编辑格式来修改已绘制的多线。

说明："多线"命令可以用来绘制建筑图形中的墙线、隔断，"多线编辑"命令可以编辑它们，完成墙线、隔断的绘制。

8. 绘制多段线

多段线是由多个对象组成的图形，也称为多义线。多段线中的"多段"指的是单个对象中包含多条直线或圆弧。因此它可以同时具有很多直线、圆弧对象所具备的优点，主要表现在多段线可直可曲、可宽可窄，且线宽可固定也可变化。

选择"绘图|多段线"命令，或者单击"绘图"工具栏的"多段线"按钮 ，或者在命令行输入命令"PL"并按回车键或空格键，都可以调用"多段线"命令。

**举例：**用该命令绘制建筑图形中的箭头。

图1-2-28 "多线编辑工具"对话框

具体操作如下:

> 命令:PL
> PLINE
> 指定起点:
> 当前线宽为 0.0000
> 指定下一个点或[圆弧(A)/半宽(H)/长度(L)/放弃(U)/宽度(W)]:<正交开>
> 1800
> 指定下一点或[圆弧(A)/闭合(C)/半宽(H)/长度(L)/放弃(U)/宽度(W)]:W
> 指定起点宽度<0.0000>:120
> 指定端点宽度<120.0000>:0
> 指定下一点或[圆弧(A)/闭合(C)/半宽(H)/长度(L)/放弃(U)/宽度(W)]:300
> 指定下一点或[圆弧(A)/闭合(C)/半宽(H)/长度(L)/放弃(U)/宽度(W)]:宽
> 度(W)]:

这样就画出一个建筑用箭头(直线长度为1 800,箭头起点宽度为120,端点宽度为0,长度为300)。

命令行各提示项的含义如下。

● 圆弧:多段线绘制由直线切换到圆弧。

● 半宽:指定多段线的半宽值。

● 长度:指定当前多段线的长度。如果前一段为直线,当前多段线沿着直线延长方向;如果前一段为曲线,当前多段线沿着曲线端点的切线方向。

● 放弃:撤销上次所绘制的一段多段线,可按顺序依次撤销。

● 宽度:指定多段线线宽值。其默认值为上一次所指定的线宽值,如果用户一直没有指定过多段线线宽,其值为 0。在指定线宽值时,多段线的起点宽度值与端点宽度值可以分别指定,也可分段指定。

9. 绘制构造线

向两个方向无限延伸的直线称为构造线。选择"绘图|构造线"命令,或单击"绘图"工具栏的"构造线"按钮 ，或者在命令行输入"XL"命令,都可以绘制构造线。命令行提示如下:

> 命令:XL(输入命令"XLINE"的缩写"XL",然后按回车键。)
> XLINE
> 指定点或[水平(H)/垂直(V)/角度(A)/二等分(B)/偏移(O)]:
> 指定通过点:<正交 开>
> 指定通过点:

命令行各提示项的含义如下。

● 水平、垂直:创建一条经过指定点并且与当前 UCS 的 X 轴或 Y 轴平行的构造线。

● 角度:创建一条与参照线或水平轴成指定角度,并经过指定点的构造线。

● 二等分:创建一条等分某一角度的构造线。

● 偏移:创建平行于一条基准线一定距离的构造线。

10. 绘制样条曲线

在 AutoCAD 中,一般通过指定样条曲线的控制点、起点以及终点的切线方向来绘制样条曲线。选择"绘图|样条曲线"命令,或单击"绘图"工具栏中的"样条曲线"按钮 ，或在命令行中输入命令"SPL"来执行该命令。命令行提示如下:

> 命令:SPL(输入命令"SPLINE"的缩写"SPL",然后按回车键。)
> SPLINE
> 当前设置:方式=拟合　节点=弦
> 指定第一个点或[方式(M)/节点(K)/对象(O)]:
> 输入下一个点或[起点切向(T)/公差(L)]:
> 输入下一个点或[端点相切(T)/公差(L)/放弃(U)]:
> 输入下一个点或[端点相切(T)/公差(L)/放弃(U)/闭合(C)]:
> 输入下一个点或[端点相切(T)/公差(L)/放弃(U)/闭合(C)]:

### 1.2.2　二维图形编辑

1. "修改"工具栏

在绘制建筑图形时,经常需要对已绘制的图形进行编辑和修改。这时就要用到

AutoCAD 的图形编辑功能。AutoCAD 中常见的二维图形编辑命令基本都可以在"修改"工具栏上找到,"修改"工具栏如图 1-2-29 所示。

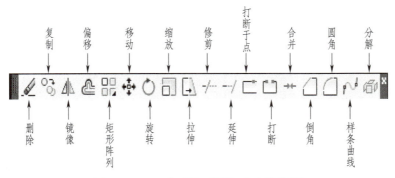

图 1-2-29　"修改"工具栏(含功能说明)

2. 删除

选择"修改 | 删除"命令,或者单击"修改"工具栏中的"删除"按钮 ✐ ,或者在命令行输入命令"ERASE"或"E"并按回车键或空格键,均可调用"删除"命令。命令行提示如下:

命令:E(输入命令"ERASE"的缩写"E",然后按回车键。)

ERASE

选择对象:找到 2 个(在绘图区选择需要删除的对象,构造删除对象集。)

选择对象:(按回车键结束"删除"命令。)

3. 复制

选择"修改 | 复制"命令,或者单击"修改"工具栏中的"复制"按钮 ⬚ ,或者在命令行输入命令"CP"并按回车键或空格键,均可调用"复制"命令,"复制"命令可以将对象复制多次。命令行提示如下:

命令:CP(输入命令"COPY"的缩写"CP"或"CO",然后按回车键。)

COPY

选择对象:找到 3 个(在绘图区选择需要复制的对象。)

选择对象:找到 2 个,总计 5 个

选择对象:(按回车键结束选择对象。)

当前设置:复制模式=多个(可以根据需要选择单个或多个复制模式。)

指定基点或[位移(D)/模式(O)]<位移>:(在绘图区单击鼠标左键或输入坐标确定位移点。)

指定第二个点或[阵列(A)]<使用第一个点作为位移>:<正交开>(在绘图区单击鼠标左键或输入坐标确定位移点。)

指定第二个点或[阵列(A)/退出(E)/放弃(U)]<退出>:(按回车键结束"复制"命令。)

**4. 镜像**

镜像是将一个对象按某一条镜像线进行对称复制。选择"修改|镜像"命令，或者单击"修改"工具栏中的"镜像"按钮 ⚖，或者在命令行输入命令"MI"并按回车键或空格键，均可调用"镜像"命令。命令行提示如下：

命令：MI（输入命令"MIRROR"的缩写"MI"，然后按回车键。）

MIRROR

选择对象：指定对角点：找到 5 个（在绘图区选择需要镜像的对象。）

选择对象：（按回车键结束选择对象。）

指定镜像线的第一点：指定镜像线的第二点：（在绘图区单击鼠标左键或输入坐标确定镜像线的第一点和第二点。）

要删除源对象吗？［是（Y）/否（N）］<N>：（输入"Y"时删除源对象；输入"N"时不删除源对象，默认为 N。）

该命令可用于在建筑图形中绘制对称的单元住宅，是非常高效的编辑命令。

**5. 偏移**

偏移对象是指保持选择对象的基本形状和方向不变，在不同的位置新建一个对象。偏移的对象可以是直线、射线、圆弧、圆、椭圆弧、椭圆、二维多段线及平面上的样条曲线等。选择"修改|偏移"命令，或者单击"修改"工具栏中的"偏移"按钮 ⧉，或者在命令行输入命令"O"并按回车键或空格键，均可调用"偏移"命令。命令行提示如下：

命令：O（输入命令"OFFSET"的缩写"O"，然后按回车键。）

OFFSET

当前设置：删除源=否　图层=源　OFFSETGAPTYPE=0

指定偏移距离或［通过（T）/删除（E）/图层（L）］<通过>：240（设置要偏移的距离为 240。）

选择要偏移的对象，或［退出（E）|放弃（U）］<退出>：（在绘图区单击选择需要偏移的对象。）

指定要偏移的那一侧上的点，或［退出（E）/多个（M）/放弃（U）］<退出>：（在需要偏移的那个方向单击选取一点，则在那一边就生成与源对象同种属性的对象，仅位置不同。）

选择要偏移的对象，或［退出（E）/放弃（U）］<退出>：（按回车键结束"偏移"命令。）

**6. 阵列**

"阵列"命令用于将所选择的对象按照矩形或环形（图案）方式进行多重复制。当使用矩形阵列时，需要指定行数、列数、行间距和列间距（行间距和列间距可以不同），整个矩形阵列可以按照某个角度旋转。当使用环形阵列时，需要指定间隔角、复制数目、整个阵列的包含角以及对象阵列是否保持源对象方向等。

选择"修改|阵列"命令，或者单击"修改"工具栏中的"阵列"按钮 ⊞，或者在命令提示

符下输入命令"AR"并按回车键或空格键,均可调用"阵列"命令。命令行提示如下:

```
命令:AR(输入命令"ARRAY"的缩写"AR",然后按回车键。)
ARRAY
选择对象:指定对角点:找到 3 个
选择对象:
类型=矩形　关联=是
为项目数指定对角点或[基点(B)/角度(A)/计数(C)]<计数>:C(输入"C"进行
阵列行数和列数的设置。)
输入行数或[表达式(E)]<4>:3
输入列数或[表达式(E)]<4>:5
指定对角点以间隔项目或[间距(S)]<间距>:S(输入"S"进行阵列行间距和列间
距的设置。)
指定行之间的距离或[表达式(E)]<1015.0544>:1200
指定列之间的距离或[表达式(E)]<1067.2913>:1500
按 Enter 键接受或[关联(AS)/基点(B)/行(R)/列(C)/层(L)/退出(X)]<退出>:
```

7. 移动

"移动"命令是在不改变对象大小和方向的前提下,将对象从一个位置移动到另一个位置。

选择"修改|移动"命令,或者单击"修改"工具栏中的"移动"按钮,或者在命令行输入命令"M"并按回车键或空格键,均可调用"移动"命令。命令行提示如下:

```
命令:M(输入命令"MOVE"的缩写"M",然后按回车键。)
MOVE
选择对象:找到 6 个
选择对象:
指定基点或[位移(D)]<位移>:
指定第二个点或<使用第一个点作为位移>:
```

8. 旋转

旋转对象是指把选中的对象在指定的方向上旋转指定的角度。用于使对象绕其旋转从而改变对象方向的指定点称为基点。在默认状态下,旋转角度为正时,所选对象按逆时针方向旋转;旋转角度为负时,所选对象按顺时针方向旋转。

选择"修改|旋转"命令,或者单击"修改"工具栏中的"旋转"按钮,或者在命令行输入命令"RO"并按回车键或空格键,均可调用"旋转"命令。命令行提示如下:

> 命令:RO(输入命令"ROTATE"的缩写"RO",然后按回车键。)
>
> ROTATE
>
> UCS 当前的正角方向:ANGDIR = 逆时针    ANGBASE = 0
>
> 选择对象:找到 6 个
>
> 选择对象:
>
> 指定基点:(在绘图区单击鼠标左键或输入坐标确定旋转对象的基点。)
>
> 指定旋转角度,或[复制(C)/参照(R)]<0>:45

命令行各提示项的含义如下。

● 指定旋转角度:直接输入旋转的角度。

● 复制:创建要旋转对象的副本。

● 参照:使对象参照当前方位来旋转,指定当前方向作为参考角,或通过指定要旋转的直线的两个端点来指定参考角,然后指定新的方向。

9. 缩放

"缩放"命令用于将选定对象按相同的比例沿 X、Y 轴放大或缩小。如果要放大一个对象,用户可以输入一个大于 1 的比例因子;如果要缩小一个对象,用户可以输入一个介于 0 和 1 之间的比例因子。

选择"修改|缩放"命令,或者单击"修改"工具栏中的"缩放"按钮🔲,或者在命令行输入命令"SC"并按回车键或空格键,均可调用"缩放"命令。命令行提示如下:

> 命令:SC(输入命令"SCALE"的缩写"SC",然后按回车键。)
>
> SCALE
>
> 选择对象:指定对角点:找到 4 个
>
> 选择对象:
>
> 指定基点:(在绘图区单击鼠标左键或输入坐标确定缩放对象的基点。)
>
> 指定比例因子或[复制(C)/参照(R)]<1>:2(输入放大倍数为 2。)

命令行各提示项的含义如下。

● 指定比例因子:指定缩放比例,按此比例缩放选定的图形。大于 1 的比例因子表示放大图形,介于 0 和 1 之间的比例因子表示缩小图形。

● 复制:创建要缩放对象的副本。

● 参照:指定参照长度和新的长度,并按照这两个长度的比例缩放选定的图形。

10. 拉伸

拉伸对象是指拉长或压缩选中的对象,使对象的形状发生改变,但不会影响对象没有拉伸的部分。在拉伸过程中选择对象时,和选择窗口相交的对象将被拉伸,窗口外的对象保持不变,完全在窗口内的对象将发生移动。

选择"修改|拉伸"命令,或者单击"修改"工具栏中的"拉伸"按钮📇,或者在命令提示符下输入命令"S"并按回车键或空格键,均可调用"拉伸"命令。命令行提示如下:

> 命令:S(输入"STRETCH"命令的缩写"S",然后按回车键。)
>
> STRETCH
>
> 以交叉窗口或交叉多边形选择要拉伸的对象…
>
> 选择对象:指定对角点:找到 4 个
>
> 选择对象:
>
> 指定基点或[位移(D)]<位移>:(在绘图区单击鼠标左键或输入坐标确定拉伸对象的基点。)
>
> 指定第二个点或<使用第一个点作为位移>:(在绘图区单击鼠标左键或输入坐标确定位移点。)

11. 修剪

"修剪"命令用于以某个图形为剪切边修剪其他图形。可被修剪的图形包括直线、圆弧、椭圆弧、圆、二维和三维多段线、构造线、射线以及样条曲线。有效的剪切边可以是直线、圆弧、圆、椭圆、二维和三维多段线、浮动视口、参照线、射线、面域、样条曲线及文字等。

选择"修改|修剪"命令,或者单击"修改"工具栏中的"修剪"按钮 ╱,或者在命令行输入命令"TR"并按回车键或空格键,均可调用"修剪"命令。命令行提示如下:

> 命令:TR(输入命令"TRIM"的缩写"TR"并按回车键。)
>
> TRIM
>
> 当前设置:投影=UCS,边=无
>
> 选择剪切边…
>
> 选择对象或<全部选择>:找到 1 个(在绘图区选择剪切边。)
>
> 选择对象:指定对角点:找到 2 个,总计 3 个(在绘图区选择剪切边。)
>
> 选择对象:
>
> 选择要修剪的对象,或按住 Shift 键选择要延伸的对象,或[栏选(F)/窗交(C)/投影(P)/边(E)/删除(R)/放弃(U)]:(选择要修剪的边,拾取点应落在需要修剪掉的部分。)
>
> 选择要修剪的对象,或按住 Shift 键选择要延伸的对象,或[栏选(F)/窗交(C)/投影(P)/边(E)/删除(R)/放弃(U)]:(按回车键结束"修剪"命令。)

命令行各提示项的含义如下。

● 选择要修剪的对象:指定待修剪的图形。

● 栏选:选择与选择栏相交的所有对象,选择栏是一系列临时线段,它们是由两个或多个栏选点指定的。

● 窗交:选择矩形区域(由两点确定)内部或与之相交的对象。

● 投影:指定修剪图形时使用的投影模式。

● 边:用于确定对象是在另一对象的延长边处修剪,还是仅在三维空间中与该对象相交的对象处进行修剪。

● 删除:删除选定的对象。此选项提供了一种无须退出"修剪"命令,即可删除不需要的对象的简便方法。

12. 延伸

延伸即以某个图形为边界,将另一个图形延长到此边界上。可延伸的图形包括直线、圆弧、椭圆弧、开放的二维和三维多段线和射线。可作为延伸边界的图形包括直线、圆弧、椭圆弧、圆、椭圆、二维和三维多段线、射线、构造线、面域、样条曲线、字符串或浮动视口。如果选择二维多段线作为延伸边界,那么将忽略其宽度并使图形延伸到多段线的中心线处。

选择"修改|延伸"命令,或者单击"修改"工具栏中的"延伸"按钮━╱,或者在命令行输入命令"EX"并按回车键或空格键,均可调用"延伸"命令。命令行提示如下:

命令:EX(输入命令"EXTEND"的缩写"EX"并按回车键。)
EXTEND
当前设置:投影=UCS,边=无
选择边界的边…
选择对象或<全部选择>:找到 1 个(选择延伸边界。)
选择对象:(按回车键结束选择延伸边界。)
选择要延伸的对象,或按住 Shift 键选择要修剪的对象,或[栏选(F)/窗交(C)/投影(P)/边(E)/放弃(U)]:(选择延伸对象。此处选择的延伸对象可能与延伸边界没有交点,此时图形不会有变化。)
选择要延伸的对象,或按住 Shift 键选择要修剪的对象,或[栏选(F)/窗交(C)/投影(P)/边(E)/放弃(U)]:(按回车键结束"延伸"命令。)

13. 打断

"打断"命令用于删除图形的一部分或将一个图形分成两部分。该命令可用于直线、构造线、射线、圆弧、圆、椭圆、样条曲线、实心圆环、填充多边形以及二维或三维多段线。

选择"修改|打断"命令,或者单击"修改"工具栏中的"打断"按钮,或者在命令行输入"BR"命令并按回车键或空格键,均可调用"打断"命令。命令行提示如下:

命令:BR(输入命令"BREAK"的缩写"BR"并按回车键。)
BREAK 选择对象:(选择打断的对象。)
指定第二个打断点或[第一点(F)]:F(输入"F",表示按选择打断的第一点的方式进行打断。)
指定第一个打断点:(在需要打断的对象上单击鼠标左键,选择第一个打断点。)
指定第二个打断点:<对象捕捉关>(在需要打断的对象上单击鼠标左键,选择第二个打断点。如果第一个打断点和第二个打断点重合,则将图形分成两个图形。)

当用户选择打断的对象时,如果选择方式使用的是一般默认的单击鼠标左键选取图形,那么用户在选定图形的同时也把选择点定为图形上的第一个打断点。如果用户在命令行提示"指定第二个打断点或[第一点(F)]:"下输入"F"选择"第一点"项,那么就可重新指定点来代替以前指定的第一个打断点。

"打断"命令将删除图形在指定两点之间的部分。如果第二个打断点不在对象上,系统会自动从图形中选取与之距离最近的点作为新的第二个打断点。因此,如果要删除直线、圆弧或多段线的一端,可以将第二个打断点指定在要删除部分的端点之外。如果要将一个图形一分为二而不删除其中的任何部分,可以将图形上的同一点同时指定为第一个打断点和第二个打断点(在指定第二个打断点时利用相对坐标输入"@"即可)。同时也可单击"修改"工具栏中的"打断于点"按钮 进行单点打断。可以将直线、圆弧、圆、多段线、椭圆、样条曲线、圆环以及其他几种图形拆分为两个图形或将其中的一端删除。在圆上删除一部分弧线时,命令会按逆时针方向删除第一个打断点到第二个打断点之间的部分,将圆转换成圆弧。

14. 合并

"合并"命令将多个对象合并以形成一个完整的对象。

选择"修改|合并"命令,或者单击"修改"工具栏中的"合并"按钮 ,或者在命令行输入命令"J"并按回车键或空格键,均可调用"合并"命令。命令行提示如下:

```
命令:J
JOIN 选择源对象或要一次合并的多个对象:找到 1 个
选择要合并的对象:找到 1 个,总计 2 个
选择要合并的对象:2 条直线已合并为 1 条直线
```

可以将直线、圆、椭圆弧和样条曲线等独立的线段合并为一个对象,可以合并具有相同圆心和半径的多条连续或不连续的圆弧,可以合并连续或不连续的椭圆弧,可以封闭椭圆弧,可以合并一条或多条连续的样条曲线,也可以将一条多段线与一条或多条直线、多段线、圆弧或样条曲线合并在一起。

15. 倒角

"倒角"命令用于在两条直线间绘制一个斜角,斜角的大小由第一个和第二个倒角距离确定。如果添加倒角的两个图形在同一图层,那么"倒角"命令就将在这个图层上创建倒角;否则,"倒角"命令会在当前图层生成倒角。倒角的颜色、线型和线宽也是如此。给关联填充(其边界是通过直线定义的)加倒角会消除其填充的关联性。如果边界通过多段线定义,则关联性将保留。

选择"修改|倒角"命令,或者单击"修改"工具栏中的"倒角"按钮 ,或者在命令行输入命令"CHA"并按回车键或空格键,均可调用"倒角"命令。命令行提示如下:

```
命令:CHA
CHAMFER
("修剪"模式)当前倒角距离 1 = 200.0000,距离 2 = 300.0000
选择第一条直线或[放弃(U)/多段线(P)/距离(D)/角度(A)/修剪(T)/方式
(E)/多个(M)]:D
指定第一个倒角距离<200.0000>:150
```

> 指定第二个倒角距离<300.0000>:400
> 选择第一条直线或[放弃(U)/多段线(P)/距离(D)/角度(A)/修剪(T)/方式(E)/多个(M)]:
> 选择第二条直线,或按住Shift键选择直线以应用角点或[距离(D)/角度(A)/方法(M)]:

命令行各提示项的含义如下。

- 选择第一条直线:指定定义二维倒角所需的两条边中的第一条边。
- 多段线:用于对整个二维多段线进行倒角处理。
- 距离:设定选定边的倒角距离。
- 角度:通过第一条线的倒角距离和以第一条线为始边的角度设定第二条线的倒角距离。
- 修剪:控制"倒角"命令是否将选定的边修剪到倒角直线的端点。
- 方式:控制"倒角"命令是用两个距离还是一个距离、一个角度来创建倒角。
- 多个:对多个图形分别进行多次倒角处理。

16. 圆角

"圆角"命令用于给图形的边加指定半径的圆角。与加倒角一样,如果需加圆角的两个图形在同一图层,那么"圆角"命令就将在这个图层上创建圆角,否则"圆角"命令会在当前图层上生成圆角,圆角的颜色、线型和线宽也是如此。给关联填充(其边界是通过直线定义的)加圆角会消除其填充的关联性。如果边界通过多段线定义,则关联性将保留。

选择"修改 | 圆角"命令,或者单击"修改"工具栏中的"圆角"按钮 ⌐,或者在命令行输入命令"F"并按回车键或空格键,均可调用"圆角"命令。命令行提示如下:

> 命令:F
> FILLET
> 当前设置:模式=修剪,半径=0.0000
> 选择第一个对象或[放弃(U)/多段线(P)/半径(R)/修剪(T)/多个(M)]:R
> 指定圆角半径<0.0000>:50
> 选择第一个对象或[放弃(U)/多段线(P)/半径(R)/修剪(T)/多个(M)]:
> 选择第二个对象,或按住Shift键选择对象以应用角点或[半径(R)]:

命令行各提示项的含义如下。

- 选择第一个对象:选择第一个图形,用来定义二维圆角的两个图形之一。如果选定了直线或圆弧,"圆角"命令将延伸这些直线或圆弧直到它们相交,或者在交点处修剪它们。如果这些直线或圆弧原来就是相交的,则保持原样不变。只有当两条直线端点的Z轴坐标在当前坐标系中相等时,才能给延伸方向不同的两条直线加圆角。如果选定的两个图形都是多段线中的直线段,那么它们必须是相邻的或者被多段线中另外一段所隔开。如果它们被另一段多段线隔开,那么"圆角"命令将删除此线段并代之以一条圆角线。
- 多段线:在二维多段线中两条线段相交的每个顶点插入圆角。

- 半径:定义圆角的半径。
- 修剪:控制"圆角"命令是否修剪选定边使其缩至圆角端点。
- 多个:对多个图形分别进行多次圆角处理。

17. 分解

"分解"命令用于将合成对象分解。分解对象的颜色、线型和线宽根据分解前合成对象类型的不同会有所不同。对于宽多段线,将沿多段线中心放置直线和圆弧。对于块,一次分解一层组成块的对象。如果一个块包含一个多段线或嵌套块,那么分解该块时首先显示该多段线或嵌套块,然后再分别分解该块中的各个对象。分解一个包含属性的块将删除属性值并重新显示属性定义。对于引线,根据引线的不同,可分解成直线、样条曲线、实体(箭头)、块(箭头、注释块)、多行文字或公差对象。对于多行文字,分解成文字对象。

选择"修改|分解"命令,或者单击"修改"工具栏中的"分解"按钮，或者在命令提示符下输入命令"X"并按回车键或空格键,均可调用"分解"命令。命令行提示如下:

```
命令:X
EXPLODE
选择对象:找到 1 个
选择对象:
```

### 1.2.3　图案填充

在绘制建筑图形时,经常需要为某个图形填充某一种颜色或者材料。AutoCAD 提供了"图案填充"命令用于填充图形。

选择"绘图|图案填充"命令,或在"绘图"工具栏中单击"图案填充"按钮，弹出"图案填充和渐变色"对话框,如图 1-2-30 所示。

此对话框由"图案填充"和"渐变色"两个选项卡组成。两个选项卡均包含"边界""选项"和"继承特性"选项组。在"图案填充"选项卡中可以设置类型和图案、角度和比例、图案填充原点等。"继承特性"选项组从其他图案填充对象指定图案填充或填充特性。

"类型"下拉列表框用于设置填充图案的类型,有"预定义""用户定义"和"自定义"3 种类型,通常采用默认设置。"图案"下拉列表框用于设置要填充的图案名称。单击该列表框后面的按钮,可弹出如图 1-2-31 所示的"填充图案选项板"对话框,在此对话框中可以选择所需的填充图案。"角度"下拉列表框用于设置填充图案的填充角度。"比例"下拉列表框用于设置填充图案的填充比例。

在"边界"选项组中,单击"添加:拾取点"按钮回到绘图区,通过指定点确认需要进行图案填充的边界,或者单击"添加:选择对象"按钮回到绘图区,选择需要填充的图形对象。

在建筑平面图中,可以用"图案填充"命令绘制实体构造柱。

### 1.2.4　块

块是 AutoCAD 提供的功能强大的绘图工具。块由一个或多个图形组成并按指定的名称保存。在后续的绘图过程中,可以将块按一定的比例和旋转角度插入图形中。虽然块可能

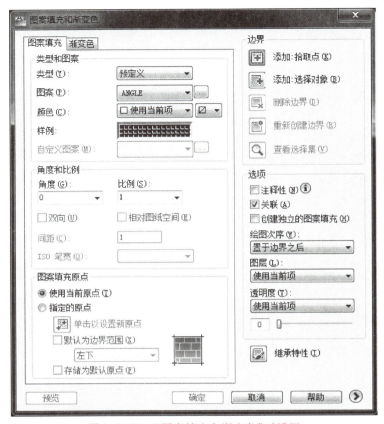

图 1-2-30 "图案填充和渐变色"对话框

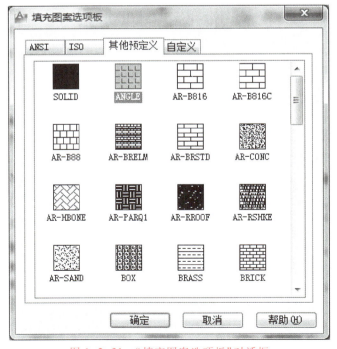

图 1-2-31 "填充图案选项板"对话框

由多个图形组成,但是对图形进行编辑时,块将被作为一个整体进行编辑。AutoCAD 将把所定义的块储存在图形数据库中,同一个块可根据需要多次使用。下面主要介绍定义和插入块的命令。

1. 定义块

选择"绘图|块|创建"命令,或者单击"绘图"工具栏中的"创建块"按钮 ,或者在命令行输入命令"BLOCK",弹出"块定义"对话框,如图 1-2-32 所示。

图 1-2-32　"块定义"对话框

对话框中各选项的含义如下。

● "名称"组合框:该组合框用于输入块的名称。块名最长可达 255 个字符。

● "基点"选项组:AutoCAD 提供了两种选取基点的方式,一种是通过"拾取点"按钮直接选取基点,另一种是输入基点坐标值确定基点位置。

● "对象"选项组:在此选择组成块的图形,以及创建块以后是保留或删除选定的图形还是将它们直接转换为块。单击"选择对象"按钮,可以选择想要转换为块的图形。也可以单击"快速选择"按钮 ,在弹出如图 1-2-33 所示的"快速选择"对话框中选择想要转换为块的图形。

● "块单位"下拉列表框:指定把块从 AutoCAD 设计中心拖到图形中时,对块进行缩放所使用的单位。

● "说明"文本框:指定与块定义相关联的文字说明。从而使插入块时能方便快捷地选择所需块。

● "超链接"按钮:此按钮用于打开如图 1-2-34 所示的"插入超链接"对话框,用户可在此对话框中建立一个与块定义相关联的超链接。

2. 块属性

AutoCAD 允许用户为块附加一些文本信息,以增强块的通用性,这些文本信息称为属性。属性是从属于块的非图形信息,它是块的一个组成部分。实际上属性是块中的文本实

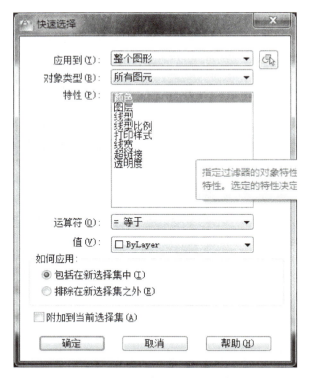

图 1-2-33　"快速选择"对话框

图 1-2-34　"插入超链接"对话框

体,块可以这样来表示:块=若干实体对象+属性。

块的属性是文本对象,但是不同于一般文本实体,它具有以下特点:

① 一个块的属性包括属性标记和属性值等内容。例如,可以把"材料"定义为属性标记,而具体的材料,譬如钢、木头等就是属性值,即属性。

②在定义块前,每个属性都要用 ATTDEF 命令进行定义。该命令规定属性标记、属性提示、属性默认值、属性的显示格式(可见或不可见)以及属性在图中的位置等。

在定义块前,AutoCAD 允许用 DDEDIT 命令以对话框的方式对属性定义进行修改。用户不仅可以修改属性标记,还可以修改属性提示和属性默认值。

③在插入块时,AutoCAD 可以通过属性提示要求用户输入属性值(也可以用默认值)。插入块后,属性用属性值表示。因此,同一个块在不同位置插入时,可以有不同的属性值。

(1) 定义属性

选择"绘图|块|定义属性"命令或者在命令行中输入命令"ATTDEF",弹出"属性定义"对话框,如图 1-2-35 所示。"属性定义"对话框只能定义一个属性,但不能指定该属性属于哪个块,用户在定义完属性后需要使用块定义功能将块和属性重新定义为新块。

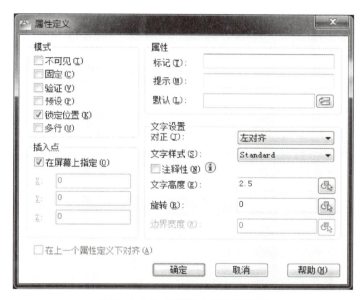

图 1-2-35　"属性定义"对话框

对话框中各选项的含义如下。

- "不可见"复选框:设置插入块、输入属性值后,属性值是否在图中显示。
- "固定"复选框:设置属性值是一个常量。
- "验证"复选框:设置提示输入两次属性值,以便验证属性是否正确。
- "预设"复选框:设置插入块时是否插入默认的属性值。
- "标记"文本框:用于输入显示标记。
- "提示"文本框:用于输入提示信息,提醒用户指定属性值。
- "默认"文本框:用于输入默认的属性值。单击"插入字段"按钮, 打开"字段"对话框,可以插入一个字段作为属性的值。
- "在屏幕上指定"复选框:选中该复选框将在绘图区中指定插入点,取消选择则用户可以直接在"X""Y""Z"文本框中输入坐标值确定插入点。
- "对正"下拉列表框:设置属性值的对齐方式。
- "文字样式"下拉列表框:设置属性值的文字样式。

- "文字高度"文本框:设置属性值的文字高度。
- "旋转"文本框:设置属性值的旋转角度。

（2）编辑属性

对于已经建立或者已经附着到块中的属性,都可以进行编辑;但是对于不同状态的属性,需要使用不同的命令进行编辑。对于已经定义但是还未附着到块中的属性,在命令行中输入命令"DDEDIT",并在命令行提示下选择属性对象,或者直接在图形中双击属性对象,都会弹出如图 1-2-36 所示的"编辑属性定义"对话框,在此对话框中能够编辑属性的标记、提示和默认值。如果需要对属性的其他特性进行编辑,可以使用"对象特性管理器"进行。

图 1-2-36　"编辑属性定义"对话框

对于已经与块结合重新定义为块的属性,即已经附着到块中的属性,在命令行中输入命令"ATTEDIT",并在命令行提示下选择带属性的块或者直接双击带属性的块,可弹出如图 1-2-37 所示的"增强属性编辑器"对话框。

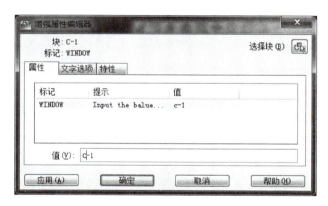

图 1-2-37　"增强属性编辑器"对话框

通过"属性"选项卡可以修改属性的值;通过"文字选项"选项卡可以修改文字属性,包括文字样式、对正、高度等属性;通过"特性"选项卡可以修改属性所在图层、线型、颜色和线宽等。

3. 插入块

插入块是指将已经预先定义好的块插入到当前图形文件中。如果当前图形文件中不存在指定名称的块,则可搜索磁盘和子目录,直到找到与指定块同名的图形文件并插入该文件为止。

选择"插入|块"命令,或者单击"绘图"工具栏中的"插入块"按钮🖼,或者在命令行中输入命令"INSERT",弹出"插入"对话框,如图 1-2-38 所示。

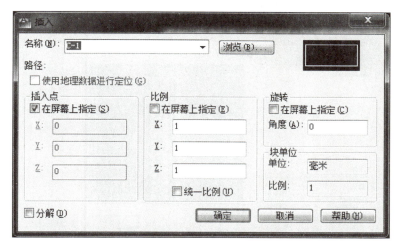

图 1-2-38　"插入"对话框

该对话框中各选项的含义如下。

● "名称"组合框:用于输入要插入块的名称。

● "插入点"选项组:用于指定一个插入点以便插入块的一个副本。插入点可以在屏幕上指定,也可以直接输入坐标值指定。

● "比例"选项组:用于指定插入块的缩放比例。默认的缩放比例为 1(即不进行缩放)。如果指定的比例在 0 和 1 之间,那么插入尺寸缩小的块;如果指定的比例大于 1,那么插入尺寸放大的块。如果有必要,在插入块时还可以沿 X 轴和 Y 轴方向指定不同的比例,使其在这两个方向上的缩放比例不同。如果指定了一个负的比例值,那么将在插入点处插入一个块的镜像图形。

● "旋转"选项组:用于指定块插入时的旋转角度。

● "分解"复选框:选中"分解"复选框时,在插入块的过程中可将块中的图形分解成各自独立的部分,而不是作为一个整体。此时只能指定 X 轴方向上的比例值,而 Y 轴和 Z 轴方向上的比例值都将保持与 X 轴方向上的比例值一致。

### 1.2.5　创建表格

在建筑制图中,通常会出现门窗表、图纸目录表、材料表(工程做法表)等各种各样的表,用户除了使用直线绘制表格之外,还可以使用 AutoCAD 提供的表格功能完成这些表格的绘制。

1. 创建表格样式

表格的外观由表格样式控制。用户可以使用默认表格样式 Standard,也可以创建自己的表格样式。选择"格式|表格样式"命令,弹出"表格样式"对话框,如图 1-2-39 所示。在该对话框中的"样式"列表中显示了已创建的表格样式。

在默认状态下,"样式"列表中仅有"Standard"一种样式,第一行是标题行,由文字居中的合并单元行组成。第二行是列标题行,其他行都是数据行。设置表格样式时,用户可以指定标题、列标题和数据行的格式。

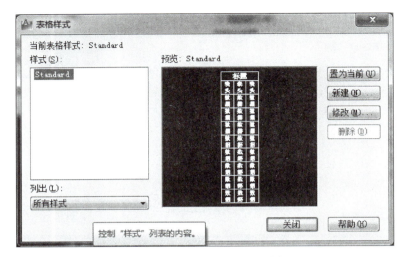

图 1-2-39 "表格样式"对话框

单击"新建"按钮,弹出"创建新的表格样式"对话框,如图 1-2-40 所示。

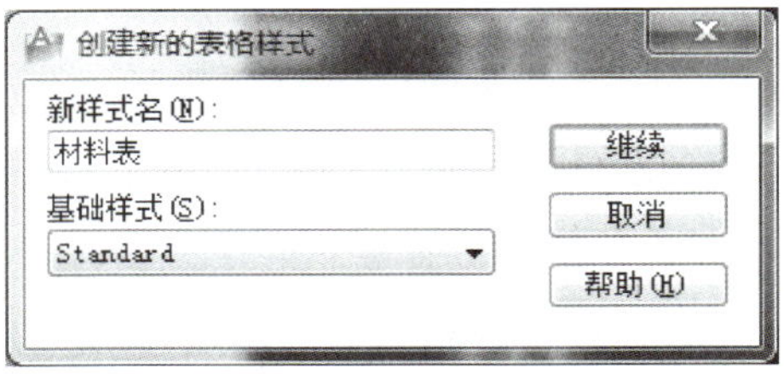

图 1-2-40 "创建新的表格样式"对话框

在"新样式名"文本框中可以输入新的样式名称,例如"材料表",在"基础样式"下拉列表中选择一个表格样式为新的表格样式提供默认设置。单击"继续"按钮,可打开"新建表格样式:材料表"对话框,如图 1-2-41 所示。

在"新建表格样式:材料表"对话框中,用户可以对相应的内容进行设置和选择。

2. 插入表格

选择"绘图|表格"命令,弹出"插入表格"对话框,如图 1-2-42 所示。

该对话框中各选项的含义如下。

• "表格样式"下拉列表框:用于指定表格样式,默认样式为"Standard"。

• "预览"复选框:显示当前表格样式的样例。

• "指定插入点"单选按钮:选择该单选按钮后,在插入表格时需指定表格左上角的位置。用户可以使用定点设备,也可以在命令行中输入坐标值。如果表格样式将表格的方向设置为由上而下读取,则插入点位于表格的左下角。

• "指定窗口"单选按钮:选择该单选按钮后,在插入表格时需指定表格的大小和位置,行数、列数、列宽和行高取决于窗口的大小以及列和行的设置。

• "列和行设置"选项组:用于设置列和行的数目和大小。

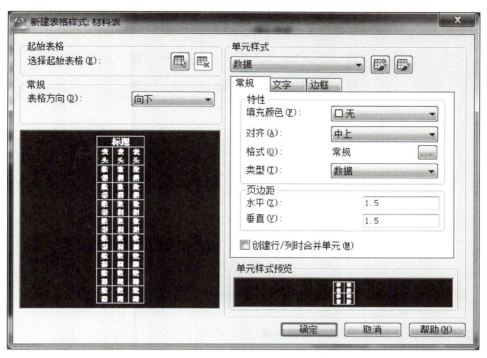

图 1-2-41　"新建表格样式:材料表"对话框

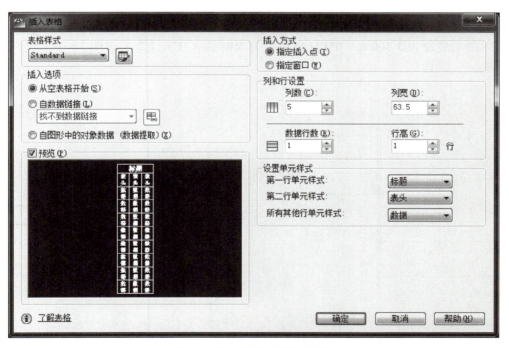

图 1-2-42　"插入表格"对话框

参数设置完成后,单击"确定"按钮即可插入表格。选择表格,表格的边框线将会出现很多夹点,如图 1-2-43 所示。用户可以通过这些夹点对表格进行调整。

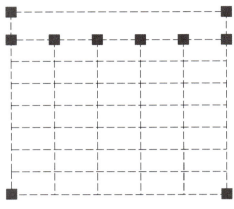

图 1-2-43　表格的夹点编辑模式

## 【任务 1.2 实训】

按以下要求独立制订计划,并实施完成。

1. 打开和关闭"绘图""修改""标注"工具栏,并熟悉每一个按钮对应的功能。

2. ① 按任务 1.2 实训图 1a 中的尺寸用"直线""圆弧"命令绘制门的图形;② 将门的名称定义为块属性;③ 将绘制的图形及块属性定义为块,块名为 M,插入点设为图形的左下角点;④ 按任务 1.2 实训图 1b 中所给尺寸绘制部分墙线,并开好门洞;⑤ 将任务 1.2 实训图 1a 所示宽度为 1 500 mm 的门(属性值为 M6)插入任务 1.2 实训图 1b 中已经开好的门洞内。

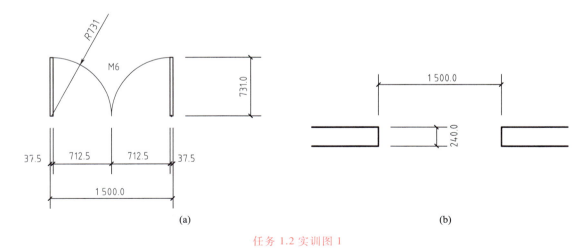

(a)

(b)

任务 1.2 实训图 1

3. (1) 新建一个轴线图层:图层名为 AXIS,颜色为红色,线型为 CENTER,其他属性为默认值;(2) 按任务 1.2 实训图 2 中的尺寸绘制轴线;(3) 绘制轴线编号:圆半径为 400,文字高度为 450,将文字定义为块属性,将轴线编号定义为块,块名为 ZX;(4) 按任务 1.2 实训图 2 插入轴线编号。

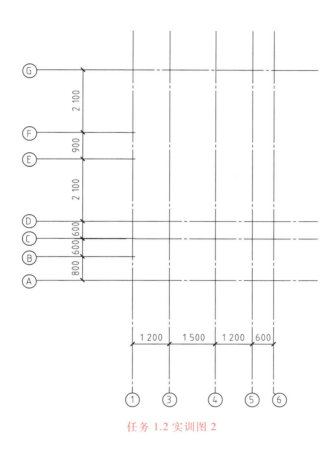

任务 1.2 实训图 2

4. 使用"绘图"和"修改"命令绘制任务 1.2 实训图 3 所示底层平面图。

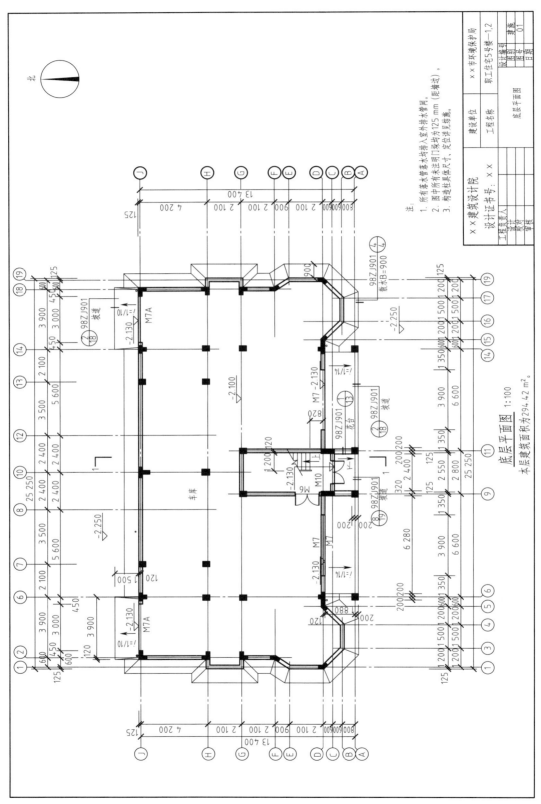

任务 1.2 实训图 3 底层平面图

## 任务 1.3　文字与尺寸标注

### 任务内容

1. 学会设置文字样式和输入文字。
2. 学会设置尺寸标注样式，并进行尺寸标注和编辑。

### 任务分析

完成 AutoCAD 基本图形后，如何书写文字说明？如何标注尺寸？

### 任务实施

#### 1.3.1　文字标注

在 AutoCAD 中，用户可以直接对文字的字体、字号、倾斜角度等进行设置，也可以将这些内容定义为一种文字样式，使创建的文字套用这种文字样式。在输入文字时，用户可以在如图 1-3-1 所示的样式工具栏的文字样式下拉列表中选择已经定义好的某种文字样式。

图 1-3-1　文字样式下拉列表

1. 设置文字样式

选择"格式 | 文字样式"命令，或单击图 1-3-1 中最左边的 按钮，弹出如图 1-3-2 所示的"文字样式"对话框，用户在其中可以设置样式名称、字体样式、大小、高度、宽度因子等参数。

"文字样式"对话框由"样式""字体""大小""效果"4 个选项组组成。各选项含义如下。

● "样式"列表框：列出了当前图形文件中已定义的文字样式。单击"新建"按钮，弹出"新建文字样式"对话框，可以从中设置样式名称，创建一种新的文字样式。单击"删除"按钮，可以删除 Standard、当前样式以外的文字样式。

● "字体名"下拉列表框：列出了所有注册的 TrueType 字体和存储在 CAD 安装目录下 Fonts 文件夹中以".shx"为扩展名的矢量字体。从该下拉列表中选择字体名称后，程序将读取指定字体的文件。矢量字体分为小字体和大字体，小字体应用于字母、数字及符号，大字体应用于中文、韩文、日文等字体文件。当选择以".shx"为扩展名的矢量字体后，可选中"使用大字体"复选框，此时"字体样式"选项变为"大字体"，且可选择不同的大字体。

● "字体样式"下拉列表框：显示"字体名"所对应的字体样式。当"字体名"为 TrueType

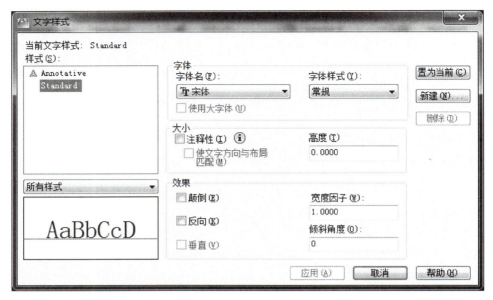

图 1-3-2　"文字样式"对话框

类型的字体"T 宋体"时,此处显示"常规";当"字体名"为 TrueType 类型的字体"T Vivaldi"时,此处显示"斜体"。

● "高度"文本框:根据输入的值设置文字高度。如果输入"0.0000",每次用该样式输入文字时,系统都将提示输入文字高度。如输入大于 0.0000 的高度值(如 500),则为该样式设置默认的文字高度。在相同的高度设置下,TrueType 字体显示的高度要低于以".shx"为扩展名的矢量字体。

● "效果"选项组:用于设置字体的具体特征。

● "颠倒"复选框:确定是否将文字旋转 180°。

● "反向"复选框:确定是否将文字以镜像方式标注。

● "垂直"复选框:确定文字是水平标注还是垂直标注。

● "宽度因子"文本框:设置文字的宽度和高度之比,如设置为 0.7。

● "倾斜角度"文本框:设置文字倾斜角度。

预览窗将随着字体的改变和效果的修改动态显示样例文字。

文字样式定义完毕之后,单击"应用"按钮,再单击"关闭"按钮,所创建的文字样式就是当前的文字样式。

在绘图过程中,根据需要可适当设置几个文字样式。

　　说明:不同出图比例的电子图纸要想在纸质蓝图中得到相同高度,如 5 mm,文字高度设置应不同。当按 1∶100 比例出图时,应将电子图纸中文字高度设置为 500 个单位长度;当按 1∶200 比例出图时,应将电子图纸中文字高度设置为 1 000 个单位长度;当按 1∶50 比例出图时,应将电子图纸中文字高度设置为 250 个单位长度。即纸质蓝图中文字高度乘以出图比例的倒数得到电子图纸中文字高度。

**2. 单行文字标注**

使用 TEXT 和 DTEXT 命令可以在图形中添加单行文字对象。选择"绘图 | 文字 | 单行文字"命令,或在命令行输入命令"DT",命令行提示如下:

> 命令:DT
>
> TEXT
>
> 当前文字样式:"尺寸标注文字"文字高度:500.0000 注释性:否
>
> 指定文字的起点或[对正(J)/样式(S)]:
>
> 指定高度<500.0000>:
>
> 指定文字的旋转角度<0>:

在输入文字的旋转角度之后按回车键,绘图区效果如图 1-3-3 所示,输入如图 1-3-4 所示的文字,按两次回车键,输入完成。

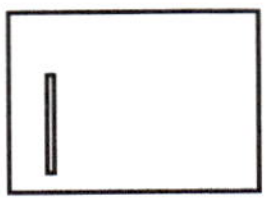

图 1-3-3　输入单行文字初始状态

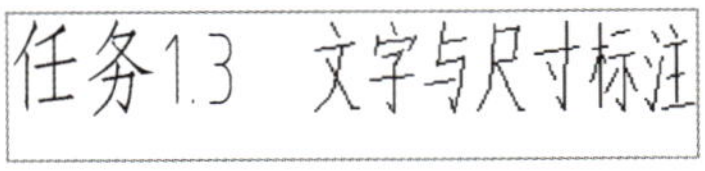

任务1.3　文字与尺寸标注

图 1-3-4　输入单行文字

命令行提示包括"指定文字的起点""对正"和"样式"3 个选项,其含义如下。

指定文字的起点:为默认项,用来确定文字行基线的起点位置。

对正:用来确定标注文字的排列方式及方向。

样式:用来选择文字样式。

对于一些特殊字符,可以通过特殊的代码进行输入,见表 1-3-1。

表 1-3-1　特殊字符的代码表示

| 代码输入 | 字符 | 说明 |
| --- | --- | --- |
| %%% | % | 百分号 |
| %%o | — | 上划线 |
| %%u | — | 下划线 |

**3. 多行文字标注**

对于比较复杂的文字内容,用户可以使用多行文字标注。选择"绘图 | 文字 | 多行文字"命令,或选择"绘图"工具栏中的"多行文字"按钮 **A**,或在命令行中输入命令"MT",可输入多行文字。命令行提示如下:

> 命令:MT
>
> MTEXT
>
> 当前文字样式:"尺寸标注文字"文字高度:500 注释性:否
>
> 指定第一角点:
>
> 指定对角点或[高度(H)/对正(J)/行距(L)/旋转(R)/样式(S)/宽度(W)/栏(C)]:

命令行提示共有 8 个选项,分别为"指定对角点""高度""对正""行距""旋转""样式""宽度"和"栏",各选项含义如下。

● 高度:设置标注文字的高度,用户可以在屏幕上拾取一点,该点与第一角点的距离为文字的高度,或者在命令行中输入高度值。

● 对正:用来确定文字的排列方式。

● 行距:为多行文字对象设置行与行之间的距离。

● 旋转:确定文字的倾斜角度。

● 宽度:确定标注文字框的宽度。

● 栏:可以将多行文字对象的格式设定为多栏。"输入栏类型 [ 动态(D)/静态(S)/不分栏(N) ] <动态(D)>"可以指定栏宽、栏间距、栏高等参数。

设置好以上选项,指定完对角点后,弹出如图 1-3-5 所示的多行文字编辑器。在多行文字编辑器的"文字格式"对话框中,可以对输入的多行文字的大小、字体、颜色、对齐样式、项目符号、缩进、字旋转角度、字间距、制表位等进行设置。

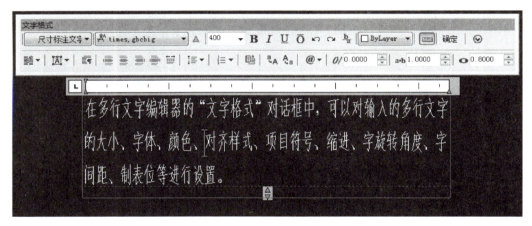

图 1-3-5　多行文字编辑器

在编辑框中单击鼠标右键,打开如图 1-3-6 所示的快捷菜单,在该菜单中选择某个命令可对多行文字进行相应的设置。在多行文字中,系统专门提供了"符号"级联菜单供用户选择特殊符号的输入方法,如图 1-3-7 所示。

4. 文字编辑

最简单的对文字进行编辑的方法就是双击需要编辑的文字,双击单行文字之后,变成如图 1-3-8 所示的形状,可以直接对单行文字进行编辑;双击多行文字之后,将弹出多行文字编辑器,用户在多行文字编辑器中对文字进行编辑即可。

当然,也可以选择"修改|对象|文字|编辑"命令,如图 1-3-9 所示,激活文字编辑器。这种方法与对单行文字和多行文字进行双击的编辑结果是一样的。

选择单行文字或多行文字之后,单击鼠标右键并在弹出的快捷菜单中选择"特性"命令,弹出如图 1-3-10 所示的"特性"面板,可以在"文字"卷展栏的"内容"文本框中修改文字内容,也可以修改其他属性。

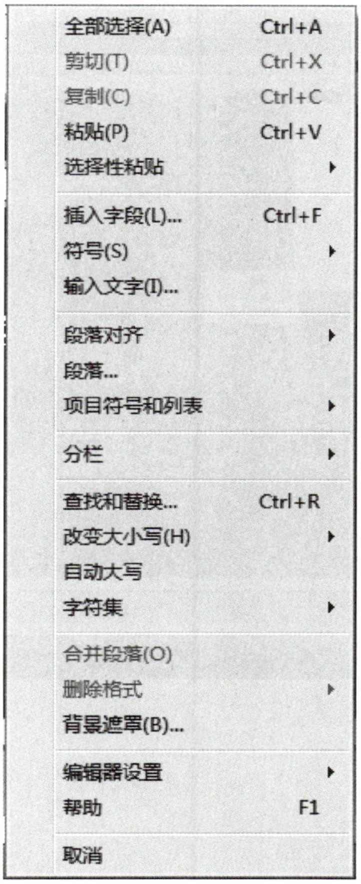

| 全部选择(A) | Ctrl+A |
|---|---|
| 剪切(T) | Ctrl+X |
| 复制(C) | Ctrl+C |
| 粘贴(P) | Ctrl+V |
| 选择性粘贴 | ▶ |
| 插入字段(L)... | Ctrl+F |
| 符号(S) | ▶ |
| 输入文字(I)... | |
| 段落对齐 | ▶ |
| 段落... | |
| 项目符号和列表 | ▶ |
| 分栏 | ▶ |
| 查找和替换... | Ctrl+R |
| 改变大小写(H) | ▶ |
| 自动大写 | |
| 字符集 | ▶ |
| 合并段落(O) | |
| 删除格式 | ▶ |
| 背景遮罩(B)... | |
| 编辑器设置 | ▶ |
| 帮助 | F1 |
| 取消 | |

| 度数(D) | %%d |
|---|---|
| 正/负(P) | %%p |
| 直径(I) | %%c |
| 几乎相等 | \U+2248 |
| 角度 | \U+2220 |
| 边界线 | \U+E100 |
| 中心线 | \U+2104 |
| 差值 | \U+0394 |
| 电相角 | \U+0278 |
| 流线 | \U+E101 |
| 恒等于 | \U+2261 |
| 初始长度 | \U+E200 |
| 界碑线 | \U+E102 |
| 不相等 | \U+2260 |
| 欧姆 | \U+2126 |
| 欧米加 | \U+03A9 |
| 地界线 | \U+214A |
| 下标 2 | \U+2082 |
| 平方 | \U+00B2 |
| 立方 | \U+00B3 |
| 不间断空格(S) | Ctrl+Shift+Space |
| 其他(O)... | |

图 1-3-6　编辑框快捷菜单 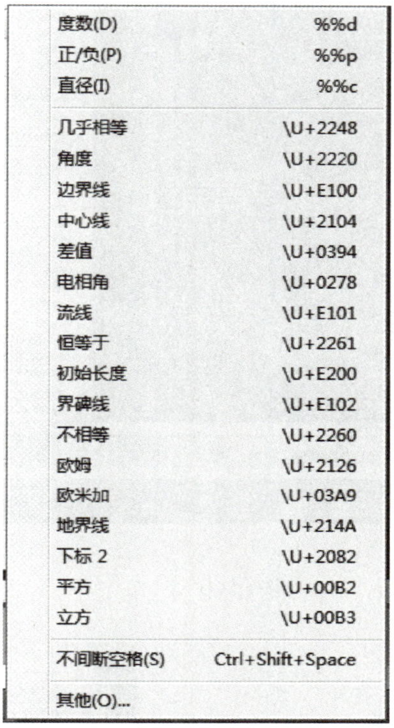　　　　图 1-3-7　"符号"级联菜单

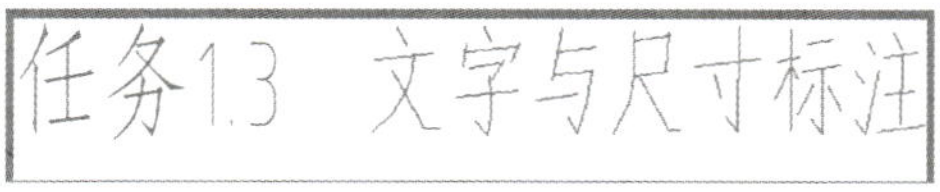

## 任务1.3　文字与尺寸标注

图 1-3-8　编辑单行文字

### 1.3.2　尺寸标注设置

尺寸标注是工程制图中重要的表达方式,利用 AutoCAD 的尺寸标注命令,可以方便快速地标注图纸中各种方向、各种形式的尺寸。对于建筑工程图,尺寸标注应符合相关规范的要求。

1. 尺寸标注的组成

尺寸标注一般包括 4 个基本元素:标注文字、尺寸线、箭头和尺寸界线。圆心标记和中心线如图 1-3-11 所示。

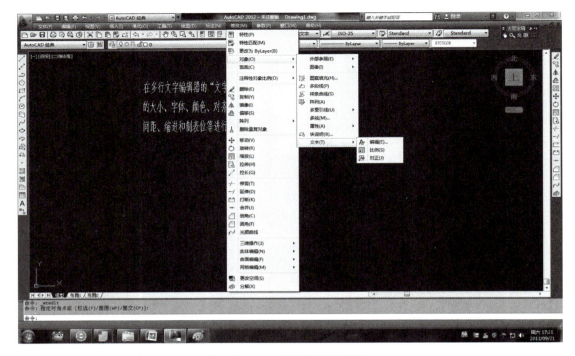

图 1-3-9　文字编辑的级联菜单

图 1-3-10　"特性"面板

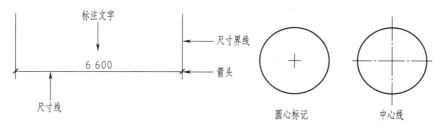

图 1-3-11   尺寸标注的组成

- 标注文字：用于标示尺寸的字符串。标注文字可以包含前缀、后缀和公差。
- 尺寸线：用于指示标注的方向和范围。对于角度标注，尺寸线是一段圆弧。
- 箭头：也称为尺寸起止符号，显示在尺寸线的两端。可以为箭头指定不同的尺寸和形状。
- 尺寸界线：与被注长度垂直，从图形延伸到尺寸线。
- 圆心标记：用于标记圆或圆弧中心的小十字线。
- 中心线：用于标记圆或圆弧中心的点画线。

在"标注"菜单中选择合适的命令，或者单击如图 1-3-12 所示的"标注"工具栏中的某个按钮可以进行相应的尺寸标注。

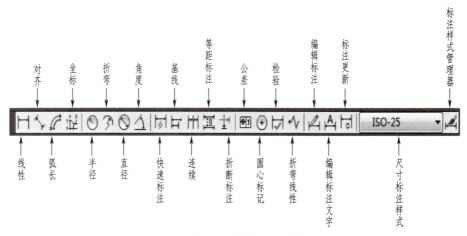

图 1-3-12   "标注"工具栏

2. 尺寸标注样式

在进行尺寸标注时，使用当前尺寸样式进行标注。尺寸标注样式用于控制尺寸变量，包括尺寸线、标注文字、尺寸文本相对于尺寸线的位置、尺寸界线、箭头的外观、尺寸公差、替换单位等。

选择"格式|标注样式"命令，或单击图 1-3-1 中的 按钮，弹出如图 1-3-13 所示的"标注样式管理器"对话框。在该对话框中可以创建和管理尺寸标注样式。

在"标注样式管理器"对话框中，"当前标注样式"区域显示了当前的尺寸标注样式。"样式"列表框中显示了已有的尺寸标注样式，选择了该列表中合适的尺寸标注样式后，单击"置为当前"按钮可将选中的样式设置成当前标注样式。

图 1-3-13 "标注样式管理器"对话框

单击"新建"按钮,弹出如图 1-3-14 所示的"创建新标注样式"对话框。在"新样式名"文本框中输入新尺寸标注样式名称,如"建筑标注 100",在"基础样式"下拉列表框中选择新尺寸标注样式的基准样式,在"用于"下拉列表框中指定新尺寸标注样式应用范围。

图 1-3-14 "创建新标注样式"对话框

单击"继续"按钮关闭"创建新标注样式"对话框,弹出如图 1-3-15 所示的"新建标注样式"对话框,其中有 7 个选项卡,用户可以在各选项卡中设置相应的参数。

（1）"线"选项卡

"线"选项卡由"尺寸线"和"尺寸界线"两个选项组组成。

① **"尺寸线"选项组：**

- "颜色"下拉列表框:用于设置尺寸线的颜色。
- "线型"下拉列表框:用于设置尺寸线的线型。
- "线宽"下拉列表框:用于设置尺寸线的宽度。
- "超出标记"微调框:用于设置尺寸线超出尺寸界线的距离。
- "基线间距"微调框:用于设置使用基线标注时各尺寸线间的距离。
- "隐藏"选项:用于控制尺寸线的显示。"尺寸线 1"复选框用于控制第 1 条尺寸线的

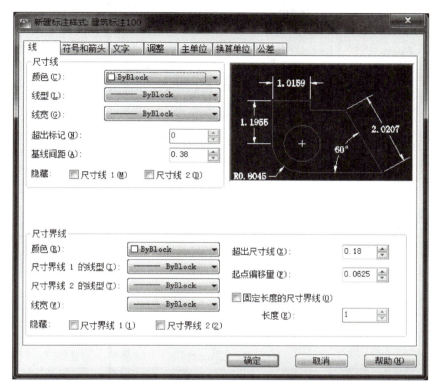

图 1-3-15　"新建标注样式"对话框

显示,"尺寸线 2"复选框用于控制第 2 条尺寸线的显示。

　　② **"尺寸界线"选项组**:

- "颜色"下拉列表框:用于设置尺寸界线的颜色。
- "尺寸界线 1 的线型"和"尺寸界线 2 的线型"下拉列表框:用于设置尺寸界线的线型。
- "线宽"下拉列表框:用于设置尺寸界线的宽度。
- "超出尺寸线"微调框:用于设置尺寸界线超出尺寸线的距离。
- "起点偏移量"微调框:用于设置尺寸界线相对于尺寸界线起点的偏移距离。
- "隐藏"选项:用于设置尺寸界线的显示。"尺寸界线 1"复选框用于控制第 1 条尺寸界线的显示,"尺寸界线 2"复选框用于控制第 2 条尺寸界线的显示。
- "固定长度的尺寸界线"复选框及"长度"微调框:用于设置尺寸界线从尺寸线开始到标注原点的总长度。

　　(2)"符号和箭头"选项卡

　　"符号和箭头"选项卡用于设置尺寸线端点的箭头以及各种符号的外观形式,如图 1-3-16 所示。

　　"符号和箭头"选项卡主要包括"箭头""圆心标记""弧长符号"和"半径折弯标注"等选项组。

　　① **"箭头"选项组**:

　　"箭头"选项组用于设置尺寸线端点箭头的外观形式。

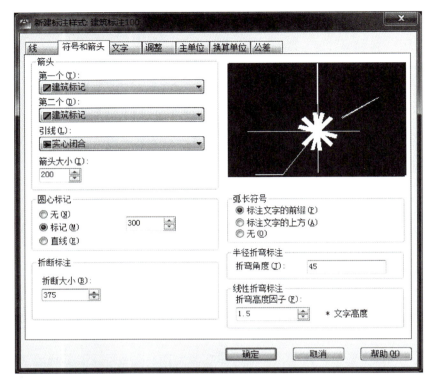

图 1-3-16 "符号和箭头"选项卡

- "第一个"和"第二个"下拉列表框:用于设置标注的箭头形式。
- "引线"下拉列表框:用于设置尺寸线引线部分的形式。
- "箭头大小"微调框:用于设置箭头相对于其他尺寸标注元素的大小。

② **"圆心标记"选项组:**

"圆心标记"选项组用于控制标注半径和直径尺寸时,中心线和圆心标记的外观。

- "无"单选按钮:表示在圆心处不放置中心线和圆心标记。
- "标记"单选按钮:表示在圆心处放置一个与"大小"文本框中的值相同的圆心标记。
- "直线"单选按钮:表示在圆心处放置一个与"大小"文本框中的值相同的中心线。
- "大小"微调框:用于设置圆心标记或中心线的大小。

③ **"弧长符号"选项组:**

"弧长符号"选项组用于控制弧长标注中圆弧符号的显示。

- "标注文字的前缀"单选按钮:表示将弧长符号放在标注文字的前面。
- "标注文字的上方"单选按钮:表示将弧长符号放在标注文字的上方。
- "无"单选按钮:不显示弧长符号。

④ **"半径折弯标注"选项组:**

"半径折弯标注"选项组用于控制半径折弯(Z 字形)标注的显示。半径折弯标注通常在中心点位于页面外部时创建。

- "折弯角度"文本框:用于确定连接半径标注的尺寸界线和尺寸线的横向直线的角度。

（3）"文字"选项卡

"文字"选项卡由"文字外观""文字位置"和"文字对齐"3 个选项组组成,如图 1-3-17 所示。

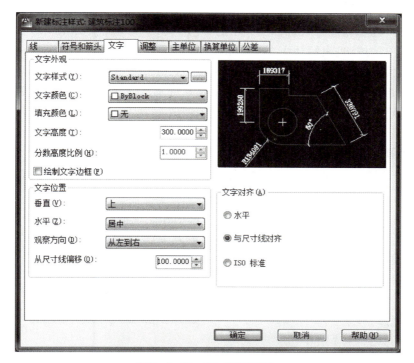

图 1-3-17   "文字"选项卡

① **"文字外观"选项组**:

"文字外观"选项组可设置标注文字的格式和大小。

● "文字样式"下拉列表框:用于设置标注文字所用的样式,单击后面的按钮 ...,可弹出 "文字样式"对话框。

● "文字颜色"下拉列表框:用于设置标注文字的颜色。

● "填充颜色"下拉列表框:用于设置标注中文字背景的颜色。

● "文字高度"微调框:用于设置当前标注文字的高度。

● "分数高度比例"微调框:用于设置分数尺寸文本的相对字高系数。

● "绘制文字边框"复选框:用于控制是否在标注文字四周绘制一个框。

> 说明:在"文字样式"对话框中,选择的"文字样式"所对应的文字"高度"应设置成 "0.0000",而不能设置成某一个固定高度。否则,图 1-3-17 中的"文字高度"文本框所 给定的高度是无效的。

② **"文字位置"选项组**:

"文字位置"选项组用于设置标注文字的位置。

● "垂直"下拉列表框:用于设置标注文字沿尺寸线在垂直方向上的对齐方式。

- "水平"下拉列表框:用于设置标注文字沿尺寸线和尺寸界线在水平方向上的对齐方式。
- "从尺寸线偏移"微调框:用于设置文字与尺寸线的间距。

③ "文字对齐"选项组:

"文字对齐"选项组用于设置标注文字的方向。

- "水平"单选按钮:表示标注文字沿水平线放置。
- "与尺寸线对齐"单选按钮:表示标注文字沿尺寸线放置。
- "ISO 标准"单选按钮:表示当标注文字在尺寸界线之间时,沿尺寸线放置;当标注文字在尺寸界线外侧时,则水平放置标注文字。

(4)"调整"选项卡

"调整"选项卡用于控制标注文字、箭头、引线和尺寸线的放置,如图 1-3-18 所示。

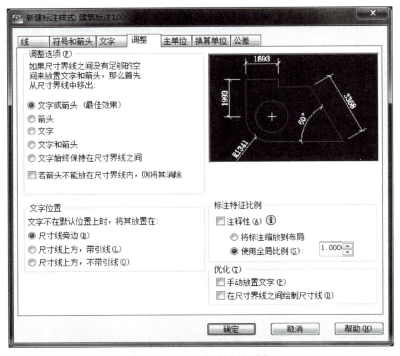

图 1-3-18　"调整"选项卡

"调整选项"选项组用于控制基于尺寸界线之间可用空间的文字和箭头的位置。"文字位置"选项组用于设置标注文字从默认位置(由标注样式定义的位置)移动时标注文字的位置。"标注特征比例"选项组用于设置全局标注比例值或图纸空间比例。"优化"选项组提供了用于放置标注文字的其他选项。

> 说明:在"标注特征比例"选项组中,当需要尺寸标注的文字高度为 500,而在"文字"选项卡中设置的文字高度为 50 时,在"标注特征比例"选项组中选择"使用全局比例",并将其比例设置成 10,这样尺寸标注时,文字高度为 50×10＝500。但是,对应的其

他设置也扩大了 10 倍。如在"符号和箭头"选项卡中将"箭头大小"设置成 200,实际标注尺寸时,箭头的大小为 200×10＝2 000,显然箭头就太大了,可将"符号和箭头"选项卡中"箭头大小"设置成 20,而保持全局比例仍为 10。

（5）"主单位"选项卡

"主单位"选项卡用于设置主单位的格式及精度,同时还可以设置标注文字的前缀及后缀,如图 1-3-19 所示。

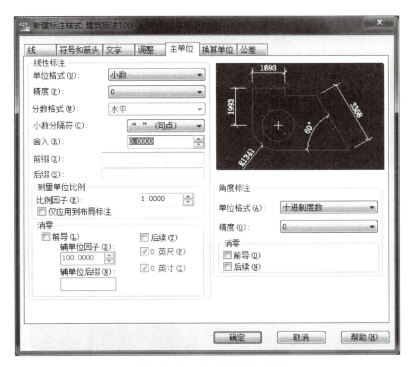

图 1-3-19　"主单位"选项卡

"主单位"选项卡由"线性标注"和"角度标注"两个选项组组成。

① **"线性标注"选项组：**

"线性标注"选项组用于设置线性标注单位的格式及精度。

●"单位格式"下拉列表框:用于设置所有尺寸标注类型(除角度标注外)的当前单位格式。

●"精度"下拉列表框:用于显示和设置标注文字中的小数位数。

●"分数格式"下拉列表框:用于设置分数的格式。

●"小数分隔符"下拉列表框:用于设置小数格式的分隔符号。

●"舍入"文本框:用于设置所有尺寸标注类型(除角度标注外)的测量值取整的规则。

●"前缀"文本框:用于输入标注文字中的前缀,如直径符号等。用户可以输入文字或使用控制代码显示特殊符号。

●"后缀"文本框:用于输入标注文字中的后缀,如尺寸单位 m 等。用户可以输入文字或使用控制代码显示特殊符号。

• "测量单位比例"选项组:用于确定测量时的比例因子。

> 说明:如果实物的尺寸与输入到计算机内部的值存在 1∶1 的关系,则"比例因子"设置为"1";如果将实物的尺寸放大 2 倍绘制图形,则"比例因子"设置为"0.5"才能标注实物的真实尺寸,这种设置方法经常应用在大样图的绘制中。如果大样图的比例是 1∶20,先将图形按实际尺寸进行绘制,然后将图形整体放大 5 倍,并将"比例因子"设置为"0.2",进行尺寸标注时就能标注图形的实际尺寸,最后按 1∶100 出图,在纸张上就得到 1∶20 的大样图。

• "消零"选项组:用于控制是否显示前导零或后续零。

② **"角度标注"选项组:**

"角度标注"选项组用于设置角度标注的角度格式。

• "单位格式"下拉列表框:用于设置角度单位格式。

• "精度"下拉列表框:用于设置角度标注的小数位数。

• "消零"选项组:用于控制不输出前导零和后续零。

(6)"换算单位"选项卡

"换算单位"选项卡用于指定标注测量值中换算单位的显示,并设置其格式和精度,如图 1-3-20 所示。

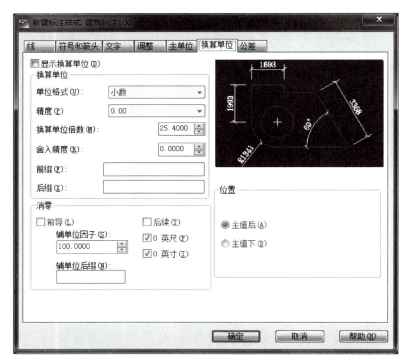

图 1-3-20  "换算单位"选项卡

在"换算单位"选项卡上选中"显示换算单位"复选框则该选项卡可用,"换算单位"和

"消零"选项组与"主单位"选项卡中的对应选项组类似,"位置"选项组用于控制标注文字中换算单位的位置。

### 1.3.3 基本尺寸标注

AutoCAD 为用户提供了多种类型的尺寸标注,下面介绍常用的尺寸标注。

1. 线性标注

线性标注可以标注水平尺寸、垂直尺寸和旋转尺寸。选择"标注|线性"命令,或单击"标注"工具栏中的"线性"按钮⊟,命令行提示如下:

```
命令:_dimlinear
指定第一个尺寸界线原点或<选择对象>:
指定第二条尺寸界线原点:
指定尺寸线位置或
[多行文字(M)/文字(T)/角度(A)/水平(H)/垂直(V)/旋转(R)]:
标注文字=2000
```

线性标注效果如图 1-3-21 所示。

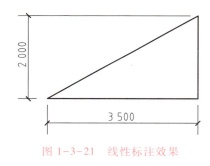

图 1-3-21 线性标注效果

2. 对齐标注

对齐标注可以标注某一条倾斜的线段的实际长度。选择"标注|对齐"命令,或单击"标注"工具栏中的"对齐"按钮⟍,命令行提示如下:

```
命令:_dimaligned
指定第一条尺寸界线原点或<选择对象>:
指定第二条尺寸界线原点:
指定尺寸线位置或
[多行文字(M)|文字(T)|角度(A)]:
标注文字=4031
```

将图 1-3-21 的斜边进行对齐标注,效果如图 1-3-22 所示。

3. 半径标注

半径标注用来标注圆弧或圆的半径。选择"标注|半径"命令,或单击"标注"工具栏中

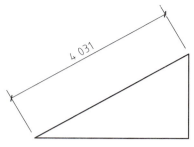

图 1-3-22　对齐标注效果

的"半径"按钮◎,命令行提示如下:

> 命令:_dimradius
> 选择圆弧或圆:
> 标注文字=900
> 指定尺寸线位置或[多行文字(M)/文字(T)/角度(A)]:

半径标注效果如图 1-3-23 所示(在设置标注样式时,"符号和箭头"应设置成"实心闭合")。

图 1-3-23　半径标注效果

4. 直径标注

直径标注用来标注圆弧或圆的直径。选择"标注 | 直径"命令,或单击"标注"工具栏中的"直径"按钮◎,命令行提示如下:

> 命令:_dimdiameter
> 选择圆弧或圆:
> 标注文字=1500
> 指定尺寸线位置或[多行文字(M)/文字(T)/角度(A)]:

直径标注效果如图 1-3-24 所示。

5. 角度标注

角度标注用来标注两条直线、三个点之间或者圆弧的角度。选择"标注 | 角度"级联菜单下的相应命令,或单击"标注"工具栏中的"角度"按钮△|,命令行提示如下:

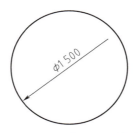

图 1-3-24　直径标注效果

命令：_dimangular
选择圆弧、圆、直线或<指定顶点>：
选择第二条直线：
指定标注弧线位置或［多行文字(M)/文字(T)/角度(A)/象限点(Q)］：
标注文字＝60

角度标注效果如图 1-3-25 所示。

6. 基线标注

基线标注是自同一基线处测量的多个标注。在创建基线标注之前，必须先创建线性、对齐或角度标注。用户可自当前任务的最近创建的标注中以增量方式创建基线标注。

选择"标注|基线"命令，或单击"标注"工具栏中的"基线"按钮，命令行提示如下：

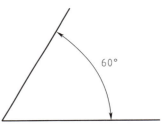

图 1-3-25　角度标注效果

命令：_dimbaseline
指定第二条尺寸界线原点或［放弃(U)/选择(S)］<选择>：
标注文字＝6600
指定第二条尺寸界线原点或［放弃(U)/选择(S)］<选择>：
标注文字＝10200
选择基准标注：

基线标注效果如图 1-3-26 所示。

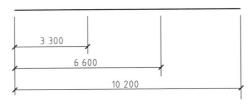

图 1-3-26　基线标注效果

7. 连续标注

连续标注是指首尾相连的多个标注。在创建连续标注之前，必须先创建线性、对齐或角度标注。用户可自当前任务的最近创建的标注中以增量方式创建连续标注。

选择"标注|连续"命令,或单击"标注"工具栏中的"连续"按钮⊢⊢,命令行提示如下:

命令:_dimcontinue
选择连续标注:
指定第二条尺寸界线原点或[放弃(U)/选择(S)]<选择>:
标注文字=3300
指定第二条尺寸界线原点或[放弃(U)/选择(S)]<选择>:
标注文字=3600
指定第二条尺寸界线原点或[放弃(U)/选择(S)]<选择>:
选择连续标注:

连续标注效果如图 1-3-27 所示。

图 1-3-27 连续标注效果

8. 快速标注

引线对象是一条线或样条曲线,其一端带有箭头,另一端带有多行文字对象。在某些情况下,有一条短水平线(又称为钩线、折线或着陆线)将文字和特征控制框连接到引线上。选择"标注|引线"命令,或单击"标注"工具栏中的"快速标注"按钮⊢⌐,命令行提示如下:

命令:_qdim
关联标注优先级=端点
选择要标注的几何图形:找到 1 个
选择要标注的几何图形:
指定尺寸线位置或[连续(C)/并列(S)/基线(B)/坐标(O)/半径(R)/直径(D)/基准点(P)/编辑(E)/设置(T)]<半径>:R
指定尺寸线位置或[连续(C)/并列(S)/基线(B)/坐标(O)/半径(R)/直径(D)/基准点(P)/编辑(E)/设置(T)]<半径>:

快速引线标注效果如图 1-3-28 所示。

### 1.3.4 尺寸标注编辑

1. 编辑标注

选择"标注|编辑标注"命令,或单击"标注"工具栏中的"编辑标注"按钮⊿,命令行提示如下:

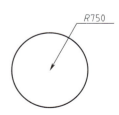

图 1-3-28 快速引线标注效果

命令：_dimedit
输入标注编辑类型［默认（H）/新建（N）/旋转（R）/倾斜（O）］＜默认＞：O
选择对象：找到 1 个
选择对象：
输入倾斜角度（按 ENTER 表示无）：45

其中"倾斜"选项实行倾斜标注，即编辑线性标注，使其尺寸界线倾斜一个角度不再与尺寸线相垂直，常用于标注锥形图形。

2. 编辑标注文字

选择"标注 | 编辑标注文字"级联菜单下的相应命令，或单击"标注"工具栏中的"编辑标注文字"按钮 ，命令行提示如下：

命令：_dimtedit
选择标注：
为标注文字指定新位置或［左对齐（L）/右对齐（R）/居中（C）/默认（H）/角度（A）］：L

3. 利用"修改 | 特性"命令编辑尺寸标注

先选择一个已标注的尺寸，再选择"修改 | 特性"命令，在弹出的"特性"面板中进行各种参数的修改，如图 1-3-29 所示。

图 1-3-29　利用"特性"面板编辑尺寸标注

**【任务 1.3 实训】**

按以下要求独立制订计划,并实施完成。

1. 设置一个文字样式,名称为"文字 500",小字体为 txt.shx,大字体为 gbcbig.shx,字高为 500,宽度因子为 0.8,其他为默认值。以新创建的"文字 500"为当前样式,采用单行文字方式输入"AutoCAD 在建筑领域的应用",并将"AutoCAD 在建筑领域的应用"编辑成"AutoCAD 2012 在建筑领域的应用"。

2. ① 用多行文字方式输入第 1 题题目的内容。

② 将其设置成如任务 1.3 实训图 1 所示效果。

设置一个文字样式,名称为"**文字500**",小字体为 txt.shx,大字体为 gbcbig.shx,字高为500,宽度因子为0.8,**其他为默认值**。以新创建的"文字500"为当前样式,采用单行文字方式输入"AutoCAD 2012**在建筑领域的应用**"。

任务 1.3 实训图 1

③ 将上述文字编辑成如任务 1.3 实训图 2 所示效果。

设置一个**文字样式**,名称为"文字500",小字体为 txt.shx,大字体为 gbcbig.shx,字高为500,宽度因子为0.8,**其他为默认值**。以新创建的"文字500"为当前样式,采用单行文字方式输入"AutoCAD 2012在**建筑领域**的应用"。

任务 1.3 实训图 2

3. 创建一个满足建筑制图要求的标注样式:样式名称为"建筑标注 100";尺寸线中基线间距设为 800;尺寸界线超出尺寸线长度设为 250,起点偏移量设为 300;箭头第一个、第二个设为"建筑标记",箭头大小为 200;圆心标记选中"标记"单选按钮,且大小设为 200;半径折弯标注的折弯角度设为 45°;文字高度设为 300;文字位置从尺寸线偏移设为 100,文字位置垂直设为"上"、水平设为"居中";"主单位"选项卡中线性标注的单位格式设为"小数",精度设为"0";角度标注中单位格式设为"十进制度数",精度设为"0.0";在"调整"选项卡中选中"文字始终保持在尺寸界线之间";其他采用默认值。

4. 利用第 3 题设置的标注样式进行任务 1.3 实训图 3 所示图形的标注。

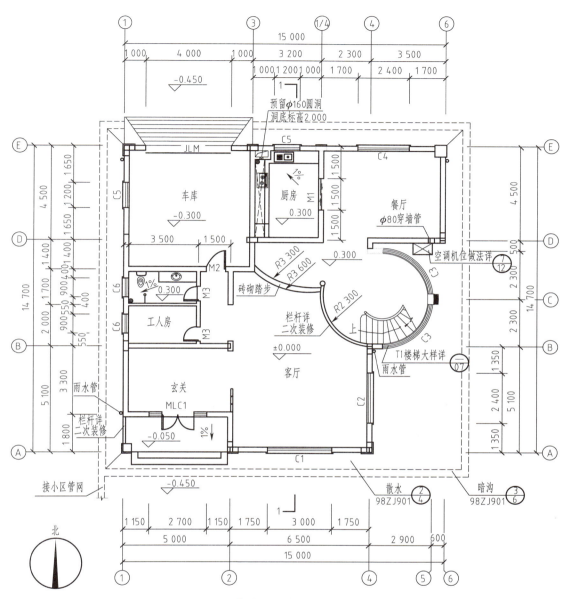

任务 1.3 实训图 3

# 项目 2
## 建筑平面图的绘制

## 项目提要

　　本项目以某住宅楼四、六层平面图(图 2-0-1)为例,结合建筑制图国家标准要求,详细介绍建筑平面图的基本绘制方法和技巧。

　　建筑平面图是假想使用水平的剖切面沿门窗洞的位置将房屋剖切后,对剖切面以下的部分所作的水平剖面图。它主要反映房屋的平面形状、大小和房间的布置,墙柱的位置、厚度和材料,以及门窗的类型和位置等。建筑平面图一般包括底层平面图、标准层平面图以及顶层平面图。一般来说,这三种平面既有区别,又有联系。

　　本项目介绍轴网、墙体、各类柱、门窗、楼梯等基本构件的绘制方法,以及如何进行尺寸和文字标注。需要说明的是,平面图中各构件的绘制方法不是唯一的,读者应根据具体图形的不同特点来选择简便和快捷的绘图方式,注意熟悉快捷键的使用,多实践,这样才能达到熟能生巧的目的。

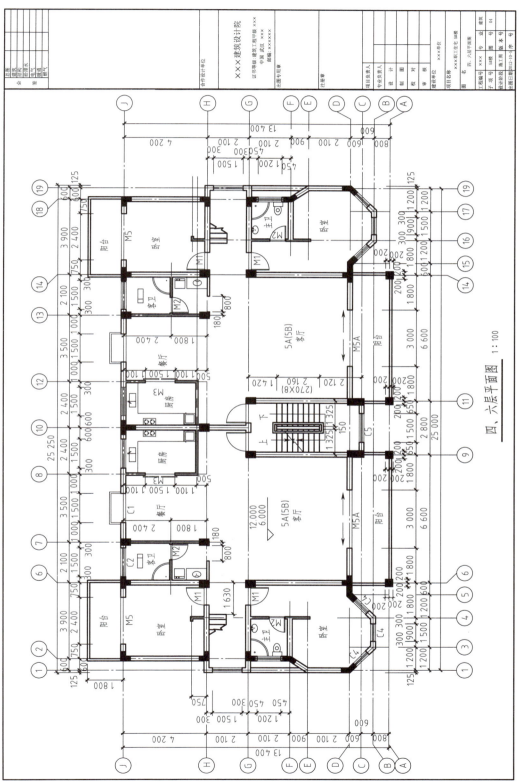

四、六层平面图 1:100

图 2-0-1　建筑平面图

## 任务 2.1　绘图环境设置

### 任务内容

在进行建筑图形绘制之前,先应进行绘图环境设置。

### 任务分析

进行绘图环境设置,主要是对图形界限、图层、图形单位、文字样式和标注样式等进行设置。

### 任务实施

#### 2.1.1　图形界限设置

假定要绘制 A1 幅面的图纸,按 1∶1 比例绘制,按 1∶100 打印出图。A1 图纸的尺寸为 841 mm×594 mm。选择"格式|图形界限"命令,命令行提示如下:

```
命令:'_limits
重新设置模型空间界限:
指定左下角点或［开(ON)/关(OFF)］<0.00000000,0.00000000>:
指定右上角点 <12.00000000,9.00000000>: 84100,59400
```

图形界限设置后,选择"视图|缩放|全部"命令,使限定区充满屏幕中整个绘图窗口。

#### 2.1.2　图形单位设置

建筑工程中的图形单位,长度类型为"小数",精度为"0"。角度的类型为"十进制度数",角度以逆时针方向为正,以东为基准角度。

选择"格式|单位",或在命令行中输入"UNITS",将弹出如图 2-1-1 所示的"图形单位"对话框,可在此对话框中进行图形单位的设置。

#### 2.1.3　图层设置

建筑工程中的墙体、门窗、楼梯、设备、尺寸标注、文字说明等不同的图形,所具有的属性是不一样的。为了便于管理,应把具有不同属性的图形放在不同的图层上进行处理。

1. 创建图层

选择"格式|图层"命令,弹出"图层特性管理器"面板。根据建筑平面图内容,建立"门窗""填充""墙体""轴线""阳台楼梯""标注"等图层,如图 2-1-2 所示。

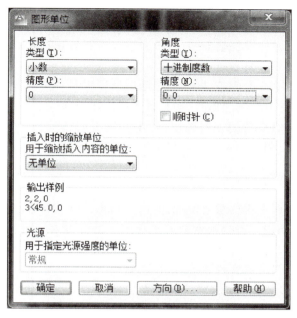

图 2-1-1 "图形单位"对话框

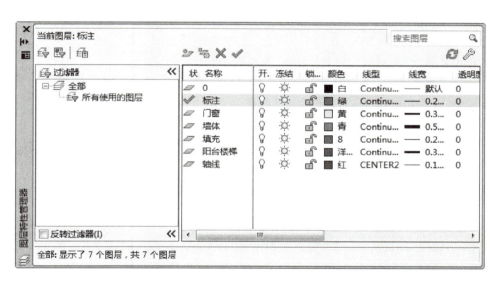

图 2-1-2 图层特性管理器

2. 设置线型、线宽和颜色

一般的建筑平面图中的图线应粗细有别。被剖切的墙、柱断面的轮廓线用粗实线绘制；被剖切的次要部分的轮廓线，如墙面抹灰、轻质隔墙，以及没有剖切的可见部分的轮廓线，如窗台、墙身、阳台、楼梯段等，均用中实线绘制；没有剖切的高窗、墙洞和不可见的轮廓线等都用中虚线绘制；引出线、尺寸标注线等用细实线绘制；定位轴线、中心线和对称线用细点画线绘制。

线宽可以在"图层特性管理器"面板中设置,也可以在出图打印时统一设置。按照制图标准,应根据图纸的复杂程度和采用的比例选择线宽。绘制较简单的图样时,可只采用两种线宽,根据规范和经验,在标准层平面图中,设置墙线线宽为 0.7 mm,阳台楼梯、门窗、标注线宽为 0.25 mm。

不同图层最好设置不同的颜色,同一图层的图形设置同一颜色属性,这样便于图层的管理、调用以及打印。因此在绘制图形时,颜色属性最好随图层设置。

为了方便绘图而临时设置的一些图层,绘图完毕可以将其删除。但是,图层 0、当前图层、依赖外部参照的图层和包含对象的图层是不能删除的。

### 2.1.4　标注样式设置

尺寸标注是建筑工程图中的重要组成部分。AutoCAD 的默认设置样式不能完全满足建筑工程制图的要求,因而用户需要根据建筑工程制图的标准对其进行设置。可利用标注样式管理器设置需要的尺寸标注样式。

根据项目 1 介绍的尺寸标注样式设置方法,新建一个"轴线标注"样式。

在"线"选项卡中设置"尺寸线""尺寸界线"的格式。一般按默认设置"颜色"和"线宽"值,"基线间距"设置为 800,"超出标记"设置为 0。通过"尺寸线"选项组还可设置在标注尺寸时隐藏第一条尺寸线或者第二条尺寸线。对"尺寸界线"的设置具体为:把"颜色"和"线宽"设为默认值,"超出尺寸线"设置为 250,"起点偏移量"设置为 300。

在"符号和箭头"选项卡中修改箭头形状为"建筑标记"形状,"引线"默认为"实心闭合",设置"箭头大小"为 200。在"圆心标记"选项组中设置圆心标记的类型和大小。选择"标记"方式来显示圆心标记,设置"大小"为 200。

在"文字"选项卡中,设置标注文字的外观、位置和对齐方式。其中字体为 hztxt.shx,"文字颜色"为默认;"文字高度"为 250;不选"绘制文字边框"复选框。在"文字位置"选项组中设置"从尺寸线偏移"为 100。在"文字对齐"选项组中选择"与尺寸线对齐"。

还可在"调整"选项卡中对"文字位置""标注特征比例"进行调整。在本例中"使用全局比例"为"1"。

### 2.1.5　文字样式设置

建筑工程图中一般都有一些关于房间功能、图例及施工工艺的文字说明,将这些文字说明放在"文字标注"图层。

通过"文字样式"对话框设置文本格式。在本例中,样式名称为"H300",字体为大字体 hztxt.shx,如果没有 hztxt.shx 字体,可将此字体文件拷贝到 AutoCAD 的字库中,字高为 300。

### 2.1.6　模板文件的创建

绘图环境设置完成后,将此文件保存为一个建筑平面图模板,以备以后使用。具体操作为:选择"文件|另存为",弹出如图 2-1-3 所示的"图形另存为"对话框。在该对话框中,选择"文件类型"选项"AutoCAD 图形样板( *.dwt)",文件名为"建筑模板"。单击"保存"按钮,出现"样板选项"对话框,在"说明"选项中注明"建筑用模板",单击"确定"按钮,完成

"建筑模板"的创建。

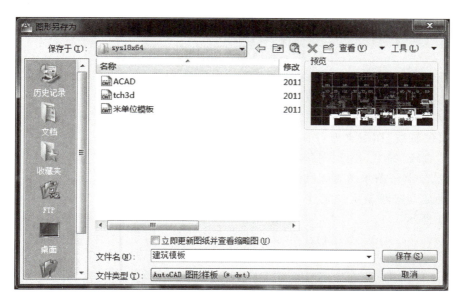

图 2-1-3　保存建筑平面图模板

# 任务 2.2　绘制建筑平面图

 **任务内容**

　　绘制建筑平面图,主要是绘制轴线、柱、墙体及门窗、楼梯等。

 **任务分析**

　　进行绘图环境设置之后,采取什么方式进行轴线、柱网、墙体及门窗、楼梯等的绘制呢?

　　建筑平面图的基本部分是其结构构件,包括墙体、柱、门窗等,这些构件的不同布局形成了建筑物的平面功能分区。建筑平面图所表现的重点就是这些构件以及平面功能分区。

　　图 2-0-1 所示的建筑平面图左右两边关于⑩轴对称,故先绘制图形的左半部分,再通过镜像的方法得到右半部分。

 **任务实施**

### 2.2.1　绘制轴线网及标注编号

　　建筑平面图一般从定位轴线开始绘制。确定了轴线就确定了整个建筑物的承重体系和非承重体系,也确定了建筑物房间的开间深度以及楼板、柱网等细部的布置。所以,绘制轴线是使用AutoCAD 进行建筑绘图的基本功之一。定位轴线用细点画线绘制,其编号标注在轴线端部用细实线绘制的直径为 8 mm 的圆内。纵向轴线编号用阿拉伯数字 1、2、3 等,从左至右编写;横向轴线编号用大写英文字母 A、B、C 等,从下至上编写,大写英文字母中的 I、O、Z 不能作轴线编号,以免与数字相混淆。

1. 绘制轴网

首先,将"轴线"图层置为当前图层,打开正交模式,使用"直线"命令,在绘图区域单击适当点作为轴线基点,绘制一条水平直线和一条竖直直线,整个轴网就是以这两条定位轴线为基础生成的,如图 2-2-1 所示。

图 2-2-1　定位轴线

说明:绘制轴线时,如果屏幕上出现的线型为实线,则可以执行"格式|线型"命令,弹出"线型管理器"对话框,单击对话框中的"显示细节"按钮,在"全局比例因子"文本框中对其进行设置,如设置为 100,即可将点画线显示出来,如图 2-2-2 所示。还可以用"线型比例"命令 LTScale 进行调整。

图 2-2-2　"线型管理器"对话框

(1) 横向轴线的绘制

通过使用"偏移"命令绘制其他轴线,操作方法如下。

命令:O
OFFSET(启动"偏移"命令。)

当前设置：删除源＝否　图层＝源　OFFSETGAPTYPE＝0

指定偏移距离或［通过(T)/删除(E)/图层(L)］<1500.00000000>:800（指定Ⓐ轴和Ⓑ轴之间的距离。）

选择要偏移的对象，或［退出(E)/放弃(U)］<退出>:（选择Ⓐ轴。）

指定要偏移的那一侧上的点，或［退出(E)/多个(M)/放弃(U)］<退出>:（指定Ⓑ相对于Ⓐ轴的位置，即Ⓐ轴的上方。）

选择要偏移的对象，或［退出(E)/放弃(U)］<退出>:（按空格键，生成Ⓑ轴。）

按回车键重复执行"偏移"命令，每次以新生成的轴线为基准依次向上偏移 600、600、2 100、900、2 100、2 100、4 200，从而得到Ⓒ轴、Ⓓ轴、Ⓔ轴、Ⓕ轴、Ⓖ轴、Ⓗ轴、Ⓙ轴，如图 2-2-3 所示。

图 2-2-3　横向轴线

（2）纵向轴线的绘制

执行"偏移"命令，以纵向定位轴线为基准，将其向右依次偏移 600、600、1 500、1 200、600、2 100、3 500、1 000、1 400、1 400，分别得到②轴、③轴、④轴、⑤轴、⑥轴、⑦轴、⑧轴、⑨轴、⑩轴、⑪轴。

绘制至此，得到部分完成的轴网，如图 2-2-4 所示。

某些轴线过长或过短，可以通过"拉伸"命令 进行拉长或压缩。轴线全部贯穿图形会影响绘制图形时的视线，可用"修剪"命令 或"打断"命令 ，适当处理中间部分的轴线，也可使用夹点来拉伸轴线，修改后的轴网如图 2-2-5 所示。

说明：在绘制竖向、横向轴线时，也可以用"复制"命令；如果对象间距相同，用"阵列"命令最为快捷。

2. 标注定位轴线编号

绘制、修改完轴网后，就要对各类轴线进行编号。新建"编号"图层，将"编号"图层设为当前图层。

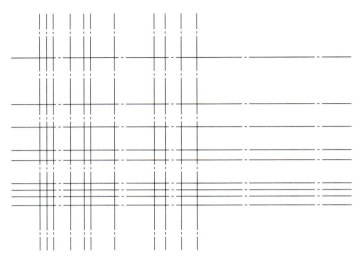

图 2-2-4　部分完成的轴网

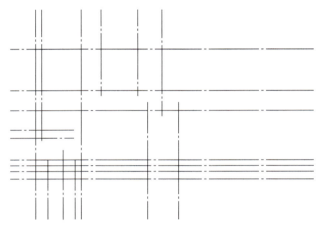

图 2-2-5　修改后的轴网

标注轴线编号的方式有两种：一种是先绘制一个轴线编号，其余各个轴线编号可用"复制"命令或单击"修改"工具栏中的按钮 ，再编辑文字内容的方法完成；另一种是先创建"轴线编号"块，用插入块的方法完成轴线编号的标注。

在此，以创建块方式完成轴线编号的标注。利用块与属性功能绘图，不但可以提高绘图效率，节约图形文件占用的磁盘空间，还可以使绘制的工程图规范、统一。

（1）创建"轴线编号"块

① 单击"绘图"工具栏中的"圆"按钮，在绘图区域画一个半径为 400 的圆。

② 定义块属性。选择"绘图|块|定义属性"命令，弹出"属性定义"对话框，按图 2-2-6 "属性定义"对话框的有关项进行设置。

点击"确定"，退出上述对话框，得到如图 2-2-7 所示"轴线编号"图形。

图 2-2-6　创建"轴线编号"块的"属性定义"对话框　　　图 2-2-7　"轴线编号"图形

③ 块定义。单击"绘图"工具栏中的"创建块"按钮 ，弹出"块定义"对话框。在"名称"文本框中输入"轴线编号"，单击"选择对象"按钮，选择上述"轴线编号"图形。单击"拾取点"按钮，选择捕捉圆的正上方的象限点，此时对话框呈现为图 2-2-8 所示的画面。单击"确定"按钮后，就定义了名称为"轴线编号"的块。

说明：以上定义的块存储在当前文件内部，只能在定义它的图形文件中调用，而不能在其他图形文件中调用。如果希望所定义的块在其他图形文件中也能调用，则需要用"写块"（WBLOCK）命令将其转换为图形文件。

图 2-2-8　定义"轴线编号"的"块定义"对话框

（2）插入"轴线编号"块

单击"绘图"工具栏上的"插入块"按钮，执行"插入块"命令，当出现"输入轴线编号："时，依次输入各轴线编号，并用"移动"命令将轴线编号移动到对应位置。

说明：在给轴线标注编号的过程中，⑤轴、⑥轴发生重叠现象。用"移动"命令 将⑥号轴编号向右水平移动（打开正交模式和捕捉模式），至不再与⑤轴编号重叠为止，再根据需要画引线，如图 2-2-9 所示。

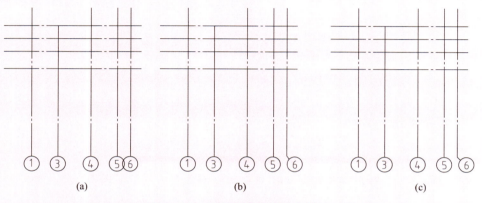

图 2-2-9　标注轴线编号后的轴网

要检查绘制的轴线相对关系是否正确，可以直接查询轴线间的距离，也可以用标注尺寸的方法检查所画的轴线间的距离。若有不正确的情况，可用"移动""复制""偏移"等命令修改，直到得到正确的图形。图 2-2-10 是标注尺寸后的轴线图（局部），检查没有问题再将"标注"图层关闭，隐藏尺寸标注。

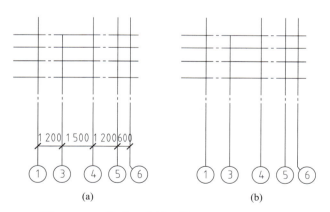

图 2-2-10　标注尺寸检查轴线尺寸对应关系图

## 2.2.2　绘制墙线

绘制墙线的方法大致有两种：一种方法是用"偏移"命令，以轴线为基准，向两边偏移一定的距离得到墙线，再用"格式刷"将墙线转换至"墙体"图层上，并按墙线的要求进行

修剪。另一种方法是用"多线"（MLine）命令在"墙体"图层上直接绘制，再通过选择"修改|对象|多线"命令，按墙线的要求对多线进行编辑。AutoCAD 中的多线功能非常强大，对于大部分样式的墙线都可以进行编辑。现仅介绍用"多线"命令来绘制墙线的方法。

1. 墙线

要绘制的建筑平面图的墙体包括三部分：外墙线、隔墙线、阳台线。

（1）绘制外墙线

将"墙体"图层置为当前图层，打开对象捕捉模式，用以捕捉轴线交点。采用"多线"命令绘制墙体时，因为外墙线关于轴线对称，所以对正方式为中心对正，在"输入对正类型"中选择"Z"，墙体厚度为 250 mm，所以选择比例为 250，具体操作如下：

```
命令：ML
MLINE
当前设置：对正 = 上，比例 = 20.00，样式 = STANDARD
指定起点或［对正(J)/比例(S)/样式(ST)]:J
输入对正类型［上(T)/无(Z)/下(B)]＜上＞:Z
当前设置：对正 = 无，比例 = 20.00，样式 = STANDARD
指定起点或［对正(J)/比例(S)/样式(ST)]:S
输入多线比例 ＜20.00＞:250
当前设置：对正 = 无，比例 = 250.00，样式 = STANDARD
指定起点或［对正(J)/比例(S)/样式(ST)]:
指定下一点：＜正交 开＞
指定下一点或［放弃(U)]:
```

绘制的部分墙线如图 2-2-11 所示。

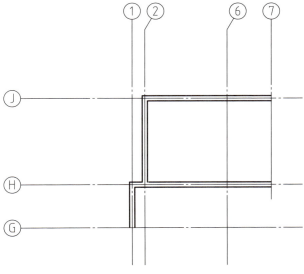

图 2-2-11　绘制的部分墙线

在Ⓑ轴、Ⓓ轴以及①轴、⑤轴之间有一个八角窗。在绘制这部分墙线时,需要捕捉相应轴线的交点,如图 2-2-12 所示。

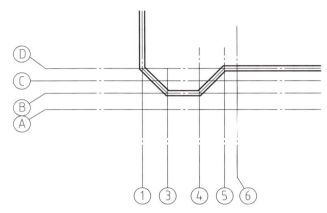

图 2-2-12　八角窗部分墙线绘制

（2）绘制隔墙线、阳台线

同样,用"多线"命令绘制隔墙线、阳台线,厚度为 120 mm,设置多线比例为 120。在绘制阳台线时,应设置"阳台楼梯"图层为当前图层。

用"多线"命令绘制墙线后,得到如图 2-2-13 所示墙线粗略图。绘制出来的墙线在连接处不符合要求,必须对其进行编辑修改。

> 说明:在绘制阳台时,如果发现轴线、轴线编号、尺寸标注离阳台太近,可以用"拉伸"命令将它们向上或向下拉伸到合适的长度。墙线的相交线要稍微长些,方便后续的多线编辑。

2. 编辑墙线

墙线的编辑有两种方式:一种是用多线编辑工具编辑墙线,这种方法可快速修改墙线;另一种是先用"分解"命令🗇将多线分解成单线,再用"修剪"命令 ⊬ 修改墙线。现介绍用多线编辑工具编辑墙线。

选择"修改|对象|多线"命令,或在命令行输入命令 MLEDIT,弹出"多线编辑工具"对话框,如图 2-2-14 所示。

修剪墙线常用的多线编辑工具为"T 形合并""十字合并"以及"角点结合"。在"多线编辑工具"对话框中,选择相应的接头形式,然后按照命令行的提示对前面绘制的墙线进行编辑。

在采用多线编辑工具修改墙线时,要注意正确选择多线的顺序。例如,在图 2-2-15 所示的图形中进行 T 形合并时应先选择多线 1,再选择多线 2,才能成功合并,否则结果将大相径庭。

> 说明:在使用多线编辑工具修改墙线时,可先关闭"轴线"图层及其他图层,只保留"墙体"图层,这样方便修改。如果是直线与多线相交,就不能用多线编辑工具。这时需用"分解"命令🗇将多线分解成单线后,再用"修剪"命令 ⊬ 修改。

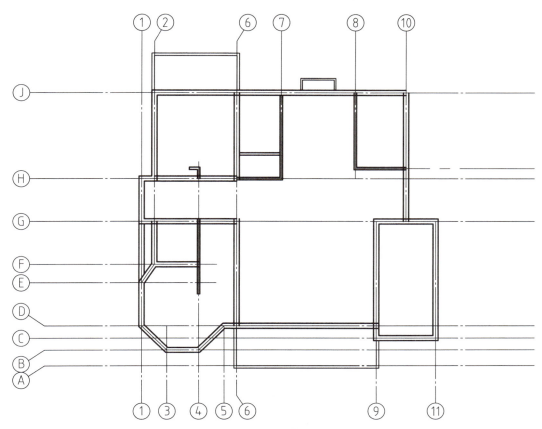

图 2-2-13　未经修改的墙线

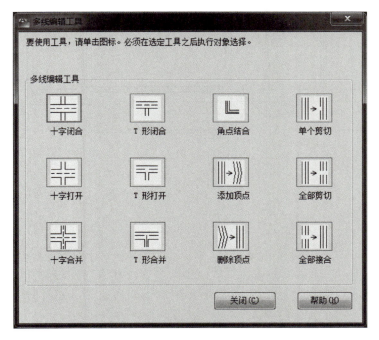

图 2-2-14　"多线编辑工具"对话框

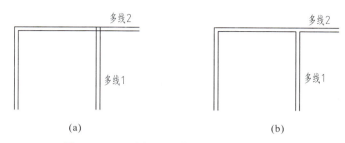

图 2-2-15    进行 T 形合并时多线选择顺序

完成墙线编辑后,得到的图形如图 2-2-16 所示。

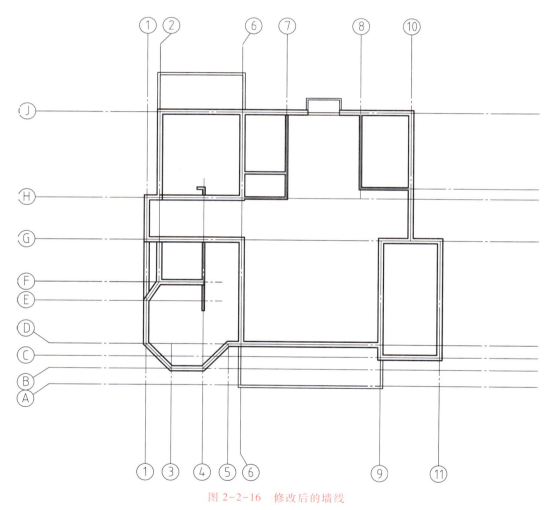

图 2-2-16    修改后的墙线

观察图 2-2-16 可知,需要修剪墙线的位置大多数是有构造柱的,所以可以通过绘制构造柱将其遮掩,而不对墙线进行修改,这并不影响电子图形的显示和蓝图的效果,可以大大提高绘图效率。

### 2.2.3  绘制门窗

完成墙线的绘制后,即可进行门窗的绘制。由于我国建筑设计规范对门窗的设计有具体的要求,所以在绘制门窗的时候,可以把它们作为标准块插入到平面图中,从而避免大量的重复工作。

1. 开门洞

在绘制门窗之前,要在墙体上开门洞和窗洞。

下面以ⓒ轴上的 M1 门为例,介绍如何在墙上开门洞。

① 在图纸的门窗表中,可以查到 M1 门的尺寸。

② 设置"墙体"图层为当前图层,将ⓒ轴向左偏移 245,得到一条辅助线,再将此辅助线向左偏移门的宽度 900,即可定出门的位置,如图 2-2-17a 所示。

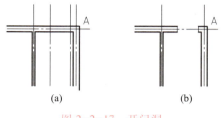

图 2-2-17  开门洞

③ 将用"多线"命令绘制的墙线分解开,再用"修剪"命令把多余的直线修剪掉,将得到的短线用格式刷复制到"墙体"图层,打开状态行中的"线宽",得到的图形如图 2-2-17b 所示。ⓒ轴与⑥轴的交点记为 A 点。

通过识图,找出各个门垛与轴线的间距,按以上思路完成开门洞。

也可以将 M1 门洞的两根短线以 A 点为基准点,复制到其他要开门洞的位置,再通过"移动"命令移动短线,使之满足门洞尺寸的要求,最后用"修剪"命令修剪掉门洞位置的墙线。当方向不同时,先用"旋转"命令,再按此方法操作。

2. 开窗洞

开窗洞也可仿照开门洞的方法。

对如图 2-2-18 所示的这种特殊的八角窗的窗洞,该如何绘制呢?

由于八角窗左右对称,故只需绘制左半部分,右半部分可通过镜像得到。

在ⓑ轴与③轴的交点处绘制一条倾角为 45°的辅助斜线,左侧窗户的边线距离辅助斜线 400,因此将辅助斜线向左上 45°方向偏移 400;因为窗户的长度为 900,所以将辅助斜线再向左上 45°方向偏移 900,以此来确定飘窗的位置,如图 2-2-18 所示。

用类似方法绘制③轴、④轴之间窗的辅助线,用"镜像"命令将八角窗的左半部分复制到右半部分,修剪多余的墙线,得到已开了窗洞的八角窗,如图 2-2-19 所示。

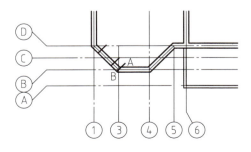

图 2-2-18  辅助线的绘制

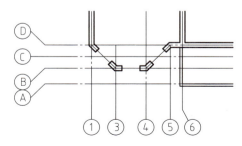

图 2-2-19  八角窗

至此完成开门窗洞口,得到图形如图 2-2-20 所示。

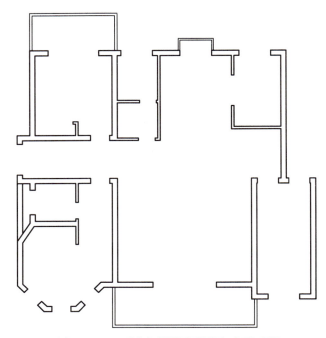

图 2-2-20　开完门洞及窗洞的左半平面图

3. 绘制门及窗

在该建筑中,涉及的门有两种:一种是平开门,另一种是推拉门。这里主要介绍平开门的绘制方法。一般平开门用四分之一圆表示,平开门的厚度为 40。

① 设置"门窗"图层为当前图层。

② 绘制一个半径为 900 的圆。

③ 通过捕捉圆心及象限点,绘制两条相互垂直的直线。将垂直的直线向左偏移 40。

④ 用"修剪"命令 ⊣ 修剪圆。

⑤ 以圆心为基点,将整个图形定义为块 M1。

平开门的绘制过程如图 2-2-21 所示。

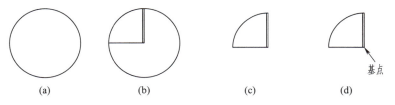

　(a)　　　　　　　(b)　　　　　　　(c)　　　　　　　(d)

图 2-2-21　平开门的绘制过程

推拉门由读者根据其形状及尺寸自行绘制。

窗体的绘制方法类似于门,窗户 C1 的尺寸如图 2-2-22 所示,基点选择在窗户的四个角点或与墙线相交的中点。

将门和窗分别定义为块,插入到墙体的相应位置。窗户的块名为 C1。

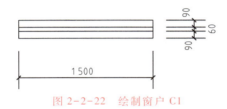

图 2-2-22　绘制窗户 C1

在插入门窗时,注意充分利用对象捕捉功能,准确选择插入位置。不同尺寸的门窗在插入时还要设置缩放比例。

以插入 C4 为例,单击"插入块"按钮,弹出"插入"对话框。按图 2-2-23 所示进行设置:单击"浏览"按钮,选"C1"块,在"插入点"选项组中选择"在屏幕上指定"复选框,由于窗户 C1 长度为 1 500,而 C4 的长度为 900,所以在"比例"选项组中,X 轴方向的比例因子设为 0.6,Y 轴方向、Z 轴方向的比例因子设为 1,单击"确定"按钮,选择窗户左下角点为插入点。

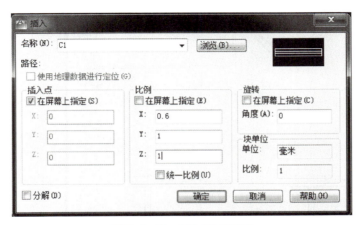

图 2-2-23　"插入"对话框

所有的门窗都插入后的左半平面图如图 2-2-24 所示。

### 2.2.4　绘制柱

柱位于各墙线的交点处,是建筑框架结构的受力点。这里介绍两类柱的绘制方法:一类是截面形状为矩形的标准柱,一类是异形柱。

1. 创建标准柱

具体操作步骤如下:

① 新建"柱"图层,并置为当前图层。

② 绘制一个 350×500 的矩形代表柱的截面。单击"矩形"按钮,绘出柱的截面。

③ 单击"图案填充"按钮进行图案填充。当用"图案填充"命令对柱进行填充时,可将其他图层关闭,只保留柱图形,便于图案填充边界的选择。

④ 将绘制好的柱移动到对应的地方,注意使用对象捕捉功能,准确对正。

350×500 标准柱的绘制过程如图 2-2-25 所示。

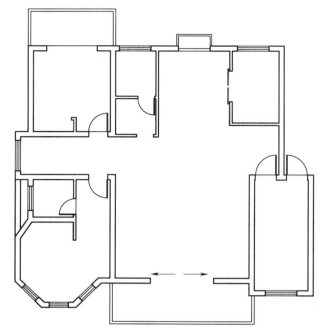

图 2-2-24　门窗插入后的左半平面图

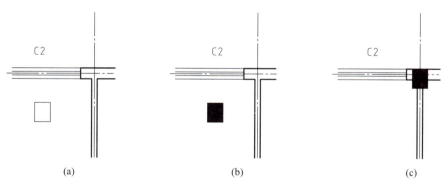

图 2-2-25　350×500 标准柱的绘制过程

使用"复制"命令,通过对象捕捉,完成其他 350×500 标准柱的绘制。

其他尺寸的标准柱参照 350×500 标准柱绘制。

2. 创建异形柱

在墙体上用"多段线"命令或"绘图"工具栏中的"多段线"按钮 ⤵,绘制异形柱轮廓,再用"图案填充"命令或"绘图"工具栏中的"图案填充"按钮 ⬚ 进行图案填充。绘制的异形柱柱 1、柱 2 截面如图 2-2-26 所示。

完成填充后的效果图如图 2-2-27 所示。

> 说明:在进行图案填充时,可按住 Shift 键,将选择的多个对象添加到选择集。

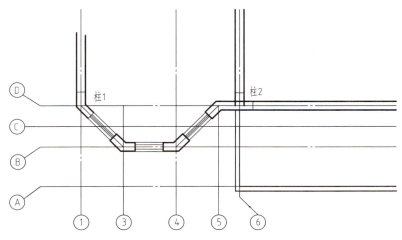

图 2-2-26　绘制的异形柱柱 1、柱 2 截面

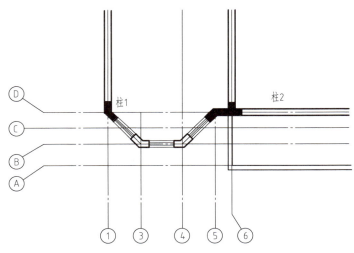

图 2-2-27　完成填充后的效果图

左半平面图添加完柱后的效果图如图 2-2-28 所示。

### 2.2.5　绘制楼梯

根据楼梯平面形式的不同,较为常见楼梯可分为单跑直楼梯、双跑直楼梯、多跑直楼梯等。在本例中,楼梯为双跑直楼梯,主要由休息平台和楼梯段组成。绘制楼梯时,只需在楼梯间墙体所限制的区域内按设计位置绘出楼梯踏步线、扶手、箭头及折断线等即可。

#### 1. 绘制踏步线

通过"偏移"命令或"修改"工具栏中的"偏移"按钮🗗,将ⓒ轴向上偏移 2 120 得到第一根踏步线。用"格式刷"命令将踏步线复制至"阳台楼梯"图层,修剪踏步线超出楼梯间的部分;其余踏步线可通过"阵列"命令获得,行数为 9、列数为 1,行间距为 270。

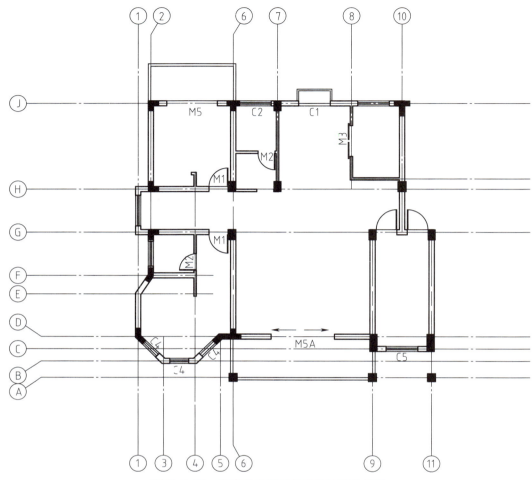

图 2-2-28　左半平面图添加完柱后的效果图

命令行提示信息如下：

命令：AR
ARRAY
选择对象：指定对角点：找到 1 个
选择对象：
输入阵列类型［矩形（R）/路径（PA）/极轴（PO）］<矩形>：
类型 = 矩形　关联 = 是
为项目数指定对角点或［基点（B）/角度（A）/计数（C）］<计数>：
输入行数或［表达式（E）］<4>：9
输入列数或［表达式（E）］<4>：1
指定对角点以间隔项目或［间距（S）］<间距>：
指定行之间的距离或［表达式（E）］<1>：270
按 Enter 键接受或［关联（AS）/基点（B）/行（R）/列（C）/层（L）/退出（X）］<退出>：

选择第一根踏步线作为对象完成"阵列"命令。

2. 绘制楼梯扶手

以楼梯间两边的轴线复制出楼梯井的边线,并以楼梯井边线画出楼梯扶手,最后进行修剪和标注。根据图纸尺寸将⑨轴、⑪轴分别向内偏移 1 325(其中包括半墙厚度),作为辅助线,并将两条辅助线均向左、右两侧各偏移 50,作为楼梯扶手的宽度,在辅助线基础上绘制直线,再类似地偏移最上面和最下面的踏步线,形成图 2-2-29。

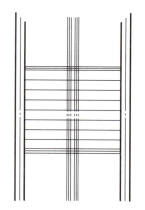

图 2-2-29　绘制扶手辅助线

将辅助线移至"阳台楼梯"图层。

对图 2-2-29 进行修剪,在修剪过程中可用"修剪"命令中的"栏选"功能(输入"F"后,指定栏选点,与栏选点相交的对象将被修剪掉),快速地将多根线条剪除。

完成修剪任务后的扶手如图 2-2-30 所示。

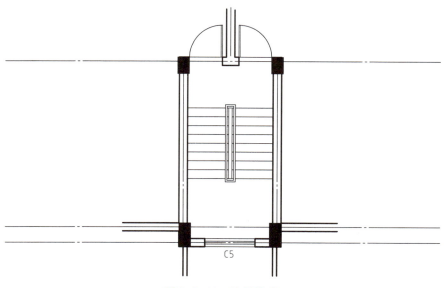

图 2-2-30　绘制扶手

3. 绘制上、下方向箭头及折断线

上、下方向箭头可用多段线绘制:定义起点线宽为 0,定义中间点线宽为 90,长度为 200;接着画线宽为 0 的适当长度的直线,如图 2-2-31 所示。

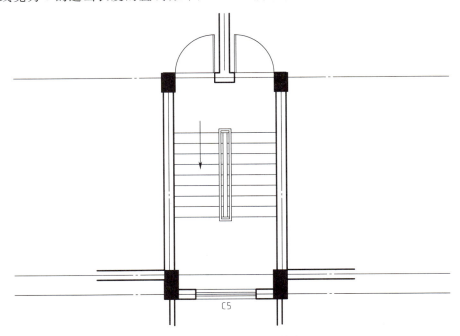

图 2-2-31    绘制方向箭头

多线绘制提示信息如下:

命令:PL
PLINE
指定起点:
当前线宽为 0.0000
指定下一个点或 [圆弧(A)/半宽(H)/长度(L)/放弃(U)/宽度(W)]:
指定下一点或 [圆弧(A)/闭合(C)/半宽(H)/长度(L)/放弃(U)/宽度(W)]:W
指定起点宽度 <0.0000>:90
指定端点宽度 <90.0000>:0
指定下一点或 [圆弧(A)/闭合(C)/半宽(H)/长度(L)/放弃(U)/宽度(W)]:200
指定下一点或 [圆弧(A)/闭合(C)/半宽(H)/长度(L)/放弃(U)/宽度(W)]:

然后根据建筑平面图补齐其他部分,最终形成的楼梯如图 2-2-32 所示。

说明:一般建筑施工图中的楼梯都有楼梯大样图,所以绘制建筑平面图的楼梯时,可以先根据楼梯大样图进行绘制,再将其复制到平面图中。

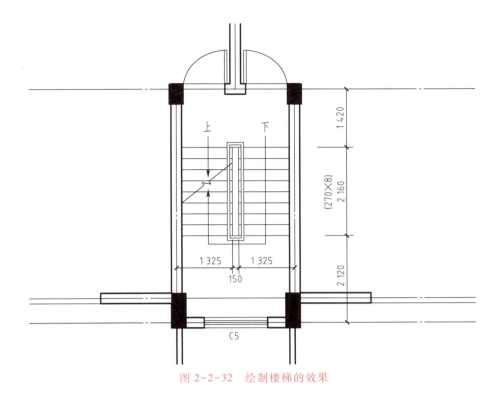

图 2-2-32　绘制楼梯的效果

# 任务 2.3　建筑平面图的尺寸标注和文字说明

在建筑平面图上需要标注相关的尺寸及必要的文字说明。

用"镜像"命令将已绘制好的左半部分平面图以⑩轴为对称轴进行镜像,在选择对象时,注意对称轴周边的对象和楼梯间的对象,避免重复。检查后,将整个平面图补充完整。

### 2.3.1　平面尺寸标注

根据建筑制图标准的规定,平面图上的尺寸一般分为三道尺寸,即总尺寸、定位尺寸和细部尺寸。标注时可按从细部到总体或从总体到细部的顺序。常常使用"线性""对齐""快速标注""连续"等命令进行尺寸标注。在本例中,采用从细部到总体的顺序,主要使用"线性""连续"和"基线"命令进行尺寸标注。

　　由于涉及三道尺寸,所以采用基线标注使这三道尺寸的间隔一致。将"标注"图层置为当前图层,将"轴线标注"样式置为当前标注样式,并检查该样式的各种设置是否满足要求,否则打开如图 2-3-1 所示的"修改标注样式"对话框进行修改。

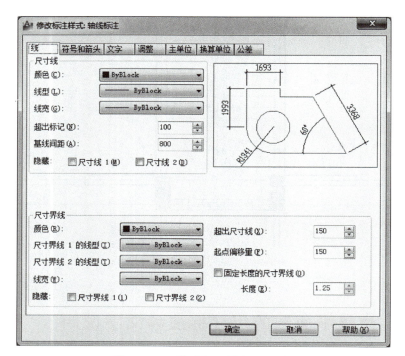

图 2-3-1　"修改标注样式"对话框

　　选用"线性"命令或单击"标注"工具栏中的"线性"按钮 ,选取Ⓐ轴和①轴的交点为起点,选取Ⓐ轴和③轴的交点为终点,进行尺寸标注。结果如图 2-3-2 所示。

　　1. 细部尺寸标注

　　选用"连续"命令或单击"标注"工具栏中的"连续"按钮 ,以上一步尺寸线终点为起点开始标注,依次选取各个细部节点,进行连续标注,并用"线性"命令补齐左边半墙厚度和其他细部尺寸标注,如图 2-3-3 所示。

> 　　说明:在标注的过程中,如发现一部分尺寸标注的文字和尺寸线、箭头等发生重叠,则用"修改标注样式"对话框中的"调整"选项卡来进行调整,如图 2-3-4 所示。当尺寸线上方标注空间不够时,可将发生重叠的尺寸标注中的文字放置在"尺寸线上方,带引线",或选中"优化"选项组中的"手动放置文字"复选框,手动放置。

　　2. 定位尺寸标注

　　选择"基线"命令后,再选择"连续"命令,保证两道尺寸之间的间距一致,对平面图上各个竖向轴线之间的尺寸进行连续标注,标注后的图形如图 2-3-5 所示。

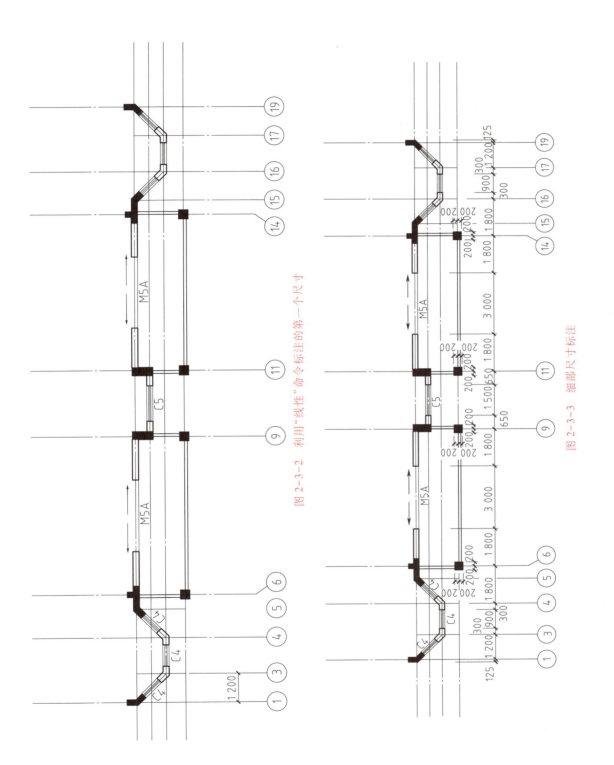

图 2-3-2　利用"线性"命令标注的第一个尺寸

图 2-3-3　细部尺寸标注

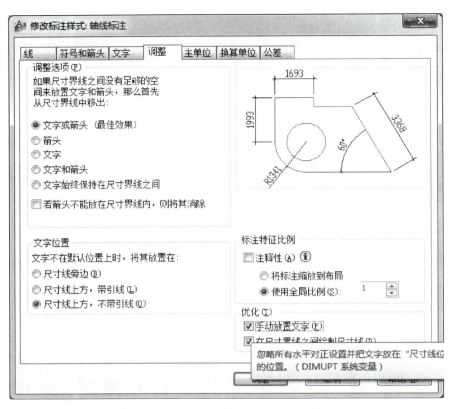

图 2-3-4　采用"调整"选项卡对尺寸进行调整

具体操作步骤如下：

命令：_dimcontinue
　　指定第二条尺寸界线原点或［放弃(U)/选择(S)］<选择>:S(如果不是接着刚标注的线性标注后面开始连续标注,要重新选择。在此,选择①轴和③轴之间线性标注的尺寸为连续标注的起始尺寸。)
　　选择连续标注：
　　指定第二条尺寸界线原点或［放弃(U)/选择(S)］<选择>:
　　标注文字 = 1500
　　指定第二条尺寸界线原点或［放弃(U)/选择(S)］<选择>:
　　标注文字 = 1200
　　指定第二条尺寸界线原点或［放弃(U)/选择(S)］<选择>:
　　标注文字 = 600
　　指定第二条尺寸界线原点或［放弃(U)/选择(S)］<选择>:
　　标注文字 = 6600
　　……
　　选择连续标注：(按回车键结束命令。)

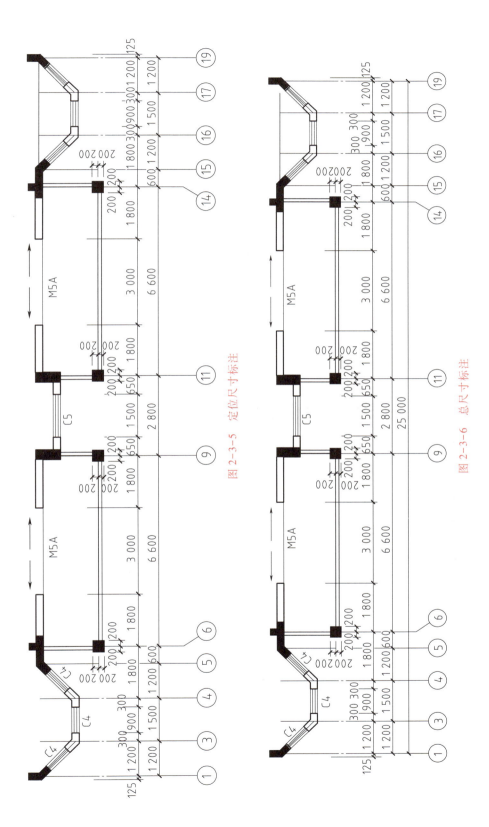

图 2-3-5　定位尺寸标注

图 2-3-6　总尺寸标注

### 3. 总尺寸标注

选择"基线"命令标注总尺寸,选择第二道最左侧的尺寸标注为基准,终点选择⑲轴上的某点,结果如图 2-3-6 所示。

具体操作步骤如下:

```
命令：_dimcontinue
指定第二条尺寸界线原点或［放弃(U)/选择(S)］<选择>:S
选择连续标注：
指定第二条尺寸界线原点或［放弃(U)/选择(S)］<选择>:
标注文字 = 25000
指定第二条尺寸界线原点或［放弃(U)/选择(S)］<选择>:
```

### 2.3.2　文字说明

建筑施工图中需要标注文字说明——施工图设计信息。文字说明的内容包括图名及比例、房间功能划分、门窗符号、楼梯说明等。

① 新建"文字说明"图层,并将其置为当前图层。

② 执行"格式|文字样式"命令,在弹出的"文字样式"对话框中设置字体为"gbcbig.shx",文字高度为450,其他采用默认设置,如图 2-3-7 所示。

图 2-3-7　"文字样式"对话框

③ 单击"绘图"工具栏的"多行文字"按钮 **A**,在需要添加文字的地方输入文字说明。

完成尺寸标注和文字说明后的平面图如图 2-3-8 所示。

最后,添加图框。一般情况下,图框和标题栏会保存成专门的文件,供以后绘图调用。执行"插入块"命令或单击"绘图"工具栏中的"插入块"按钮,将图框文件插入到屏幕上指定的位置,使所绘平面图基本位于图框正中,再填写标题栏中的内容。至此,平面图绘制完成,结果如图 2-0-1 所示。

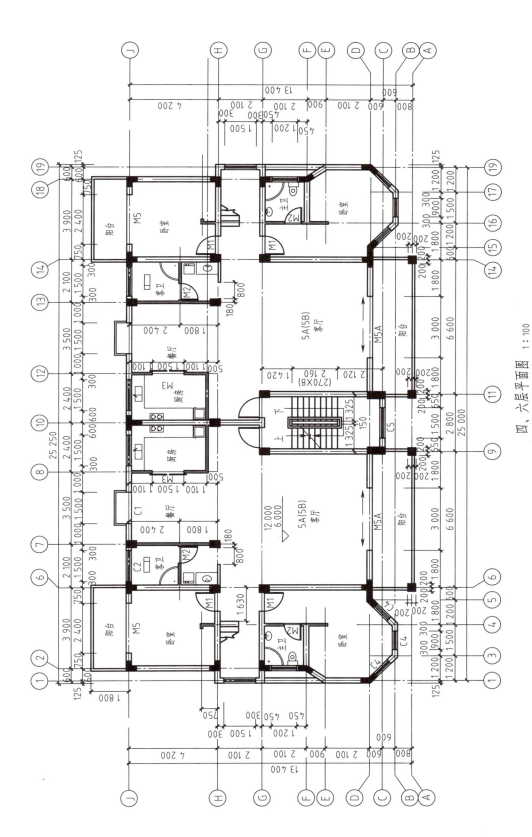

四、六层平面图 1∶100

图 2-3-8　完成尺寸标注和文字说明后的平面图

# 【项目 2 实训】

按以下要求独立制订计划,并实施完成。

绘制建筑平面图项目 2 实训图 1,具体要求如下。

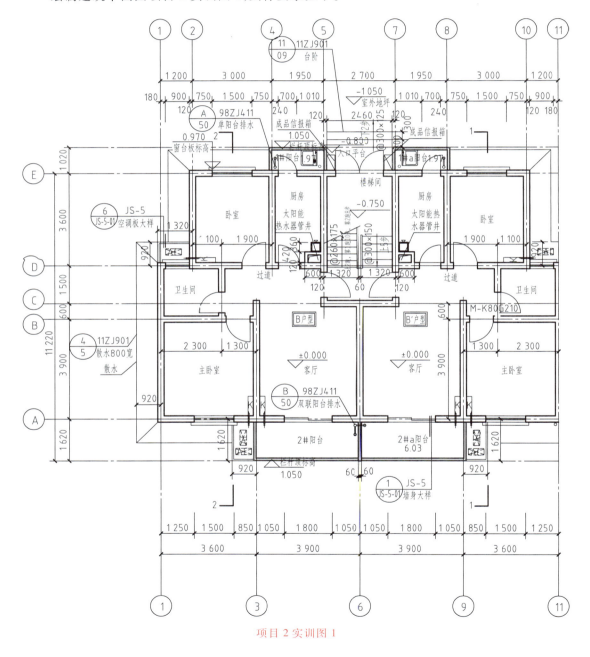

项目 2 实训图 1

1. 根据任务 2.1 的介绍,设置绘图环境,并将其保存为"建筑平面图.dwt"模板文件。

2. 用两种不同的方法绘制轴线及轴线编号。

3. 用两种不同的方法绘制及修剪墙线。

4. 绘制门窗。

5. 绘制楼梯。

6. 绘制阳台及其他图形。

7. 采用不同方法进行尺寸标注。

8. 采用不同方法添加文字说明。

9. 对照、检查最终图与给定的建筑平面图是否相符,再进行修饰,使图形布局合理、美观。

# 项目 3
## 建筑立面图的绘制

## 项目提要

本项目以某住宅楼Ⓐ~Ⓙ立面图(图 3-0-1)为例,结合建筑制图国家标准要求,详细介绍建筑立面图绘制的基本方法和技巧。

在绘制建筑立面图时,应掌握如何以平面图为基础生成立面图的主体轮廓,如何确定建筑构件在立面图中的横向和纵向定位操作。在绘制过程中重点掌握"阵列"命令的使用以及标高的标注方法。

建筑立面图是建筑物立面向与其平行的投影面投射所得到的正投影视图。立面图主要表现建筑物的外观,外墙面的面层材料、色彩、女儿墙的形式、腰线、勒脚等饰面做法,阳台形式、门窗布置及雨水管的位置。

建筑制图标准规定,无定位轴线的建筑物可按平面图各面的朝向确定立面图的名称,如南、北、西、东立面图,有时也称为正立面图、背立面图、左侧立面图、右侧立面图;而有定位轴线的建筑物,宜采用两端轴线编号来命名立面图,如①~⑩立面图等。

建筑立面图是建筑施工中的重要图样,也是指导施工的基本依据,其基本内容包括:

① 室内外的地面线,房屋的勒脚、台阶、门窗、阳台、雨篷;室外的楼梯、墙和柱;外墙的预留孔洞、檐口、屋顶、雨水管、墙面装饰构件等。

② 外墙各个主要部位的标高和构件尺寸标注。

③ 建筑物两端或分段的轴线和编号。

④ 图名、外墙面的装饰材料和做法。

值得注意的是,常用的建筑图样比例为 1∶50、1∶100、1∶200,具体采用什么样的图样比例,应根据出图的图幅决定。同时,为了加强立面图的表达效果,使建筑物的轮廓突出,屋脊线和外墙最外轮廓线用粗实线表达,室外地坪线用加粗实线表达,所有凹凸部位(如阳台、雨篷、线脚、门窗洞等)用中粗实线表达,其他部位(如门窗、雨水管、尺寸线、标高等)用细实线表达。

图 3-0-1 所示建筑立面图采用 1∶100 的比例绘制。通过识图分析得知,住宅楼为内复式,底层为架空层,每两层为一个标准层,每层层高 3 m,屋顶为半坡屋顶。

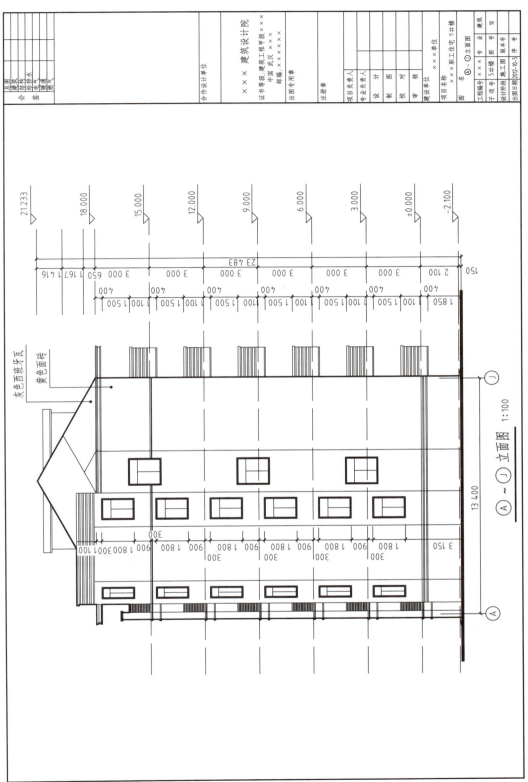

图 3-0-1　建筑立面图

# 任务 3.1　绘图环境设置

## 任务内容

设置建筑立面图的绘图环境。

## 任务分析

可以在平面图的基础上快速生成立面图外墙轮廓线,利用"图层特性管理器"面板进行立面图图层的设置。

## 任务实施

此立面图是在平面图的基础上生成的,因此不必新建文件,可直接在平面图旁边绘制立面图。虽然平面图是立面图的基础和依据,但是平面图中许多信息与立面图的生成无关,因此取舍平面图的内容是生成立面图的第一步。

此立面是侧立面,在平面图中找到Ⓐ~Ⓙ轴,把Ⓐ~Ⓙ轴的外墙复制下来,而将其他图层锁定,如图 3-1-1 所示。

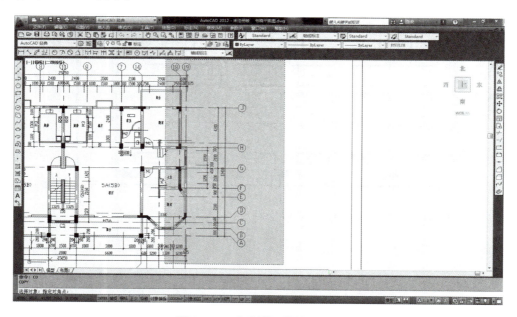

图 3-1-1　复制Ⓐ~Ⓙ轴的外墙

命令行提示如下：

> 命令：CO
> COPY
> 选择对象：指定对角点：找到 308 个
> 246 个在锁定的图层上
> 选择对象：
> 当前设置：复制模式 ＝ 单个
> 指定基点或［位移（D）/模式（O）/多个（M）］<位移>：
> 指定第二个点或［阵列（A）］<使用第一个点作为位移>：<正交 开>

　　将所复制的图形旋转 90°，用此部分平面生成侧立面图，如图 3-1-2 所示。作为立面图生成基础的平面图中，需保留的元素有外墙、外墙上的门窗洞口等，所以在转换的过程中可将平面图中的某些图层锁定或关闭。

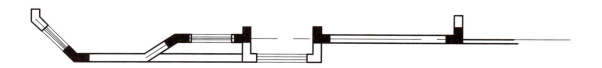

图 3-1-2　经过旋转的侧外墙

命令行提示如下：

> 命令：RO
> ROTATE
> UCS 当前的正角方向：ANGDIR＝逆时针　　ANGBASE＝0
> 选择对象：指定对角点：找到 62 个
> 选择对象：
> 指定基点：
> 指定旋转角度，或［复制（C）/参照（R）］<90>：90

　　打开"图层特性管理器"面板，设置立面图所需新的图层，如图 3-1-3 所示。将原平面图的图层全部转换至"平面图基础"图层，并设置"辅助线""墙体外轮廓线""墙体其他轮廓线""构件""门窗"等图层。

图 3-1-3   图层特性管理器

# 任务 3.2   绘制建筑立面图

 **任务内容**

具体绘制建筑立面图。

 **任务分析**

绘制完外墙轮廓线后,按照先绘制底层立面框架内部,然后绘制标准层立面内部,再绘制顶层立面内部,最后进行文字说明和尺寸标注的顺序,完成立面图的绘制。

 **任务实施**

### 3.2.1   绘制轮廓线

根据平面图引出立面的主体轮廓的纵向位置,再利用层高及各构件的横向位置,确定建筑构件的横向位置与尺寸,这就是定位操作。

1. 绘制纵向定位线

将"辅助线"图层作为当前图层,执行"直线"命令,捕捉平面图中的各纵向定位点,绘制纵向定位线如图 3-2-1 所示。

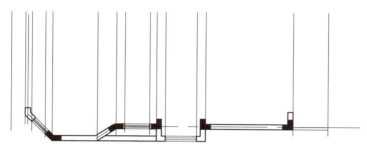

图 3-2-1    绘制纵向定位线

2. 绘制横向定位线

选择"地坪线"图层作为当前图层,在外墙上方的适当位置使用"直线"命令 ✎ 绘制地坪线。以地坪线为基准线用"偏移"或"复制"命令绘制每层水平定位线,如正负零线、各楼层标高线、窗台线、房屋高度线等,如图 3-2-2 所示。

说明:由于横向定位线较多,为了避免混淆,可做些简单的临时标注,如"楼层标高"等。

3. 绘制建筑轮廓线

建筑立面的轮廓线一般有两种类型:外轮廓线用粗实线表达,而墙体其他轮廓线为中实线。

说明:为了准确捕捉各关键点,可以不显示线条的宽度。单击状态栏中的"线宽"按钮 线宽 ,可关闭或打开线宽。

### 3.2.2    绘制门窗及立面图细部

绘制底层立面图细部。打开"构件"图层,根据已画的定位线,用"直线"命令绘制立面上的装饰线、入口处的坡道等。其中装饰线的尺寸参考相关图纸,图 3-2-3 为底层门厅、装饰线、入口坡道的细部绘制。

本建筑为内复式楼,每两层为一个标准层。在标准层立面中,同样根据先前画的横向和纵向定位线画出门窗、阳台等立面元素。横向定位线控制窗高,纵向定位线控制窗宽。阳台栏杆尺寸参见阳台栏杆大样图,左边的栏杆同右边的栏杆。门窗立面分别参见相关门窗大样图。绘制门窗和阳台立面如图 3-2-4 所示。

使用"阵列"命令画出其他标准层,如图 3-2-5 所示。输入 3 行 1 列的矩阵阵列,从图纸上可观察出偏移距离和方向,将行间距设置为 6 000,经阵列后得到的图形如图 3-2-5 所示。

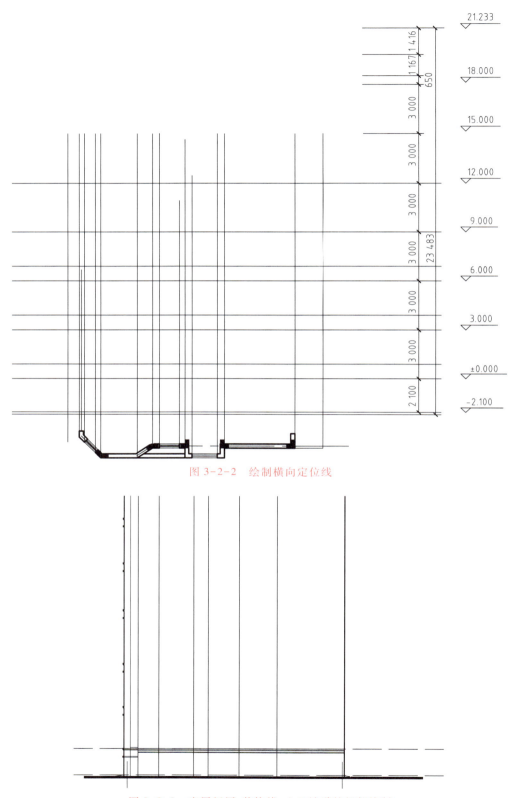

图 3-2-2　绘制横向定位线

图 3-2-3　底层门厅、装饰线、入口坡道的细部绘制

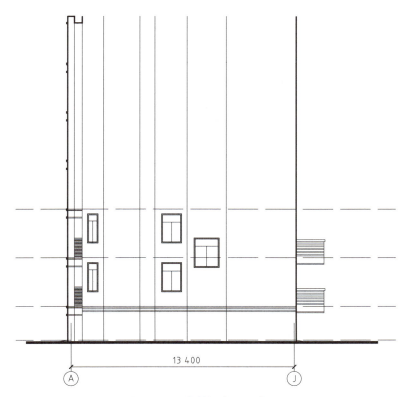

图 3-2-4　绘制门窗和阳台立面

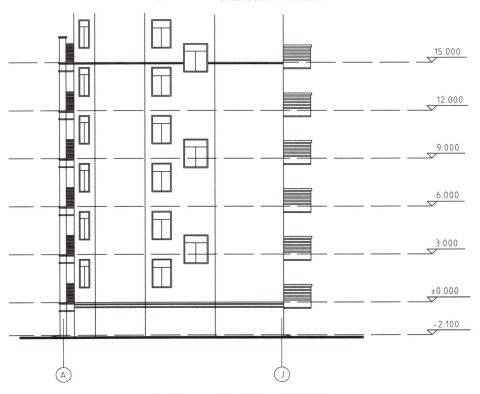

图 3-2-5　阵列完成后的效果图

　　绘制屋顶立面图细部。屋顶主要由露台栏杆、装饰线、坡面、老虎窗等组成。露台栏杆的画法参照标准层阳台栏杆,装饰线的画法参照底层装饰线。这里主要介绍坡面和老虎窗的画法。

　　坡面画法如下:通过识读屋顶平面图确定屋脊线的左右定位,通过排水坡度与檐口的交线绘出坡面。两边坡面的交线就是屋脊线。老虎窗可从相关详图得到窗脊线的标高、与坡面的交汇标高、与①轴的水平距离等数据,用这些数据就可绘出一个老虎窗,如图 3-2-6 所示。

图 3-2-6　坡面和老虎窗的绘制

通过"镜像"命令得到另一面的坡面和老虎窗,如图 3-2-7 所示。

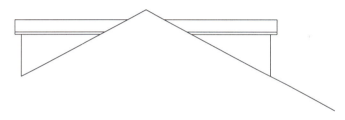

图 3-2-7　完成镜像后的坡面和老虎窗

屋顶立面效果图如图 3-2-8 所示。

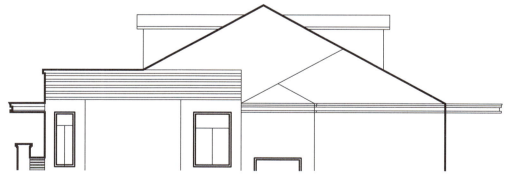

图 3-2-8　屋顶立面效果图

### 3.2.3　尺寸及文字标注

完成图形绘制后,即可进行尺寸及文字标注。

立面图的文字标注与平面图不同。立面图文字标注主要包括标高标注及主要构件尺寸标注。在实际工程中需标明室内/外地面、门洞的上/下沿口、女儿墙压顶面、出/入口平台、阳台和雨篷面的标高,门窗尺寸及总尺寸。

1. 构件尺寸标注

构件尺寸标注方法与平面图尺寸标注一样,需要设置尺寸标注样式等。构件尺寸的标注在竖直方向,包括三道尺寸:从外到内分别是建筑总尺寸,层高尺寸,最内一层是室内外高度差、门窗洞高度、檐口高度等尺寸。

2. 标高标注

标高符号一般表示建筑物的高度,用细实线绘制。一般将标高符号定义成块,便于以后重复调用。

绘制标高符号的具体做法见项目 1。另外,在实际绘图中,标高符号上有时要标注一些特殊字符,如上画线、下画线等,由于不能从键盘上直接输入,AutoCAD 提供了相应的代码以实现这些标注要求。在项目 1 中详细列出了常用的代码。

3. 定位轴线

在立面图中还要绘制定位轴线及轴线编号,以便与平面图对照阅读。一般情况下,只需画出两端的定位轴线即可。在本例中只绘制了Ⓐ轴和Ⓙ轴两条定位轴线,通过这两条轴线就知道立面图的观看方向。

4. 文字标注

立面图的文字标注主要包括图名、立面材质做法、详图索引及一些必要的文字说明。如本例中的墙面应标注出“黄色面砖”,屋顶标注“灰色西班牙瓦”。

完成尺寸及文字标注的立面图如图 3-2-9 所示。

最后,添加图框和标题栏。一般情况下,图框和标题栏会保存成专门的文件,供以后绘图调用。执行“插入块”命令,将图框插入到屏幕上指定的位置,使所绘立面图基本位于图框正中,再填写标题栏中的内容。全部绘制完成的立面图如图 3-0-1 所示。

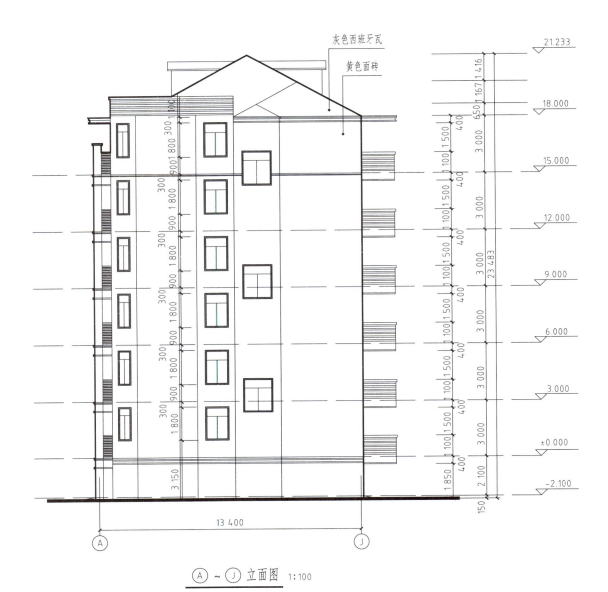

图 3-2-9  完成尺寸及文字标注的立面图

# 【项目 3 实训】

按以下要求独立制订计划,并实施完成。

绘制建筑立面图(项目 3 实训图 1),具体操作参见本项目内容。

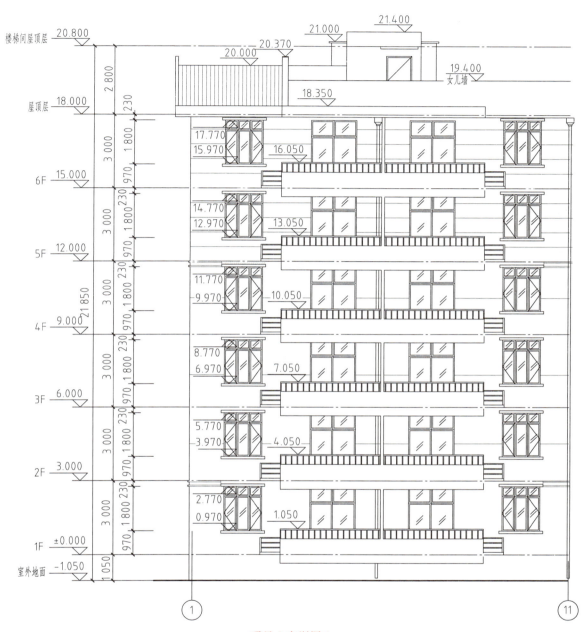

项目 3 实训图 1

# 项目 4
# 建筑剖面图及大样图的绘制

## 项目提要

本项目以某住宅楼为例,结合建筑制图国家标准要求,详细介绍建筑剖面图、大样图绘制的基本方法和技巧。

在绘制建筑剖面图时,应掌握如何以立面图为基础生成剖面图的主体轮廓、如何绘制楼梯、如何利用表格功能创建门窗表。

在绘制大样图时,应掌握如何利用已有的图形进行适当地缩放得到大样图的轮廓线,如何处理不同比例的大样图中文字标注、尺寸标注和出图比例之间的关系。

## 任务 4.1    绘制建筑剖面图

 **任务内容**

绘制某住宅楼的 1—1 剖面图(图 4-1-1)。

 **任务分析**

由图 4-1-1 可见:2~5 层是基本相同的,这样只需绘制 1、2 和 6 层,3、4、5 层以 2 层为基准,用"复制"或"阵列"命令得到。

 **任务实施**

### 4.1.1    绘制图框和标题栏

打开前面项目所绘制的图形,利用"复制"命令复制一个图框和标题栏,然后利用"文字编辑"命令,将图框右下角的标题栏中的图名和图号对照图形修改过来。

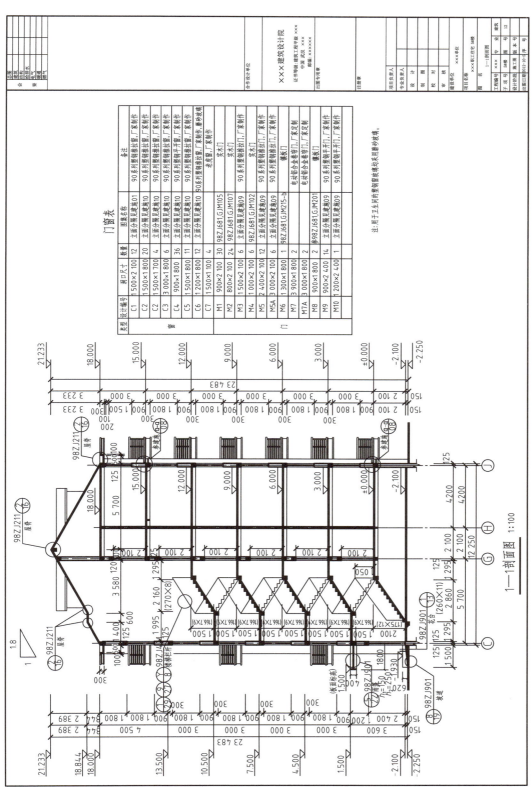

图 4-1-1　建筑剖面图

### 4.1.2 绘制轴线及轴线编号等

剖面图是在平面图和立面图的基础上生成的,因此不必新建一个文件,可直接在立面图旁边绘制剖面图。虽然剖面图以平面图和立面图为基础,但是平面图和立面图中许多信息与剖面图无关,因此取舍它们的内容是生成剖面图的第一步。此剖面图是平面图 1—1 处的剖切面,其轴线、标高及尺寸标注与Ⓐ~Ⓙ轴立面图是一样的,把轴线及轴线编号等复制下来,如图 4-1-2 所示。该图包含了立面图中的轴线、轴线编号、-2.100 m 处的地板、标高及尺寸标注等。作为剖面图生成基础的立面图,在复制的过程中应将图中的某些图层锁定或关闭,只复制与剖面图有关的内容。

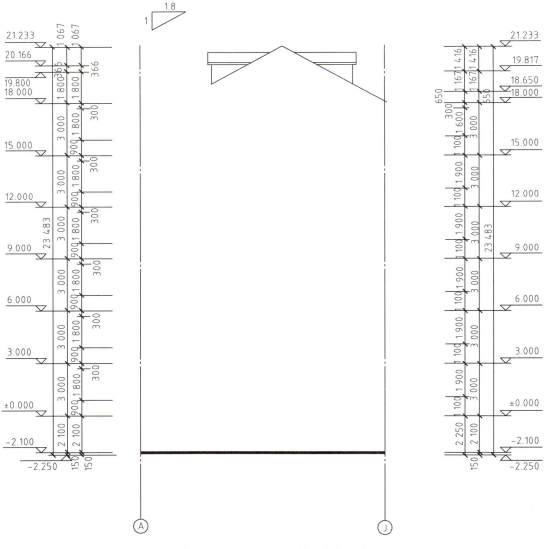

图 4-1-2  由立面图复制生成的图形

根据所复制的图形,以及 1—1 剖面图中各轴线相对位置,用"偏移"命令得到其他需要的轴线及轴线编号(©轴、⑥轴、Ⓗ轴),删除不需要的轴线(Ⓐ轴),修整后如图 4-1-3 所示。

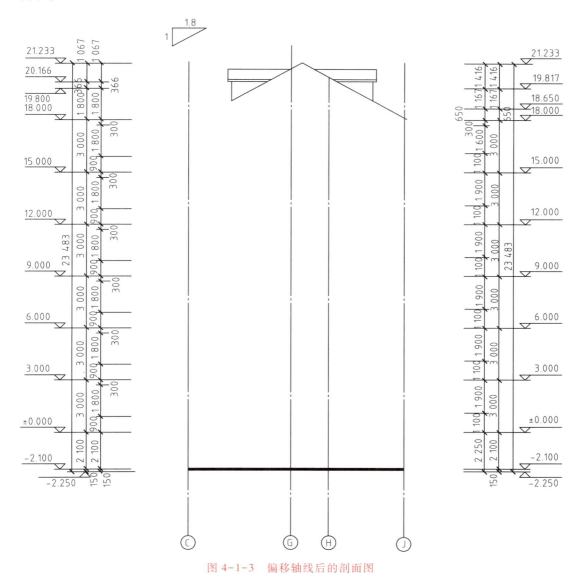

图 4-1-3  偏移轴线后的剖面图

### 4.1.3  绘制墙线

前面已介绍了墙线的绘制方法,主要包括以下步骤:

① 将"墙线"图层置为当前图层。

② 选择"绘图|多线"命令绘制墙线。

在©轴、⑥轴处分别绘制厚度为 250 mm(即 25 墙)的墙,命令行提示如下:

命令：ML

MLINE

当前设置：对正 = 上，比例 = 20.00，样式 = STANDARD

指定起点或［对正(J)/比例(S)/样式(ST)］:J

输入对正类型［上(T)/无(Z)/下(B)］<上>:Z

当前设置：对正 = 无，比例 = 20.00，样式 = STANDARD

指定起点或［对正(J)/比例(S)/样式(ST)］:S

输入多线比例 <20.00>:250

当前设置：对正 = 无，比例 = 250.00，样式 = STANDARD

指定起点或［对正(J)/比例(S)/样式(ST)］:

指定下一点：<正交 开>

指定下一点或［放弃(U)］:

说明：此处多线样式采用的是默认样式。Ⓙ轴墙体厚度为 240 mm（即 24 墙），多线比例应设为 240；Ⓗ轴墙体厚度为 120 mm（即 12 墙），多线比例应设为 120。

绘制墙线后的剖面图如图 4-1-4 所示。

### 4.1.4　绘制楼板及楼梯

1. 绘制楼板

将"楼板"图层设为当前图层，绘制厚度为 150 mm 的楼板，先适当作一些辅助线，再利用"多段线"命令进行绘制，也可以用"填充"命令绘制。

在利用"多段线"命令绘制楼板时，其长度根据定位线确定，使用时只需打开对象捕捉模式，进行准确捕捉即可。

其他楼板的绘制方法相同，其中坡度、花台、雨篷、梁、屋脊、阳台的绘制参看有关详图。注意Ⓒ轴、Ⓙ轴墙体要埋入地下，可用"拉伸"命令适当向下拉长墙体，且绘制折断线。绘制楼板后的剖面图如图 4-1-5 所示。

2. 绘制楼梯

（1）绘制楼梯踏步

利用"直线"命令绘制一个踏步（175 mm×260 mm），注意踏步起点的定位，如图 4-1-6 所示。

然后利用"复制"命令进行多次复制，即可获得整个楼梯段的踏步，如图 4-1-7 所示。在复制时以踏步的第一端点为复制的基点，以第二端点为复制的偏移点。在绘制过程中注意打开对象捕捉模式。

（2）绘制楼梯栏杆及扶手

绘制第一个楼梯段的栏杆及扶手，两端楼梯栏杆的起点分别定位在第一个和最后一个踏步宽度的中点上，高度为 1 050 mm，用直线连接两端楼梯栏杆的终点即为楼梯扶手。

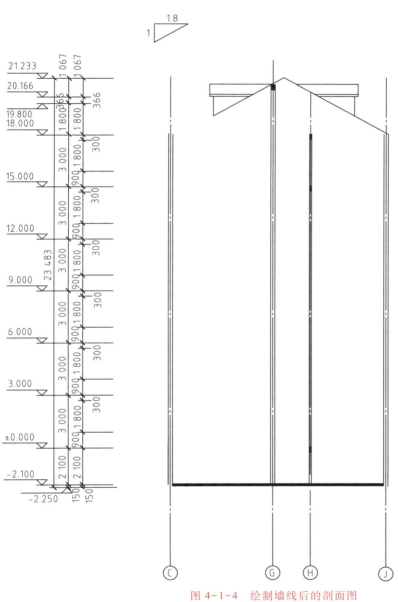

图 4-1-4　绘制墙线后的剖面图

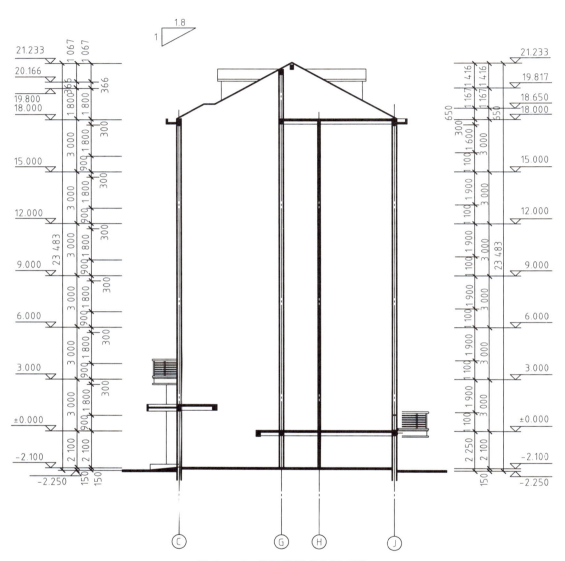

图 4-1-5　绘制楼板后的剖面图

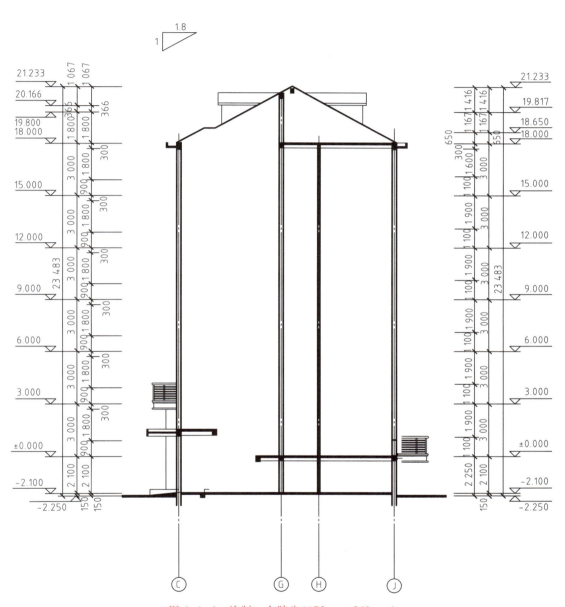

图 4-1-6　绘制一个踏步(175 mm×260 mm)

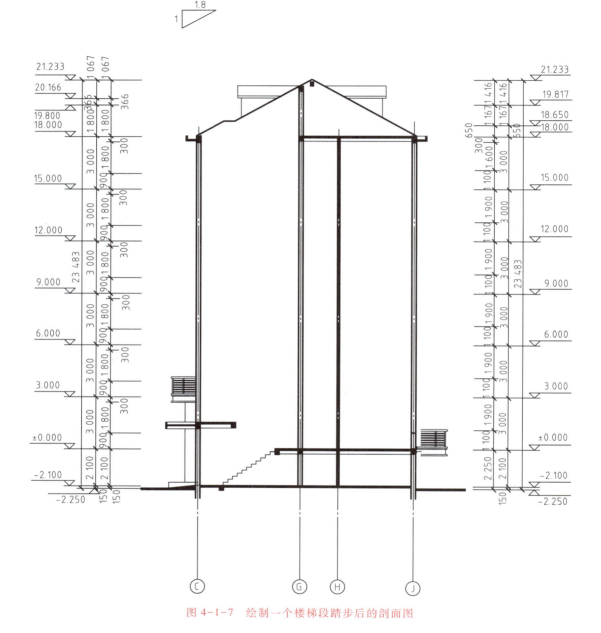

图 4-1-7　绘制一个楼梯段踏步后的剖面图

（3）绘制楼梯段底板

将楼梯扶手复制即为楼梯底板,复制距离为楼梯栏杆高度与楼梯踏步高度之和,最后利用"图案填充"命令进行填充,绘制一个楼梯段后的剖面图如图 4-1-8 所示。

其他楼梯、楼板绘制方法类似,注意对称图形的绘制可使用"镜像"命令,绘制两个楼梯段后的剖面图如图 4-1-9 所示。

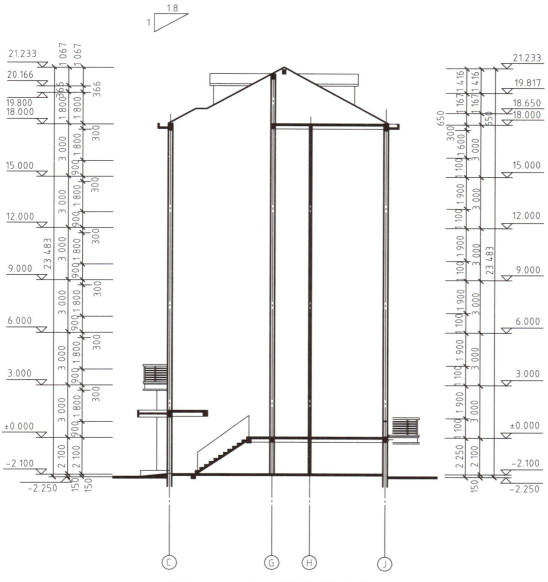

图 4-1-8　绘制一个楼梯段后的剖面图

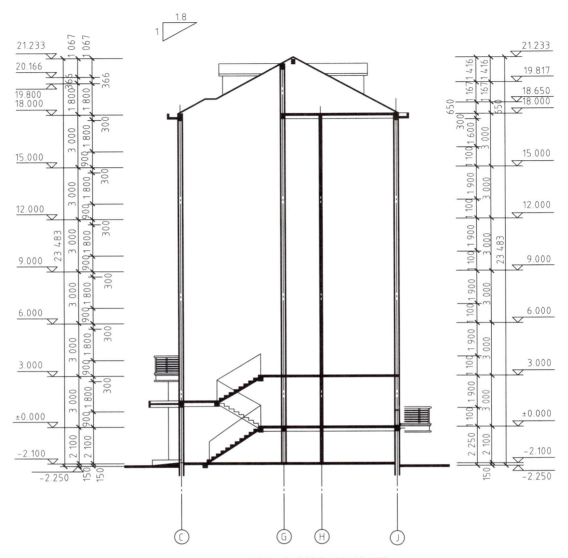

图 4-1-9　绘制两个楼梯段后的剖面图

### 4.1.5　开一、二层门窗洞口及绘制门窗

1. 开门窗洞口

按照图 4-1-1 所示的尺寸,利用"偏移"命令作出定位辅助线,再用"修剪"命令进行修剪,得到门窗洞口。注意将修剪后墙体的封口短线的图层修改到"墙线"图层上。开门洞后的剖面图如图 4-1-10 所示。

2. 安装门窗

考虑到窗户较多,所以先创建块,再用插入块的方式完成。

以窗户 C5 为例介绍窗户的创建过程。由平面图可知,ⓒ轴上的窗户为 C5,尺寸为 1 800 mm×250 mm,如图 4-1-11a 所示。绘制窗户 C5 的步骤如下:

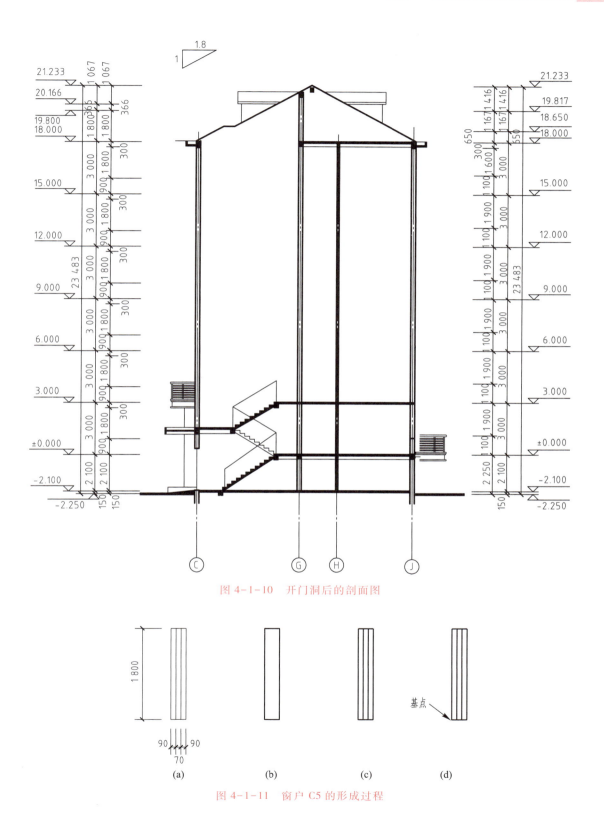

图 4-1-10　开门洞后的剖面图

图 4-1-11　窗户 C5 的形成过程

① 设置"窗户"图层为当前图层。

② 用"矩形"命令绘制一个 1 800×250 的矩形,如图 4-1-11b 所示。

③ 用"分解"命令将上述绘制的矩形分解。

④ 用"偏移"命令将外侧两条线分别向内偏移 90,如图 4-1-11c 所示。

⑤ 用"创建块"命令将所绘制的图形定义为块,块为"C5-剖"。为了便于插入块,插入基点选为窗户的四个角点中的一个,如图 4-1-11d 所示。

⑥ 插入窗户。

● 第一种情况:在Ⓒ轴上插入窗户。因为在绘制时就是以此处的窗户为依据绘制的,所以只要按绘制的原图插入即可。

● 第二种情况:在Ⓒ轴和Ⓙ轴处分别是 2 100 mm×250 mm 和 1 800 mm×250 mm 的窗户。按"插入块"按钮🔲,弹出"插入"对话框,按图 4-1-12 进行设置,可插入 2 100 mm×250 mm 的窗户。在"插入"对话框中,Y 轴比例应设置为"2 100/1 800",因为创建的窗户块(C5-剖)的 Y 轴方向长度为 1 800 mm,而此处窗户 Y 轴方向长度为 2 100 mm;旋转角度设置为"0";在插入块之前,根据图 4-1-1 中的尺寸,先作定位辅助线,再捕捉对应点作为块的插入点。

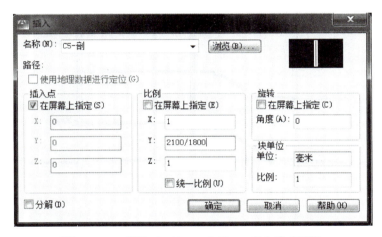

图 4-1-12　插入 2 100 mm×250 mm 窗户的对话框

用类似的方法完成Ⓙ轴处的窗户的插入。

门的创建和插入方法相同,不赘述。插入一、二层门窗后的剖面图如图 4-1-13 所示。

### 4.1.6　绘制三~六层图形

用"复制"命令选择对象时,注意楼板的选择不能重叠,可以选择图 4-1-14 所示的细点画线内的对象。

多重复制后,得到如图 4-1-15 所示的剖面草图。

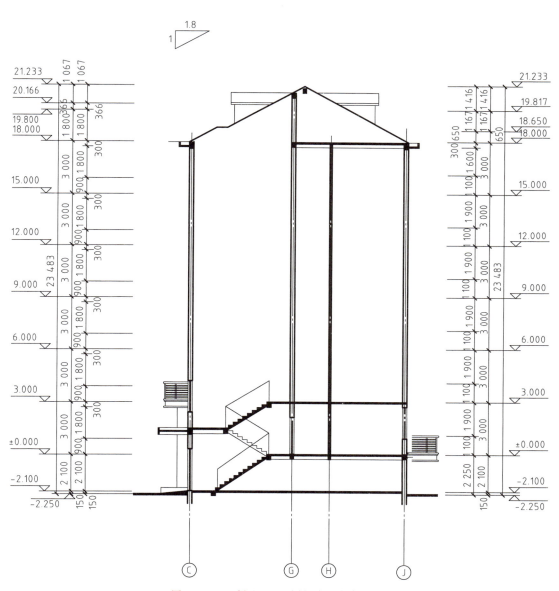

图 4-1-13　插入一、二层门窗后的剖面图

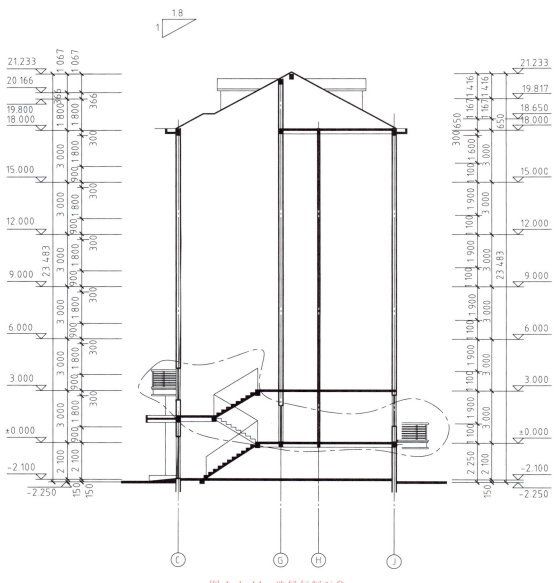

图 4-1-14　选择复制对象

### 4.1.7　编辑图形

对照剖面图图 4-1-1,将图 4-1-15 剖面草图中多余的部分删除或修剪,并添加缺少的部分,完善图形后得到图 4-1-16。

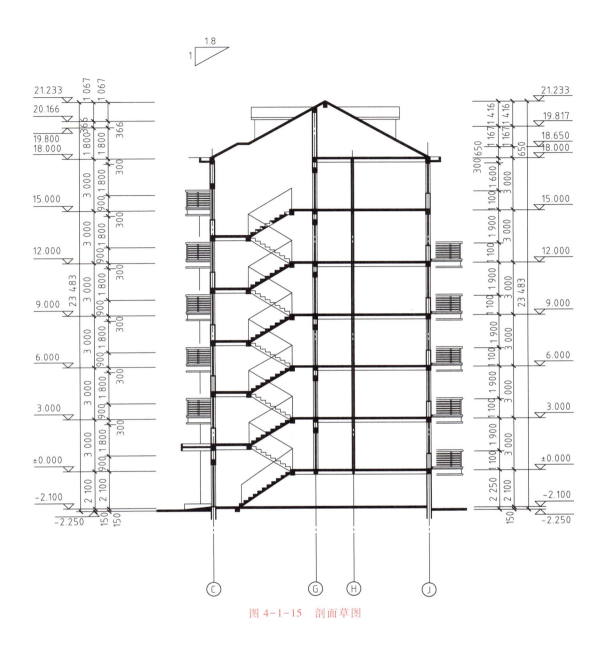

图 4-1-15　剖面草图

### 4.1.8　尺寸及文字标注

在平面图和立面图中,标注样式及文字样式已定义,对照剖面图,补充并修改尺寸和文字,得到如图 4-1-17 所示的图形。

### 4.1.9　绘制门窗表

采用表格的形式,可使门窗内容更加清晰明了。门窗表一般和设计总说明、装修做法表一起放在首页图,也可根据需要绘制在剖面图中。图 4-1-18 所示就是使用表格创建的门窗表。

可采取以下步骤绘制门窗表:

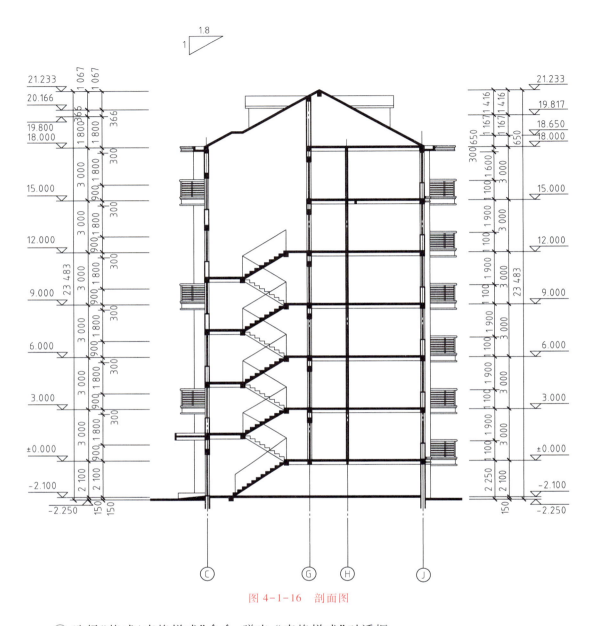

图 4-1-16　剖面图

① 选择"格式∣表格样式"命令,弹出"表格样式"对话框。

② 单击"新建"按钮,弹出"创建新的表格样式"对话框。在"新样式名"文本框中输入"门窗表"。

③ 单击"继续"按钮,弹出"新建表格样式"对话框,在右侧"单元格样式"下拉列表中选择"数据"选项,可从中设置表格数据样式。在"常规"选项卡中,对齐样式设为"正中",水平页边距为 75,上下垂直边距为 25;"文字"选项卡中,文字高度设为 200。

④ 在右侧"单元格样式"下拉列表中选择"标题"选项,勾选"创建行/列时合并单元格"复选框。其他设置同"数据"选项,分别设置文字高度($h = 400$)、对齐样式、边框设置和页面的水平和垂直边距。

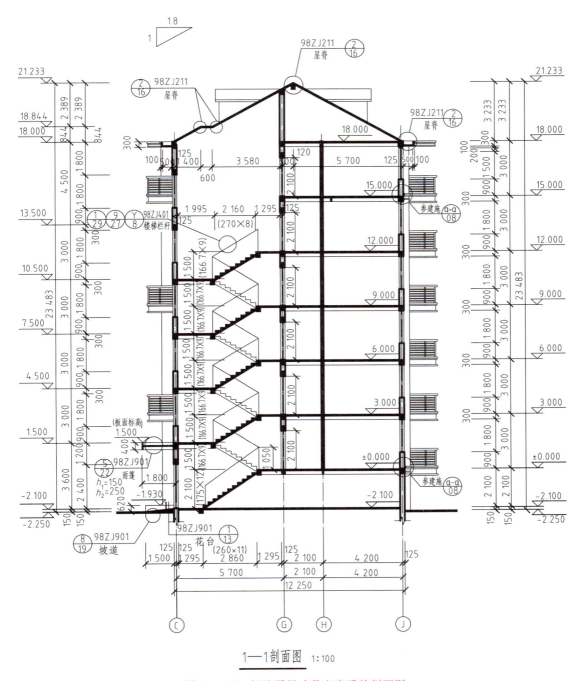

1—1剖面图　1:100

图 4-1-17　标注了尺寸及文字后的剖面图

⑤ 选择"表头"选项卡,用来输入表格内容时显示表头,其他设置同步骤④,分别设置文字高度($h = 200$)、对齐样式、边框设置和页面的水平和垂直边距。

⑥ 单击"确定"按钮完成表格样式设置,回到"表格样式"对话框。此时"样式"列表中出现了"门窗表"样式,单击"关闭"按钮完成该项表格样式的创建。

门窗表

| 类型 | 设计编号 | 洞口尺寸 | 数量 | 图集名称 | 备注 |
|------|----------|----------|------|----------|------|
| 窗 | C1 | 1 500×2 100 | 12 | 立面分隔见建统01 | 90系列塑钢推拉窗，厂家制作 |
| | C2 | 1 500×1 800 | 20 | 立面分隔见建施10 | 90系列塑钢推拉窗，厂家制作 |
| | C2 | 1 500×1 700 | 4 | 立面分隔见建施10 | 90系列塑钢推拉窗，厂家制作 |
| | C3 | 3 000×1 800 | 6 | 立面分隔见建施10 | 90系列塑钢推拉窗，厂家制作 |
| | C4 | 900×1 800 | 36 | 立面分隔见建施10 | 90系列塑钢平开窗，厂家制作 |
| | C5 | 1 500×1 800 | 11 | 立面分隔见建施10 | 90系列塑钢推拉窗，厂家制作 |
| | C6 | 1 200×1 800 | 12 | 立面分隔见建施10 | 90系列塑钢推拉窗，厂家制作，磨砂玻璃 |
| | C7 | 1 500×1 100 | 4 | | 老虎窗，厂家制作 |
| 门 | M1 | 900×2 100 | 30 | 98ZJ681,GJM105 | 实木门 |
| | M2 | 800×2 100 | 24 | 98ZJ681,GJM107 | 实木门 |
| | M3 | 1 500×2 100 | 6 | 立面分隔见建施09 | 90系列塑钢推拉门，厂家制作 |
| | M4 | 1 000×2 100 | 6 | 98ZJ681,GJM102 | 实木门 |
| | M5 | 2 400×2 100 | 12 | 立面分隔见建施09 | 90系列塑钢推拉门，厂家制作 |
| | M5A | 3 000×2 100 | 6 | 立面分隔见建施09 | 90系列塑钢推拉门，厂家制作 |
| | M6 | 1 300×1 800 | 1 | 98ZJ681,GJM215-b | 镶板门 |
| | M7 | 3 900×1 800 | 2 | | 电动铝合金卷帘门，厂家定制 |
| | M7A | 3 000×1 800 | 2 | | 电动铝合金卷帘门，厂家定制 |
| | M8 | 900×1 800 | 2 | 参98ZJ681,GJM201 | 镶板门 |
| | M9 | 900×2 400 | 14 | 立面分隔见建施 09 | 90系列塑钢平开门，厂家制作 |
| | M10 | 1 200×2 400 | 1 | 立面分隔见建施 09 | 90系列塑钢平开门，厂家制作 |
| | | | | | |

图 4-1-18 使用表格创建的门窗表

⑦ 选择"绘图|表格"命令，弹出"插入表格"对话框，选择"表格样式"为"门窗表"，"列数"为"6"，"数据行数"为"22"，如图 4-1-19 所示。

⑧ 单击"确定"按钮，弹出表格编辑器，可以看出，上述表格的第三列太窄，需要调宽些。此时可在表格外单击鼠标左键退出表格编辑器。用鼠标左键单击表格边框，当表格上出现夹点时，鼠标移向第三列最右侧的夹点。单击此夹点后，该夹点变成热态，再向右侧拖拽鼠标至需要的宽度后松开，或直接输入应加宽的值，如 1 000，均可以将第三列的宽度调整为规定的宽度。用同样的方法调整其他列的宽度。

⑨ 将鼠标移至调整好宽度的表格的第一行第一列，双击鼠标左键使表格进入编辑状态，并输入标题"类型"，单击"确定"按钮回到绘图区。依次输入第一行其他文字，如图4-1-20所示。

⑩ 按住 Shift 键的同时选择如图 4-1-21 所示的单元格，单击鼠标右键并在弹出的快捷菜单中选择"合并|按列"命令，将选中的单元格合并，效果如图 4-1-22 所示。依次合并其他的单元格，直至与门窗表的表格一致为止。

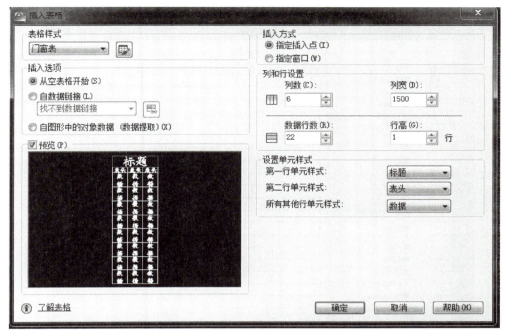

图 4-1-19　设置"插入表格"对话框

门窗表

| 类型 | 设计编号 | 洞口尺寸 | 数量 | 图集名称 | 备注 |
|------|----------|----------|------|----------|------|
|  |  |  |  |  |  |
|  |  |  |  |  |  |
|  |  |  |  |  |  |
|  |  |  |  |  |  |
|  |  |  |  |  |  |
|  |  |  |  |  |  |
|  |  |  |  |  |  |
|  |  |  |  |  |  |
|  |  |  |  |  |  |
|  |  |  |  |  |  |
|  |  |  |  |  |  |
|  |  |  |  |  |  |
|  |  |  |  |  |  |
|  |  |  |  |  |  |
|  |  |  |  |  |  |
|  |  |  |  |  |  |
|  |  |  |  |  |  |
|  |  |  |  |  |  |
|  |  |  |  |  |  |
|  |  |  |  |  |  |
|  |  |  |  |  |  |
|  |  |  |  |  |  |

图 4-1-20　输入第一行文字的门窗表

⑪ 如果表格画多了行或列,处理的办法是:将鼠标移到多余的那一行,单击鼠标右键,在弹出的快捷菜单中选择"删除行"命令,就删掉多余的那一行。用类似的方法可以进行删除列、插入行和插入列等操作。

图 4-1-21　选择合并的单元格

图 4-1-22　合并竖向单元格

⑫ 按输入第一行文字的方法依次输入其他各个单元格的内容,最后得到如图 4-1-23 所示的剖面图。

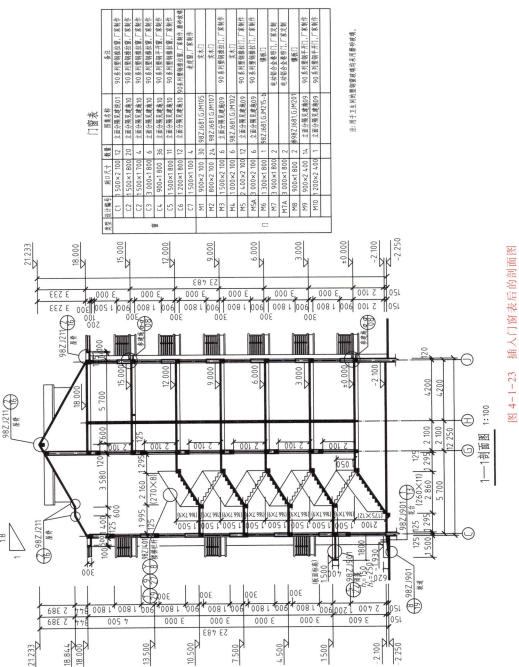

图 4-1-23　插入门窗表后的剖面图

读者自行加上图名和比例、注释等。

至此,剖面图全部完成。

# 任务 4.2    绘制大样图

**任务内容**

绘制图 4-2-1 所示外墙轮廓线大样图。

**任务分析**

本任务以外墙轮廓线大样图为例,学习如何绘制和处理尺寸标注及文字标注。

**任务实施**

### 4.2.1    绘制外墙轮廓线大样图

此图在立面图的基础上进行绘制,绘图环境不必重复设置。轴线及轴线编号、墙体、定位线、折断线、标注可从立面图复制或直接绘制生成,前面已作介绍,读者自行绘制。外墙轮廓线大样图底图如图 4-2-2 所示。

下面着重介绍以下两个方面。

1. 绘制空调位

① 将"空调位"图层置为当前图层。

② 根据尺寸,利用"直线"命令绘制一个空调位。

③ 利用"图案填充"命令进行不同图案的填充。

④ 利用"阵列"或"复制"命令得到其他的空调位。

⑤ 对照图 4-2-1,进行文字标注和尺寸标注。

经过以上操作后,得到图 4-2-3 所示的图形。

2. 绘制檐口

方法类似于绘制空调位,只是应结合立面图和剖面图绘制坡顶,在此不再赘述。

将图 4-2-1 所示的外墙轮廓线大样图放大 2 倍,图形变成了图 4-2-4。此时,图 4-2-4 中的尺寸标注、文字标注都放大了 2 倍,如何解决这个问题呢?请参照下面大样图中的比例问题解决。

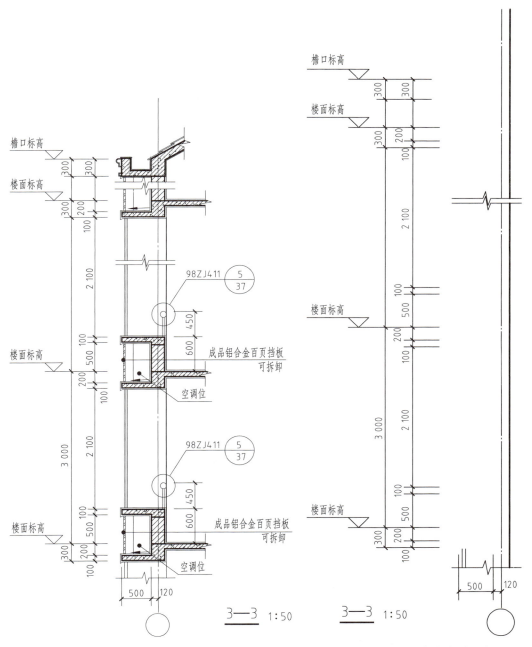

图 4-2-1  外墙轮廓线大样图　　　　图 4-2-2  外墙轮廓线大样图底图

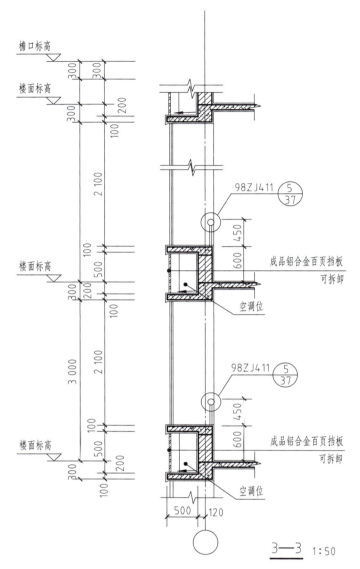

图 4-2-3　绘制空调位后的外墙轮廓线大样图

### 4.2.2　大样图中的比例问题

前面介绍的文字标注和尺寸标注的设置均是以 1 : 100 的比例为参照进行的。现在不论以何种比例出图,最后在纸质上要求文字和尺寸标注形式统一。

1. 同一图框内的比例均相同的处理方法

对于文字标注,在纸质上文字高度为 4 mm,在 1 : 100 的电子文件中文字高度应为 400,在 1 : 50 的电子文件中文字高度应为 200,在 1 : 20 的电子文件中文字高度应为 80。其他以此类推。

对于尺寸标注,以 1 : 100 出图比例下创建的尺寸标注样式为基准,在创建新标注样式

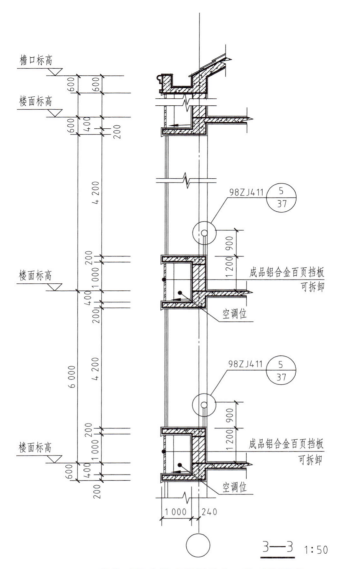

图 4-2-4　将外墙轮廓线大样图放大 2 倍后的图形

时,只需将标注样式"调整"选项卡中的"标注特征比例"进行调整,如 1∶50 由原来的"1"调为"0.5",即

如 1∶20 由原来的"1"调为"0.2",即

最后按原来设想的比例进行出图。

假如同一图框内的比例均是 1∶50,则按 1∶50 出图。

2. 同一图框内的比例不相同的处理方法

① 假定该图框及其中的图形按 1∶100 的比例出图。

② 绘制并转换图形。如果图形是 1∶50,则按原尺寸绘制图形后再整体放大 2 倍;如果图形是 1∶20,则按原尺寸绘制图形后,再整体放大 5 倍;如果图形是 1∶200,则按原尺寸绘制图形后,再整体缩小为原来的 1/2;其他以此类推。

③ 绘制文字标注。假定在纸质上使文字高度为 4 mm,不论是何种比例的图形,均使文字高度为 400。

④ 绘制尺寸标注。先创建新的尺寸标注样式,以正常情况下出图比例为 1∶100 时创建的尺寸标注样式为基准,仅进行"测量单位比例"的调整。如果是 1∶50 的大样,应设

如果是 1∶20 的大样,应设

如果是 1∶200 的图形,应设

再以创建的尺寸标注样式为当前样式进行尺寸标注,或将同图形一起缩放的尺寸应用新比例下创建的尺寸标注样式。

读者自行按上述方法,将图 4-2-4 中的尺寸标注及文字标注进行调整,使其他与图 4-2-1 一致。

# 【项目 4 实训】

按以下要求独立制订计划,并实施完成。

1. 绘制楼梯间剖面图(项目 4 实训图 1)。

2. 绘制雨篷大样图(项目 4 实训图 2)。

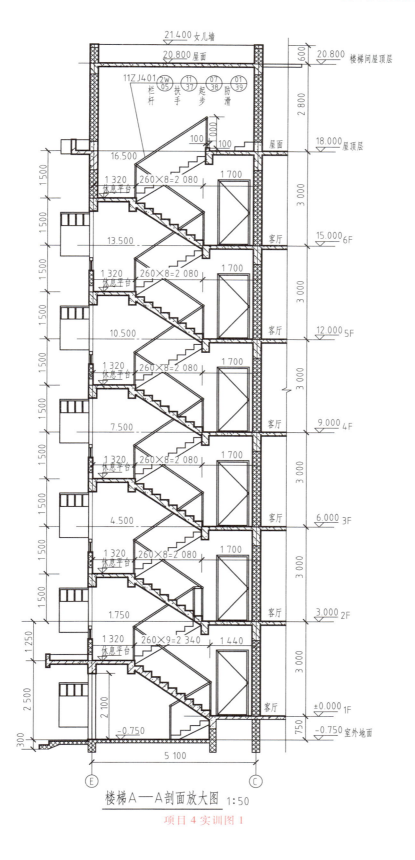

楼梯 A—A 剖面放大图　1:50

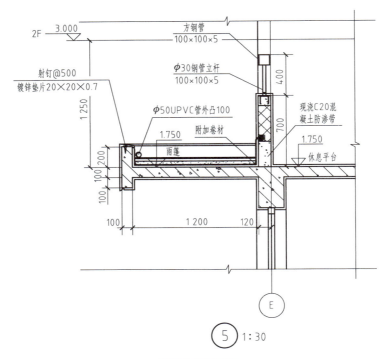

项目 4 实训图 2

# 模块2
## 天正建筑软件的使用

　　AutoCAD 是强大的通用绘图软件,广泛应用于机械、建筑、服装等设计领域。但其 DWG 文件的内容是由图形对象构成的,使用基本图形对象绘图效率太低。AutoCAD 从 R14 版本以后提供了扩充图元类型的开发技术。天正建筑软件基于 AutoCAD 图形平台,定义了数十种专门针对建筑设计的图形对象。其中部分对象代表建筑构件,如墙体、柱和门、窗,这些对象在程序实现的时候,就在其中预设了许多智能特征,例如门、窗碰到墙,墙就自动开洞并装入门、窗。另有部分对象代表图纸标注,包括文字、符号和尺寸标注,预设了图纸的比例和制图标准。还有部分对象作为几何形状,如矩形、平板、路径曲面,具体用来干什么由使用者决定。

　　天正建筑软件的对象功能非常强大,建筑构件的编辑功能也能使用 AutoCAD 通用的编辑机制进行操控,包括使用基本编辑命令、夹点编辑、对象编辑、对象特性编辑、特性匹配(格式刷)进行操控。用户可以双击天正对象,直接进入对象编辑,或者进入对象特性编辑,所有修改数字、文字、符号的地方都实现了在位编辑,更加方便用户的修改要求,大大提高了用户的工作效率。

　　天正建筑软件和 AutoCAD 平台之间可无缝对接,用户可以轻松自如地在 AutoCAD 和天正建筑软件之间切换显示 DWG 图形文件。

　　在学会使用 AutoCAD 软件绘制建筑工程图后,可以非常容易地学习并使用天正建筑软件,两者配合,可以使建筑绘图更加专业,大幅提高绘图效率。

# 项目 5
# 轴网的绘制

## 项目提要

▶ 知识链接：

天正轴网

本项目主要学习以下方面的内容。
1. 创建轴网：直线轴网和圆弧轴网的创建方法。
2. 标注与编辑轴网：直线轴网与圆弧轴网的规范标注和编辑方法。
3. 编辑轴号：直线轴网与圆弧轴网的轴号对象编辑方法。

## 任务 5.1  创建轴网

 **任务内容**

创建直线轴网和圆弧轴网。

 **任务分析**

通过"绘制轴网"命令完成绘制直线轴网、圆弧轴网。

 **任务实施**

### 5.1.1  绘制直线轴网

直线轴网功能用于生成正交轴网、斜交轴网或单向轴网，在"绘制轴网"对话框的"直线轴网"选项卡中执行。

**菜单命令：轴网柱子→绘制轴网**

单击"绘制轴网"菜单命令后，显示"绘制轴网"对话框，单击"直线轴网"选项卡，输入开间间距，如图 5-1-1 所示。

**输入轴网数据方法：**

① 直接在"键入"文本框中输入轴网数据，每个数据之间用空格或英文逗号","隔开，输入完毕后按回车键生效。

② 在电子表格中输入"轴间距"和"个数"，常用值可直接选取右方数据栏或下拉列表的

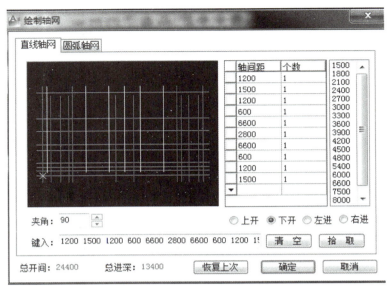

图 5-1-1　"直线轴网"对话框

预设数据。

**对话框中各控件的说明:**

- 上开:在轴网上方进行轴网标注的房间开间尺寸。
- 下开:在轴网下方进行轴网标注的房间开间尺寸。
- 左进:在轴网左侧进行轴网标注的房间进深尺寸。
- 右进:在轴网右侧进行轴网标注的房间进深尺寸。
- 个数:栏中数据的重复次数,单击右方数据栏或下拉列表的预设数据获得,也可以由键盘输入。
- 轴间距:开间或进深的尺寸数据,单击右方数据栏或下拉列表的预设数据获得,也可以输入。
- 键入:输入一组数据,用空格或英文逗号隔开,按回车键数据输入到电子表格中。
- 清空:把某一组开间或者某一组进深数据栏清空,保留其他组的数据。
- 恢复上次:把上次绘制直线轴网的参数恢复到对话框中。
- 确定:单击后开始绘制直线轴网并保存数据。
- 取消:单击后取消绘制轴网并放弃输入数据。

在对话框中输入所有尺寸数据后,单击"确定"按钮,命令行显示:

> 点取位置或[ 转 90 度( A)/左右翻( S)/上下翻( D)/对齐( F)/改转角( R)/改基点( T) ]<退出>:

此时可拖动基点插入轴网,直接选取轴网目标位置或按选项提示回应。

在对话框中仅输入单向尺寸数据后,单击"确定"按钮,命令行显示:

> 单向轴线长度<16200>:

此时给出指示该轴线长度的两个点或者直接输入该轴线的长度,接着提示:

点取位置或[转90度(A)/左右翻(S)/上下翻(D)/对齐(F)/改转角(R)/改基点(T)]<退出>:

此时可拖动基点插入轴网,直接单击轴网目标位置或按选项提示回应。

说明:① 如果第一开间(进深)与第二开间(进深)的数据相同,则不必输入第二开间(进深)数据。

② 输入的尺寸定位以轴网的左下角轴线交点为基点,多层建筑各平面同号轴线交点位置应一致。

**举例**:按下列数据绘制直线轴网。

上开间:600,3 900,2 100,3 500,2 400,2 400,3 500,2 100,3 900,600

下开间:1 200,1 500,1 200,600,6 600,2 800,6 600,600,1 200,1 500,1 200

左进深:800,600,600,2 100,900,2 100,2 100,4 200

右进深:800,600,600,2 100,900,2 100,2 100,4 200

执行"绘制轴网"命令,输入上述数据,右进深与左进深相同,不必输入;正交直线轴网,夹角为90°,绘制结果如图 5-1-2 所示。

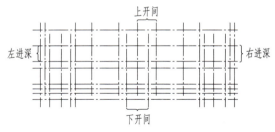

图 5-1-2　正交直线轴网

不改变上述数据,仅将夹角改为75°,绘制斜交直线轴网,观察其效果。

### 5.1.2　墙生轴网

在方案设计过程中,建筑师需反复修改平面图,如增、删墙体,改开间、进深等,用轴线定位有时并不方便,为此天正建筑软件提供了根据墙体生成轴网的功能,建筑师可以在参考栅格点上直接进行设计,待平面方案确定后,再用本功能生成轴网。也可用"绘制墙体"命令绘制平面草图,然后生成轴网。

**菜单命令:轴网柱子→墙生轴网:**

单击"墙生轴网"菜单命令后,命令行提示:

请选择墙体<退出>:(选取要生成轴网的所有墙体或按回车键退出。)

在墙体基线位置上自动生成没有标注轴号和尺寸的轴网。

**举例**:墙生轴网设计。

先使用"绘制墙体"命令绘制墙体,再执行"墙生轴网"命令生成轴线。在这里,轴线是按墙体绘制中的基线生成的,如图5-1-3所示。

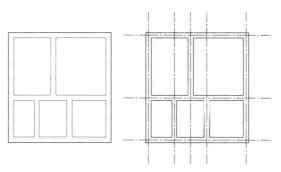

图5-1-3 由墙平面图生成轴网

### 5.1.3 绘制圆弧轴网

圆弧轴网由一组同心弧线和不过圆心的径向直线组成,常组合其他轴网,端径向轴线由两轴网共用。该命令在"绘制轴网"对话框的"圆弧轴网"选项卡中执行。

**菜单命令**:轴网柱子→绘制轴网:

单击"绘制轴网"菜单命令后,显示"绘制轴网"对话框,单击"圆弧轴网"选项卡,输入进深如图5-1-4所示。

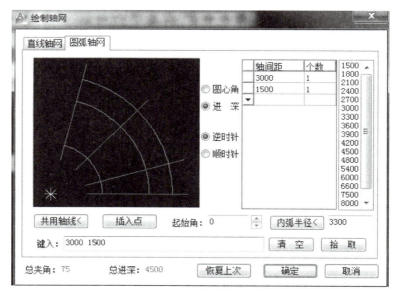

图5-1-4 在"圆弧轴网"选项卡中输入进深

输入圆心角如图5-1-5所示。

**输入轴网数据方法**:

① 直接在"键入"栏内输入轴网数据,数据之间用空格或英文逗号隔开,输入完毕后按

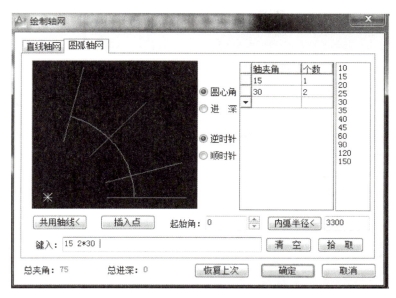

图 5-1-5　在"圆弧轴网"选项卡中输入圆心角

回车键生效。

② 在电子表格中输入"轴间距/轴夹角"和"个数",常用值可直接选取右方数据栏或下拉列表的预设数据。

**对话框中控件的说明:**

- 进深:在轴网径向,由圆心起算到外圆的轴线尺寸序列,单位为 mm。
- 圆心角:由起始角起算,按旋转方向排列的轴线开间序列,单位为(°)。
- 轴间距:进深的尺寸数据,单击右方数据栏或下拉列表的预设数据获得,也可以由键盘输入。
- 轴夹角:开间轴线之间的夹角数据,常用数据从下拉列表中获得,也可以由键盘输入。
- 个数:栏中数据的重复次数,单击右方数据栏或下拉列表的预设数据获得,也可以由键盘输入。
- 内弧半径<:从圆心起算的最内侧环向轴线半径,可从图上取两点获得,也可以为 0。
- 起始角:X 轴正方向到起始径向轴线的夹角(按旋转方向定)。
- 逆时针:径向轴线的旋转方向。
- 顺时针:同上。
- 共用轴线<:在与其他轴网共用一根径向轴线时,从图上指定该径向轴线不再重复绘出,选取时通过拖动圆弧轴网确定与其他轴网连接的方向。
- 键入:输入一组尺寸数据,用空格或英文逗号隔开,按回车键后输到电子表格中。
- 插入点:单击可改变默认的轴网插入基点位置。
- 清空:把某一组圆心角或者一组进深数据栏清空,保留其他数据。
- 恢复上次:把上次绘制圆弧轴网的参数恢复到对话框中。
- 确定:单击后开始绘制圆弧轴网并保存数据。
- 取消:单击后取消绘制轴网并放弃输入数据。

在对话框中输入所有尺寸数据后,单击"确定"按钮,命令行显示:

> 点取位置或[转90度(A)/左右翻(S)/上下翻(D)/对齐(F)/改转角(R)/改基点(T)]<退出>:

此时可拖动基点插入轴网,直接选取轴网目标位置或按选项提示操作,圆弧轴网实例如图5-1-6所示。

> 说明:圆心角的总夹角为360°时,生成圆弧轴网的特例"圆轴网"。

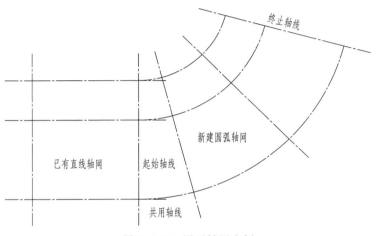

图5-1-6  圆弧轴网实例

## 任务5.2  标注与编辑轴网

 **任务内容**

标注和编辑直线轴网与圆弧轴网。

 **任务分析**

通过"轴网柱子"命令完成绘制两点轴标、逐点轴标、添加轴线、轴线裁剪、轴改线型等操作,完成直线轴网与圆弧轴网的规范标注和编辑。

 **任务实施**

轴网的标注包括轴号标注和尺寸标注。轴号可按制图标准要求用阿拉伯数字、大写英

文字母、数字和字母间隔连字符（如"1-1""1-A""A-1"等）或斜线（如"1/2""1/A""1/01"等）等方式标注，可适应各种复杂分区轴网。软件一次完成标注，但轴号和尺寸标注属于独立存在的不同对象，不能联动编辑，用户修改轴网时应注意自行处理。

### 5.2.1　两点轴标

**菜单命令：轴网柱子→轴网标注：**

"轴网标注"命令用于对始末轴线间的一组平行轴线（直线轴网与圆弧轴网的进深）或者径向轴线（圆弧轴线的圆心角）进行轴号和尺寸标注。

单击"轴网标注"菜单命令后，首先显示对话框，如图 5-2-1 所示。

命令行提示选取要标注的始末轴线，以下标注为直线轴网：

图 5-2-1　"轴网标注"对话框

> 请选择起始轴线<退出>：（选择一个轴网某开间（进深）一侧的起始轴线。）
> 请选择终止轴线<退出>：（选择一个轴网某开间（进深）同侧的终止轴线。）
> 请选择起始轴线<退出>：（选择一个轴网某开间（进深）一侧的起始轴线或按回车键退出。）

**对话框中控件的说明：**

● 起始轴号：希望起始轴号不是默认值 1 或者 A 时，在此处输入自定义的起始轴号，可以使用字母和数字组合轴号。

● 单侧标注/双侧标注：选择单侧标注或双侧标注。

● 共用轴号：表示现在要标注的轴号与前面已标注的轴号共用一个轴号。

**举例：**直线轴网与圆弧轴网的组合标注。

一个直线轴网连接圆弧轴网，其中圆弧轴网进深：1 500、3 000，圆心角：1×15°，2×30°，内弧半径：3 300。

先绘制直线轴网，再绘制圆弧轴网。在"圆弧轴网"选项卡中单击"共用轴线<"按钮，在图形中选取直线轴网的右侧垂直轴线作为共用轴线，绘制后的图形参见图 5-2-2。

执行"轴网标注"命令标注直线轴网的开间和进深（过程忽略），然后按回车键继续标注圆弧轴网。在标注圆弧轴网时，在"轴网标注"对话框中勾选"共用轴号"复选框。首先进行开间标注，命令行提示：

> 请选择起始轴线<退出>：（选择圆弧轴网第一轴线作为起始轴线。）
> 请选择终止轴线<退出>：（选择圆弧轴网末轴线作为终止轴线。）
> 是否为按递时针方向排序编号？（Y/N）［Y］：（按回车键默认递时针，此时自动选择了合适的标注方式。）

接着进行圆弧轴网的进深标注，重复执行"轴网标注"命令，并在"轴网标注"对话框中选择"单侧标注"单选按钮。命令行提示：

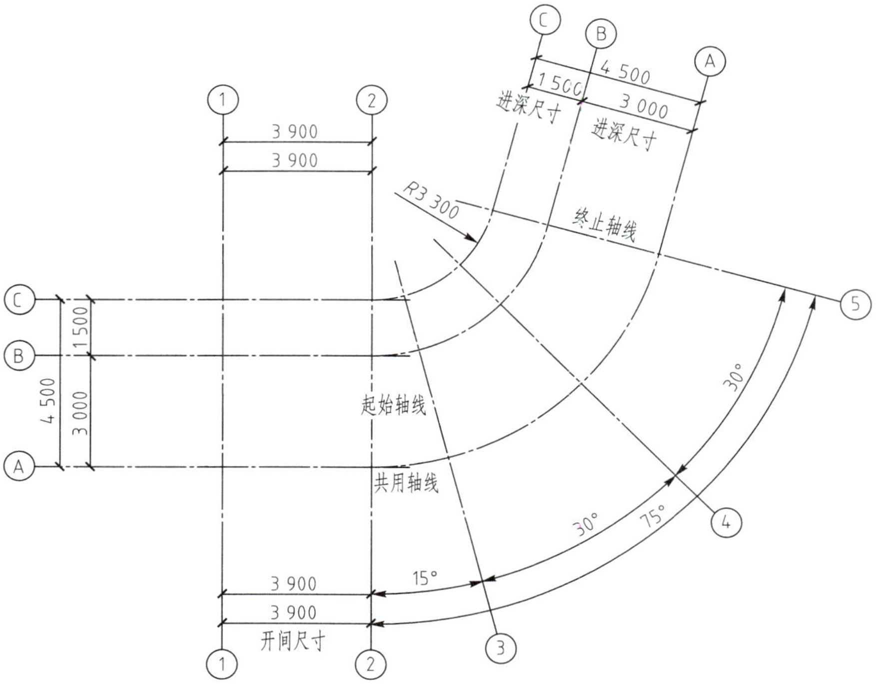

图 5-2-2　与直线轴网组合的圆弧轴网实例

请选择起始轴线<退出>:(选择圆弧轴网最外圈轴线作为起始轴线。)
请选择终止轴线<退出>:(选择圆弧轴网最内圈轴线作为终止轴线。)
请选择起始轴线<退出>:(按回车键退出。)

按以上操作标注完成后的轴网如图 5-2-2 所示。

### 5.2.2　单轴标注

**菜单命令:轴网柱子→单轴标注:**

"单轴标注"命令只对单个轴线标注轴号,轴号独立生成,不与已经存在的轴号系统和尺寸系统发生关联。不适用于一般的平面图轴网,常用于立面图与剖面图、详图等个别单独的轴线标注。单击"单轴标注"菜单命令后,命令行提示如下:

点取待标注的轴线<退出>:(选取要标注的某根轴线或按回车键退出。)
请输入轴号<空号>:(输入轴号或按回车键标注一个空轴号。)

按回车键即标注选中的轴线,命令行会继续显示以上提示,可对多个轴线进行标注。

### 5.2.3　添加轴线

**菜单命令:轴网柱子→添加轴线:**

"添加轴线"命令应在"轴网标注"命令完成后执行,功能是参考某一根已经存在的轴线,在其任意一侧添加一根新轴线,同时根据用户的选择赋予新的轴号,把新轴线和轴号一起融入已有的参考轴号系统中。

单击"添加轴线"菜单命令后,对于直线轴网,命令行提示:

> 选择参考轴线<退出>:(选取与要添加轴线相邻,距离已知的轴线作为参考轴线。)
> 新增轴线是否为附加轴线?（Y/N)［N]:(输入"Y",添加的轴线作为参考轴线的附加轴线,按制图标准要求标出附加轴号,如 1/1、2/1 等;输入"N",添加的轴线作为一根主轴线插入到指定的位置,标出主轴号,其后轴号自动重排。)
> 偏移方向<退出>:(在参考轴线两侧,单击添加轴线的一侧。)
> 距参考轴线的距离<退出>:2400(键入距参考轴线的距离。)

单击"添加轴线"菜单命令后,对于圆弧轴网,命令行提示:

> 选择参考轴线<退出>:(选取圆弧轴网上一根径向轴线。)
> 新增轴线是否为附加轴线?（Y/N)［N]:(输入"Y"或"N",解释同直线轴网。)
> 输入转角<退出>:15(输入转角度数或在图中选取。)

在选取转角时,程序实时显示,可以随时预览添加的轴线情况,选取后即在指定位置处增加一条轴线。

### 5.2.4　轴线裁剪

**菜单命令:轴网柱子→轴线裁剪:**

"轴线裁剪"命令也可以通过快捷菜单输入,方法如下:先选中需裁剪的轴网,然后单击右键,在弹出的快捷菜单中选择"轴线裁剪"命令,如图 5-2-3 所示。

图 5-2-3　"轴线裁剪"快捷菜单

本命令可根据设定的多边形或直线范围,裁剪多边形内的轴线或者直线某一侧的轴线。

单击"轴线裁剪"菜单命令后,命令行提示:

> 矩形的第一个角点或［多边形裁剪(P)/轴线取齐(F)]<退出>:F

输入"F"选择轴线取齐功能的命令交互如下:

> 请输入裁剪线的起点或选择一裁剪线:(选取取齐的裁剪线起点。)
> 请输入裁剪线的终点:(选取取齐的裁剪线终点。)
> 请输入一点以确定裁剪的是哪一边:(单击轴线被裁剪的一侧结束裁剪。)
> 矩形的第一个角点或[多边形裁剪(P)/轴线取齐(F)]<退出>:P

输入"P",则系统进入多边形裁剪,命令行提示:

> 多边形的第一点或[矩形裁剪(R)]<退出>:(选取多边形第一点。)
> 下一点或[回退(U)]<退出>:(选取第二点及下一点。)
> ……
> 下一点或[回退(U)]<封闭>:(选取下一点或按回车键,命令自动封闭该多边形结束裁剪。)
> 矩形的第一个角点或[多边形裁剪(P)]<退出>:(给出矩形第一角点。)

直接给出一点,系统默认为矩形裁剪,命令交互如下:

> 另一角点<退出>:(选取另一角点后程序即按矩形区域裁剪轴线。)

图 5-2-4 为多边形裁剪的实例。

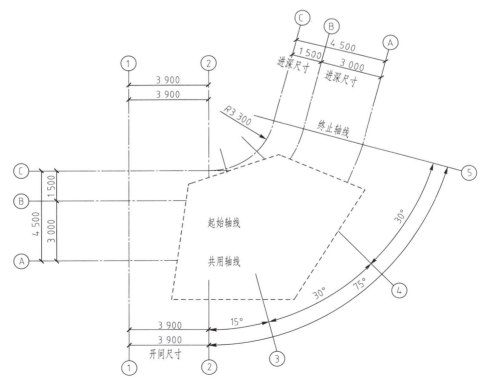

图 5-2-4　多边形裁剪的实例

### 5.2.5　轴改线型

菜单命令:轴网柱子→轴改线型:

"轴改线型"命令用于在点画线和连续线两种线型之间切换。建筑制图要求轴线必须使用点画线,但由于点画线不便于对象捕捉,通常在绘图过程使用连续线,在输出的时候切换为点画线。如果使用模型空间出图,则线型比例用 $10\times$ 当前比例决定,当出图比例为 $1:100$ 时,默认线型比例为 1 000。如果使用图纸空间出图,天正建筑软件内部已经考虑了自动缩放。

图 5-2-2 轴改线型后的效果如图 5-2-5 所示。

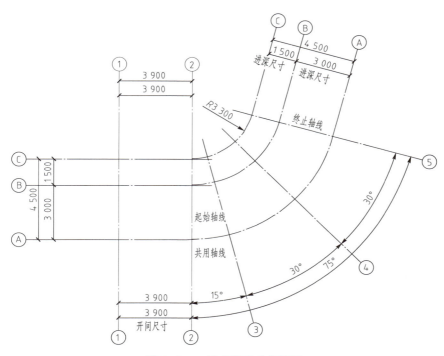

图 5-2-5　轴改线型后的效果

# 任务 5.3　编辑轴号

 **任务内容**

编辑直线轴网与圆弧轴网的轴号。

 **任务分析**

当轴标创建后,经常需要完成一系列轴号的编辑工作,可以通过添补轴号、删除轴号、重排轴号、倒排轴号等操作完成编辑轴号。

## 任务实施

　　轴号对象是一组专门为建筑轴网定义的标注符号,通常就是轴网的开间或进深方向上的一排轴号。按国家建筑制图标准,即使轴间距上下不同,同一个方向轴网的轴号是统一编号的系统,以一个轴号对象表示,但一个方向的轴号系统和其他方向的轴号系统是独立的对象。

　　在天正建筑软件中,轴号对象中的任何一个单独的轴号可以设置为双侧显示或者单侧显示,也可以一次关闭或打开一侧全体轴号,不必为上下开间(进深)各自建立一组轴号,也不必为关闭其中某些轴号而炸开对象进行轴号删除。

　　天正建筑提供了光标"选择预览"特性,光标移动到轴号上方时轴号对象即可亮显,此时右键单击即可启动智能感知快捷菜单,有关轴号对象的编辑命令都在快捷菜单中供用户选择使用。修改轴号文字则直接双击轴号圆圈内部,即可进入在位编辑状态。

### 5.3.1　添补轴号

**菜单命令:轴网柱子→添补轴号:**

　　"添补轴号"命令可在矩形、弧形、圆形轴网中对新增轴线添加轴号,新添轴号成为原有轴号对象的一部分,但不会生成轴线,也不会更新尺寸标注,适用于以其他方式增添或修改轴线后进行的轴号标注。

　　单击"添补轴号"菜单命令后,命令行提示:

> 　　请选择轴号对象<退出>:(选取与新轴号相邻的已有轴号对象,不要选取原有轴线。)
>
> 　　请点取新轴号的位置或[参考点(R)]<退出>:(选取新增轴号的一侧,同时输入间距。)
>
> 　　新增轴号是否双侧标注?(Y/N)[Y]:(根据要求输入"Y"或"N",为Y时两端标注轴号。)
>
> 　　新增轴号是否为附加轴号?(Y/N)[Y]:(根据要求输入"Y"或"N",为N时其他轴号重排,为Y时不重排。)

### 5.3.2　删除轴号

**菜单命令:轴网柱子→删除轴号:**

　　"删除轴号"命令用于在平面图中删除个别不需要的轴号的情况,可根据需要决定是否重排轴号,支持多选轴号一次删除。

　　单击"删除轴号"菜单命令后,命令行提示:

> 　　请框选轴号对象<退出>:(使用窗口选择方式选取多个需要删除的轴号。)
> 　　……

请框选轴号对象<退出>:(按回车键退出选取状态。)

是否重排轴号?（Y/N）[Y]:(根据要求输入"Y"或"N",为 Y 时其他轴号重排,为 N 时不重排。)

### 5.3.3　重排轴号

"重排轴号"命令可在所选择的一个轴号对象(包括轴线两端)中,从选择的某个轴号开始对轴网的开间或者进深(方向默认从左到右或从下到上)按输入的新轴号重新排序,在此新轴号左(下)方的其他轴号不受本命令影响。

说明:若轴号对象事先执行过倒排轴号,则重排轴号的排序方向按当前轴号的排序方向。

本命令可通过将光标移动到轴号对象上,按右键在快捷菜单中启动,命令行提示:

请选择需重排的第一根轴号<退出>:(选取需重排范围内的左边或下边第一个轴号,如图 5-2-5 中的③号轴。)

请输入新的轴号(空号)<1>:7(输入新的轴号,可为数字、字母或两者的组合。)

按上述操作,图 5-2-5 重排轴号后的效果如图 5-3-1 所示。

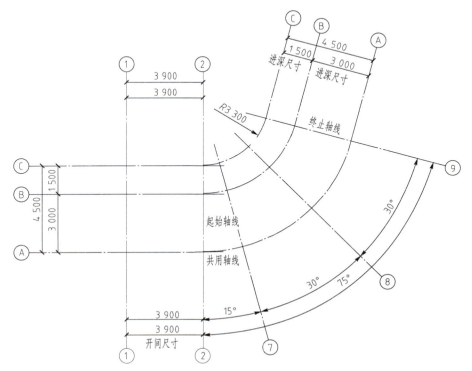

图 5-3-1　重排轴号后的效果

### 5.3.4　倒排轴号

使用"倒排轴号"命令改变图 5-3-2 中一组轴号的排序方向。该组轴号自动进行倒排序，即由原来从上到下Ⓒ~Ⓐ排序改为从上到下的Ⓐ~Ⓒ排序，同时影响今后该轴号对象的排序方向。例如，如果将轴号倒排为从右到左的方向，重排轴号会按照从右到左进行，除非重新执行倒排轴号。

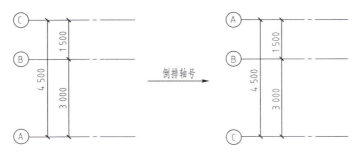

图 5-3-2　倒排轴号前后的对照

本命令可通过将光标移动到轴号对象上，按右键在快捷菜单中启动。

任务拓展

### 5.3.5　轴号夹点编辑

### 5.3.6　轴号在位编辑

### 5.3.7　轴号对象编辑

# 【项目 5 实训】

按以下要求独立制订计划,并实施完成。

选择 1 个工程案例,通过模块 2 内容的学习,最终完成该工程案例建筑施工图的绘制。在本项目实训中,请绘制建筑施工图的轴网。

# 项目 6
## 柱的绘制

▶知识链接:

天正建筑的
柱

## 项目提要

　　本项目主要学习标准柱、角柱和构造柱等柱的创建方法,柱的位置编辑和形状编辑方法。

## 任务 6.1　创建柱

 **任务内容**

　　创建各种类型的柱。

 **任务分析**

　　标准柱、角柱、构造柱的创建方法有哪些?

 **任务实施**

### 6.1.1　标准柱

　　创建标准柱是指在轴线的交点或任何位置插入矩形柱、圆柱或正多边形柱。正多边形柱包括常用的三、五、六、八、十二边形柱。在非轴线交点插入柱时,基准方向总是沿着当前坐标系的方向,如果当前坐标系是 UCS,柱的基准方向为 UCS 的 X 轴方向,不必另行设置。

　　**菜单命令:轴网柱子→标准柱:**

　　创建标准柱的步骤如下:

　　① 设置柱的参数,包括截面类型、截面尺寸和材料等;

　　② 单击"标准柱"对话框中的工具栏图标,选择柱的定位方式;

　　③ 根据不同的定位方式进行相应的命令行输入;

　　④ 重复步骤①~③或按回车键结束标准柱的创建。

　　以下是具体的交互过程。

　　单击"标准柱"菜单命令后,显示"标准柱"对话框,方柱、圆柱、多边形柱、异形柱的参数设置分别如图 6-1-1~图 6-1-4 所示。

图 6-1-1　"标准柱"对话框——方柱

图 6-1-2　"标准柱"对话框——圆柱

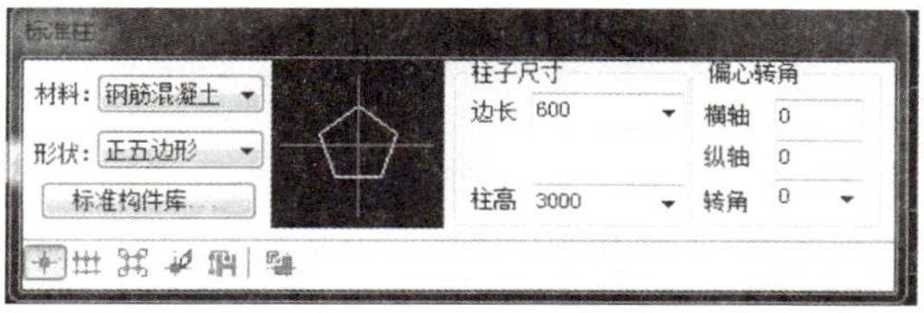

图 6-1-3　"标准柱"对话框——多边形柱

图 6-1-4　"标准柱"对话框——异形柱

异形柱标准构件库如图 6-1-5 所示。

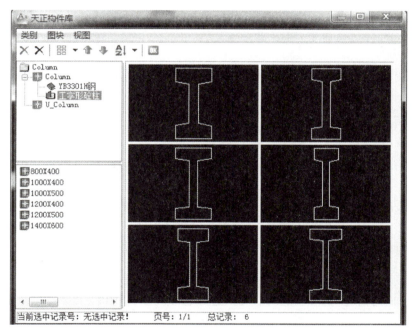

图 6-1-5　异形柱标准构件库

**"标准柱"对话框中控件的说明:**

● 柱子尺寸:其中的参数因柱形状而略有差异,如图 6-1-1~图 6-1-4 所示。

● 偏心转角:其中旋转角度在矩形轴网中以 X 轴为基准线;在弧形、圆形轴网中以环向弧线为基准线,以逆时针为正、顺时针为负自动设置。

● 材料:在下拉列表框中选择材料,柱与墙之间的连接形式由两者的材料决定,材料目前包括砖、石材、钢筋混凝土或金属,默认为钢筋混凝土。

● 形状:设定柱截面类型,选项有矩形、圆形和正多边形等。

● "点选插入"按钮 ⊡ : 优先捕捉轴线交点插入柱, 如未捕捉到轴线交点, 则在选取位置插入柱。

● "沿轴线布置"按钮 ⊞ : 在选定的轴线与其他轴线的交点处插入柱。

● "矩形区域布置"按钮 ⊞ : 在指定的矩形区域内所有的轴线交点处插入柱。

● "替换已插入柱"按钮 ✎ : 用当前参数设置的柱替换图上已有的柱, 可以单个替换或者用窗口选择成批替换。

● "选择 Pline 线创建异形柱"按钮 ⊡ : 可以选择用多段线柱界线生成天正图元的柱。

● "在图中拾取柱形状或已有柱"按钮 ⊞ : 按图中已有的柱样式布置柱, 或者按需要的柱截面形状布置柱。

在对话框中输入所有数据后, 单击"点选插入"按钮 ⊡ , 命令行提示:

> 选取位置或[转90度(A)/左右翻(S)/上下翻(D)/对齐(F)/改转角(R)/改基点(T)/参考点(G)]<退出>:(在任意位置取点插入。)

在对话框中输入所有数据后, 单击"沿轴线布置"按钮 ⊞ , 命令行提示:

> 请选择一轴线<退出>:(选取轴线插入。)

在对话框中输入所有数据后, 单击"矩形区域布置"按钮 ⊞ , 命令行提示:

> 第一个角点<退出>:(取矩形区域对角两点中第一点。)
> 另一个角点<退出>:(取第二点。)

在对话框中输入所有数据后, 单击"替换已插入柱"按钮 ✎ , 命令行提示:

> 选择被替换的柱子:(选择一个要替换的柱或按回车键退出。)

### 6.1.2　角柱

在墙角插入形状与墙一致的角柱, 可改变各分支的长度及宽度, 宽度默认居中, 高度为当前层高。生成的角柱与标准柱类似, 每一边都有可调整长度和宽度的夹点, 可以方便地按要求修改。

**菜单命令:轴网柱子→角柱:**

单击"角柱"菜单命令后, 命令行提示:

> 请选取墙角或[参考点(R)]<退出>:(选取要创建角柱的墙角或输入"R"定位。)

选取墙角后显示如图 6-1-6 所示对话框, 用户在对话框中输入合适的参数。

参数输入完毕后, 单击"确定"按钮, 所选角柱即插入图中。

**对话框中控件的说明:**

● 材料:在下拉列框表中选择材料, 柱与墙之间的连接形式由两者的材料决定, 材料目

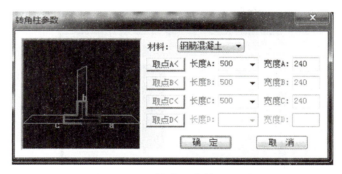

图 6-1-6　"转角柱参数"对话框

前包括砖、石材、钢筋混凝土或金属,默认为钢筋混凝土。

● 长度:输入角柱各分支的长度。

● "取点 X<"按钮:单击"取点 X<"按钮,可以通过在墙上取点得到真实长度,命令行提示:

请点取一点或[参考点(R)]<退出>:

用户应依照"取点 X<"按钮的颜色从对应的墙上给出角柱端点。

● 宽度:各分支的宽度默认等于墙宽,改变柱宽后默认对中变化,要求偏心变化在完成后通过夹点修改。

例如,偏心变宽可通过拖动夹点调整,如图 6-1-7 所示。

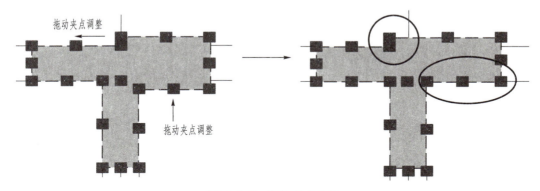

图 6-1-7　角柱夹点编辑

### 6.1.3　构造柱

**菜单命令:轴网柱子→构造柱:**

"构造柱"命令用于在墙角交点处或墙体内插入构造柱。本命令以所选择的墙角形状为基准,输入构造柱的具体尺寸,指出对齐方向,默认选择钢筋混凝土材质,仅生成二维对象。

单击"构造柱"菜单命令后,命令行提示:

请选取墙角或[参考点(R)]<退出>:(选取要创建构造柱的墙角或墙中的任意位置。)

也可输入"R",随即显示如图 6-1-8 所示对话框,在其中输入参数,选择对齐边。

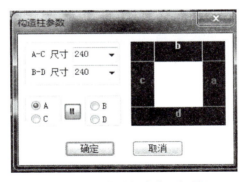

图 6-1-8    "构造柱参数"对话框

参数输入完毕后,单击"确定"按钮,所选构造柱即插入图中;要修改长度与宽度可通过拖动夹点进行调整。

**对话框中控件的说明:**

- A-C 尺寸:沿着 A-C 方向的构造柱尺寸,在天正建筑中尺寸数据可超过墙厚。
- B-D 尺寸:沿着 B-D 方向的构造柱尺寸。
- A/C 与 B/D:对齐边的互锁按钮,用于对齐柱到墙的两边。

如果构造柱超出墙边,使用夹点拉伸或移动,参见实例如图 6-1-9 所示。

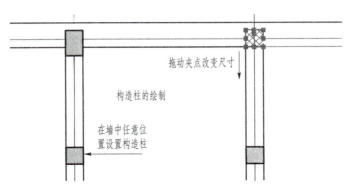

图 6-1-9    构造柱实例

**任务拓展**

### 6.1.4    异形柱

### 6.1.5　布尔运算创建异形柱

# 任务 6.2　编辑柱

 **任务内容**

编辑各种类型的柱。

 **任务分析**

采用哪些方法编辑已经在图中的柱呢？如需要成批修改，可使用柱的替换功能或者特性编辑功能，当需要个别修改时，可充分利用夹点编辑和对象编辑功能。

 **任务实施**

夹点编辑在任务 6.1 中已有详细描述，读者可参照自行完成。现介绍其他几种编辑方法。

#### 6.2.1　柱的替换

**菜单命令：轴网柱子→标准柱：**
输入新柱的数据，然后单击柱下方工具栏的"替换"按钮 ，命令行提示：

> 选择被替换的柱子：（窗口选择多个要替换的柱或选取要替换的个别柱均可。）

#### 6.2.2　柱的对象编辑

双击要编辑的柱，即可显示"对象编辑"对话框，与"标准柱"对话框类似，如图 6-1-1 所示。

修改参数后，按回车键即可更新所选的柱，但这种方法只能逐个修改对象，如果要一次修改多个柱，就应该使用下面介绍的特性编辑功能。

#### 6.2.3　柱的特性编辑

在天正建筑中，通过 AutoCAD 的对象特性表，可以方便地修改柱对象的多项专业特性，而且便于成批修改参数,具体方法如下。

① 用天正对象选择等方法,选取要修改特性的多个柱对象。

② 按快捷键"Ctrl+1",激活特性编辑功能,使 AutoCAD 显示柱的特性表。

③ 在特性表中修改柱参数,然后各柱自动更新,如图 6-2-1 所示。

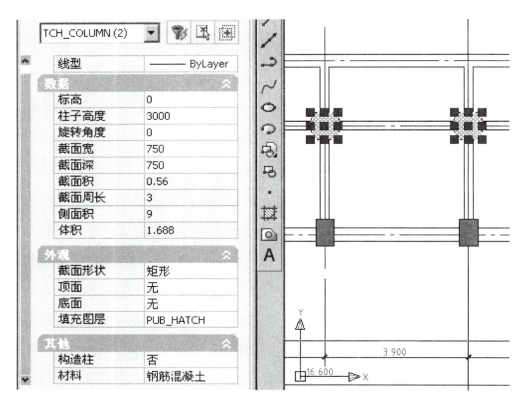

图 6-2-1　柱的特性编辑

### 6.2.4　柱齐墙边

**菜单命令:柱子→柱齐墙边:**

"柱齐墙边"命令用于使柱边与指定墙边对齐,可一次选择多个柱一起完成墙边对齐,条件是各柱对齐墙边的方式一致。

单击"柱齐墙边"菜单命令,命令行提示:

> 请点取墙边<退出>:(选取作为对齐基准的墙边。)
> 选择对齐方式相同的多个柱子<退出>:(选择多个柱。)
> 选择对齐方式相同的多个柱子<退出>:(按回车键结束选择。)
> 请点取柱边<退出>:(选取这些柱的对齐边。)
> 请点取墙边<退出>:(重选作为对齐基准的其他墙边或者按回车键退出命令。)

柱对齐墙边的实例如图 6-2-2 所示。

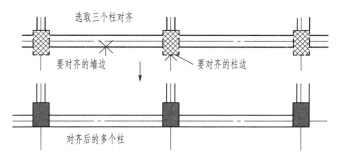
图 6-2-2　柱对齐墙边的实例

# 【项目 6 实训】

按以下要求独立制订计划,并实施完成。

在项目 5 实训的基础上,绘制工程案例建筑施工图的柱。

# 项目 7
# 墙体的绘制

▶知识链接：

天正建筑的
墙体

## 项目提要

本项目主要学习以下方面的内容。

1. 墙体的创建：墙体可以由"绘制墙体"命令直接创建，也可以由单线和轴网转换而来。

2. 墙体的编辑：单墙段的修改可以使用对象编辑，平面的修改可以使用夹点拖动和AutoCAD 通用编辑命令。

3. 墙体编辑工具：介绍三维墙体参数功能，用于生成三维模型、立剖面图。

4. 墙体立面工具：介绍与三维视图有关的墙体立面编辑方法，用于创建异形门窗洞口与非矩形的立面墙体。

## 任务 7.1 创建墙体

 **任务内容**

创建墙体。

 **任务分析**

墙体可使用"绘制墙体"命令创建，也可由"单线变墙"命令从直线、圆弧或轴网转换。本任务仅介绍"绘制墙体""等分加墙""单线变墙""净距偏移"等创建墙体命令。

 **任务实施**

墙体的底标高为当前标高，墙高默认为楼层层高。墙体的底标高和墙高可在墙体创建后用"改高度"命令进行修改，当墙高设置为 0 时，墙体在三维视图下不生成三维视图。

天正建筑支持圆墙的绘制，圆墙可由两段同心圆弧墙拼接而成。

### 7.1.1　绘制墙体

执行"绘制墙体"命令,打开名为"绘制墙体"的非模式对话框,可以设定墙体参数,不必关闭对话框即可直接使用"直墙""弧墙"和"矩形布置"3 种方式绘制墙体对象,墙线相交处自动处理,墙宽随时定义、墙高随时改变,在绘制过程中墙端点可以回退,用户使用过的墙厚参数在数据文件中按不同材料分别保存。

为了准确地定位墙体端点位置,天正建筑软件提供了对已有墙基线、轴线和柱的自动捕捉功能。必要时可以将天正建筑软件的自动捕捉功能关闭,然后按下 F3 键打开 AutoCAD 的捕捉功能。

天正建筑提供了动态墙体绘制功能,激活状态栏的"DYN"按钮,启动动态距离和角度提示,按 Tab 键可切换参数栏,在位输入距离和角度数据。

**菜单命令:墙体→绘制墙体:**

在如图 7-1-1 所示对话框中选取要绘制墙体的左、右墙宽数据,选择一个合适的墙基线方向,然后单击下面的工具栏按钮,在"直墙" ≣、"弧墙" ⌒、"矩形布置" ▣ 3 种绘制方式中选择其中之一,进入绘图区绘制墙体。

**对话框中控件的说明:**

● 左宽/右宽:指沿墙体定位顺序,基线左侧和右侧部分的宽度,如图 7-1-1a 所示。对于矩形布置方式,则分别对应基线内侧宽度和基线外侧宽度,对话框提示相应改为内宽、外宽,如图 7-1-1b 所示。其中左宽(内宽)、右宽(外宽)都可以是正数、负数和零。

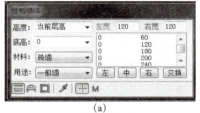

(a)

(b)

图 7-1-1　"绘制墙体"对话框

● 墙宽组:在数据列表中预设有常用的墙宽参数,每一种材料都有各自常用的墙宽组系列供选用,用户新的墙宽组定义使用后会自动添加进列表中,用户选择其中某组数据,按 Delete 键可删除当前这个墙宽组。

● 左/中/右/交换:"左""右"是指计算当前墙体总宽后,全部左偏或右偏的设置。例如当前墙宽组为 120、240,单击"左"按钮后即可改为 360、0。"中"是指当前墙体总宽居中设置,上例单击"中"按钮后即可改为 180、180。"交换"是指把当前左、右墙厚交换方向,把上例数据改为 240、120。

● 材料:包括从轻质隔墙、示意幕墙(玻璃幕墙)、填充墙到钢筋混凝土墙共 6 种材质,按材质的密度预设了不同材质之间的遮挡关系。可通过设置材料绘制玻璃幕墙。

● 用途:包括一般墙、卫生隔断、虚墙和矮墙四种类型,其中矮墙具有不加粗、不填充的特性,表示女儿墙等特殊墙体。

1. 绘制直墙的命令交互

在图 7-1-1a 的对话框中输入所有尺寸数据后,单击工具栏上的"直墙"按钮 ≣,命令行提示:

```
起点或[参考点(R)]<退出>:
```

绘制直墙的操作类似于"直线"命令,可连续输入直墙下一点,或按回车键结束绘制。

> 直墙下一点或[弧墙(A)/矩形画墙(R)/闭合(C)/回退(U)]<另一段>:(连续绘制墙线。)
>
> 直墙下一点或[弧墙(A)/矩形画墙(R)/闭合(C)/ 回退(U)]<另一段>:
>
> 起点或[参考点(R)]<退出>:

绘制直墙的动态输入方法如图7-1-2所示。

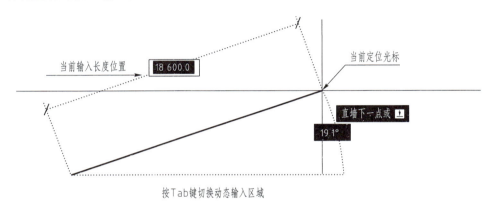

图7-1-2　绘制直墙的动态输入方法

2. 绘制弧墙的命令交互

在图7-1-1a所示对话框中输入所有尺寸数据后,单击工具栏上的"弧墙"按钮，命令行提示:

> 起点或[参考点(R)]<退出>:(给出弧墙起点。)
>
> 弧墙终点或[直线(L)/矩形画墙(R)]<取消>:(给出弧墙终点。)
>
> 点取弧上任意点或[半径(R)]<取消>:(输入弧墙基线上任意一点或键入"R"指定半径。)

绘制完一段弧墙后,自动切换到直墙状态,按两次回车键退出命令,实例如图7-1-3所示。

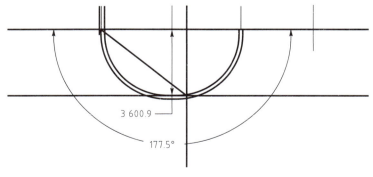

图7-1-3　弧墙绘制实例

### 7.1.2　等分加墙

"等分加墙"命令用于在已有的大房间中按等分的原则划分出多个小房间。将一段墙在纵向等分,垂直方向加入新墙体,同时新墙体延伸到给定边界。本命令有 3 种相关墙体参与操作过程,即参照墙体、边界墙体和生成的新墙体。

**菜单命令:墙体→等分加墙:**

单击"等分加墙"菜单命令后,命令行提示:

选择等分所参照的墙段<退出>:(选取准备等分的墙段。)

随即显示对话框如图 7-1-4 所示。

选择作为另一边界的墙段<退出>:(选择与准备等分的墙段相对的墙段为另一边界。)

图 7-1-4　"等分加墙"对话框

**举例:**在图 7-1-5 中选取下方的水平墙段 4 等分,添加 3 段厚为 240 的内墙。

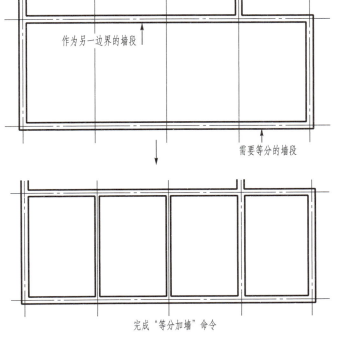

图 7-1-5　等分加墙实例

### 7.1.3　单线变墙

"单线变墙"命令有两个功能:一是将使用"直线""圆弧"命令绘制的单线转为墙体对象,并删除选中单线,生成墙体的基线与对应的单线相重合;二是基于设计好的轴网创建墙体,然后进行编辑,创建墙体后仍保留轴线,智能判断清除轴线的伸出部分。

**菜单命令:墙体→单线变墙:**

单击"单线变墙"菜单命令后,显示对话框如图 7-1-6 所示。

图 7-1-6　"单线变墙"对话框

当前需要基于轴网创建墙体,故选择"轴网生墙"单选按钮,此时只需选取"轴线"图层的对象,命令行提示如下:

> 选择要变成墙体的直线、圆弧、圆或多段线:(指定两个对角点确定窗口选择范围。)
> 选择要变成墙体的直线、圆弧、圆或多段线:(按回车键退出选择,创建墙体。)

如果没有选择"轴网生墙"单选按钮,此时可选取任意图层对象,命令行提示相同,根据直线的类型和闭合情况决定是否按外墙处理。

**举例:**选取轴网,创建 360 厚外墙、240 厚内墙的墙体,如图 7-1-7 所示。

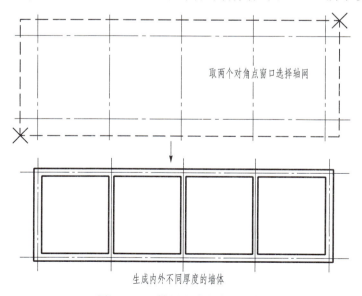

取两个对角点窗口选择轴网

生成内外不同厚度的墙体

图 7-1-7　轴网生墙的应用实例

**举例**：选取普通多段线和直线，创建 360 厚外墙、240 厚内墙的墙体，如图 7-1-8 所示。

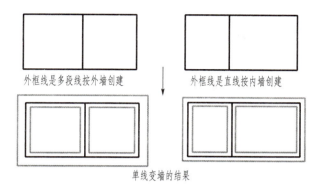

图 7-1-8　单线变墙的应用实例

### 7.1.4　净距偏移

"净距偏移"命令的功能类似 AutoCAD 的"偏移"（Offset）命令的功能，可以用于室内设计中，以测绘净距建立墙体平面图的场合，命令自动处理墙端交接，但不处理由于多处净距偏移引起的墙体交叉，如有墙体交叉，使用"修墙角"命令自行处理。

**菜单命令：墙体→净距偏移：**

单击"净距偏移"菜单命令后，命令行提示：

> 输入偏移距离<4000>：（键入两墙之间偏移的净距。）
> 请点取墙体一侧<退出>：（指定要生成新墙的位置。）
> 请点取墙体一侧<退出>：（按回车键结束选择，绘制新墙。）

净距偏移实例如图 7-1-9 所示。

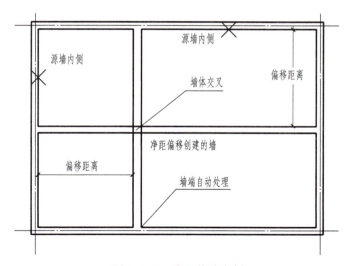

图 7-1-9　净距偏移实例

## 任务 7.2　编辑墙体

### 任务内容

编辑墙体。

### 任务分析

墙体对象支持 AutoCAD 的通用编辑命令,可使用"偏移"(Offset)、"修剪"(Trim)、"延伸"(Extend)等命令进行修改,对墙体执行以上操作时均不必显示墙基线。

此外可直接使用"删除"(Erase)、"移动"(Move)和"复制"(Copy)命令进行多个墙段的编辑操作。

天正建筑也有专用编辑命令对墙体进行专业意义的编辑,简单的参数编辑只需要双击墙体即可进入对象编辑对话框,拖动墙体的不同夹点可改变长度与位置。

本任务仅介绍"倒墙角""修墙角""墙保温层""边线对齐"等编辑墙体命令。

### 任务实施

#### 7.2.1　倒墙角

"倒墙角"命令的功能与 AutoCAD 的"倒角"(Fillet)命令的功能相似,专门用于处理两段不平行的墙体的端头交角,使两段墙以指定倒角半径进行连接。

> 说明:① 当倒角半径不为 0 时,两段墙体的类型、总宽和左宽、右宽必须相同,否则无法进行倒墙角。
>
> ② 当倒角半径为 0 时,自动延长两段墙体进行连接,此时两段墙的厚度和材料可以不同,当参与倒角的两段墙体平行时,系统自动以墙间距为直径加弧墙连接。
>
> ③ 在同一位置不应反复进行半径不为 0 的倒角操作,在再次倒角前应先把上次倒角时创建的弧墙删除。

**菜单命令:墙体→倒墙角:**
单击"倒墙角"菜单命令后,命令行提示:

> 选择第一段墙或[设圆角半径(当前 = 0)(R)]<退出>:R(输入"R"设定倒角半径。)
>
> 请输入圆角半径<0>:500(键入倒角的半径如 500。)

选择第一段墙或[设圆角半径(R),当前＝500]<退出>:(选择倒墙角的第一段墙体。)

选择要倒角的另一墙体:(选择倒墙角的第二段墙体,命令立即完成。)

### 7.2.2　修墙角

"修墙角"命令提供对属性完全相同的墙体相交处的处理功能,当用户使用 AutoCAD 的某些编辑命令或者夹点拖动对墙体进行操作后,墙体相交处有时会出现未按要求打断的情况,采用"修墙角"命令框选墙角可以轻松处理。"修墙角"命令也可以更新墙体、墙体造型、柱以及维护各种自动裁剪关系,如柱裁剪楼梯,凸窗一侧撞墙情况。墙体自动遮挡凸窗如图 7-2-1所示。

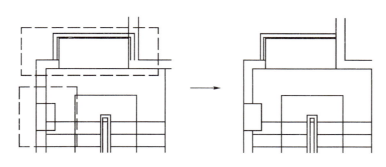

图 7-2-1　墙体自动遮挡凸窗

**菜单命令:墙体→修墙角:**

单击"修墙角"菜单命令后,命令行提示:

请点取第一个角点:(窗口选择需要处理的墙体交角或柱、墙体造型,输入第一点。)

请点取另一个角点:(选取第二点。)

### 7.2.3　墙保温层

使用"墙保温层"命令可在图中已有的墙段上加入或删除保温层线,遇到门该线自动打断,遇到窗自动增加窗厚度。

**菜单命令:墙体→墙保温层:**

单击"墙保温层"菜单命令后,命令行提示:

指定墙体保温的一侧或[外墙内侧(I)/外墙外侧(E)/消保温层(D)/保温层厚(当前＝80)(T)]<退出>:(选取墙做保温的一侧,每次处理一个墙段。)

指定墙体保温的一侧或[外墙内侧(I)/外墙外侧(E)/消保温层(D)/保温层厚(当前＝80)(T)]<退出>:(按回车键退出命令。)

默认方式为逐段选取,输入"I"或"E",则提示选择外墙(系统自动排除内墙),对选中外墙的内侧或外侧加保温层线。执行"墙保温层"命令前,应已做过内外墙的识别操作。输入"T"可以改变保温层厚度,输入"D"删除指定位置的保温层。

### 7.2.4　边线对齐

"边线对齐"命令用来对齐墙边,并维持基线不变,边线偏移到给定的位置。 换句话说,就是维持基线位置和总墙宽不变,通过修改左、右墙宽达到边线与给定位置对齐的目的。"边线对齐"命令通常用于处理墙体与某些特定位置对齐,特别是和柱的边线对齐。墙体与柱的关系并非都是中线对中线,要把墙边与柱边对齐,有两个途径:直接用基线对齐柱边绘制;或者先不考虑对齐,而是快速地沿轴线绘制墙体,待绘制完毕后用"边线对齐"命令处理。后者可以把同一延长线方向上的多个墙段一次取齐,推荐使用。

**菜单命令:墙体→边线对齐:**

单击"边线对齐"菜单命令后,命令行提示:

> 请点取墙边应通过的点:(选取墙体边线要通过的一点。)
> 选择墙体:(选中墙体边线改为通过指定点。)

墙体移动后,墙端与其他构件的连接在命令结束后自动处理。图 7-2-2 中的左、右两个图形分别为墙体执行"边线对齐"命令前、后的示意,图中 P 点为指定的墙边线通过点,右图中的墙体外边线已移到与柱边齐平位置。事实上"边线对齐"命令并没有改变墙体的位置(即基线的位置),而是改变了基线到两边线的距离(即左、右墙宽)。

图 7-2-2　墙体边线对齐实例

### 7.2.5　普通墙的对象编辑

双击墙体,显示"墙体编辑"对话框,如图 7-2-3 所示。

图 7-2-3　"墙体编辑"对话框

在"墙体编辑"对话框中可灵活地修改所选墙体厚度、墙高、底高、材料、用途及保温层，若所选墙体为弧形墙，还可以修改其半径。例如把墙体材料改为"钢筋混凝土墙"，单击"确定"退出对话框，随即更新墙体。

命令交互过程如下：

> 选择起点＜退出＞：（选取要分段编辑的墙段起点。）
> 选择终点＜退出＞：（选取要分段编辑的墙段终点，自动返回对话框。）

返回后可以从列表中选择不同的几何参数或者材料参数对墙段进行修改。

> 说明：① 如果参数没有改变，墙段不会断开；
> ② 改变墙宽后会在平面图中形成豁口，暂时只能自己用"直线"命令补齐；
> ③ 普通墙对象编辑修改材料不能改为带详细构造显示的玻璃幕墙，只能改为平面的示意幕墙。

# 任务 7.3　墙体编辑工具的使用

## 任务内容

练习墙体编辑工具的使用。

## 任务分析

墙体在创建后，可以双击进行单段墙的对象编辑修改，但对于多个墙段的编辑，使用下面的墙体编辑工具更有效。

本任务仅介绍"改墙厚""改外墙厚""改高度""平行生线""墙端封口"等墙体编辑工具。

## 任务实施

### 7.3.1　改墙厚

单段墙修改墙厚使用对象编辑即可，"改墙厚"命令按照墙基线居中的规则批量修改多段墙体的厚度，但不适合修改偏心墙。

菜单命令：墙体→墙体工具→改墙厚：

单击"改墙厚"菜单命令后，命令行提示：

> 请选择墙体：(选择要修改的一段或多段墙体，选择完毕选中墙体亮显。)
> 新的墙宽<120>：(输入新墙宽值，选中的墙段按给定墙宽修改，并对墙段和其他构件的连接进行处理。)

### 7.3.2　改外墙厚

"改外墙厚"命令用于整体修改外墙厚度。执行该命令前应事先识别外墙，否则无法找到外墙进行处理。

**菜单命令：墙体→墙体工具→改外墙厚：**

单击"改外墙厚"菜单命令后，命令行提示：

> 请选择外墙：(窗口选择所有墙体，只有外墙亮显。)
> 内侧宽<120>：(输入外墙基线到外墙内侧边线的距离。)
> 外侧宽<240>：(输入外墙基线到外墙外侧边线的距离。)

操作完毕按新墙宽参数修改外墙，并对外墙与其他构件的连接进行处理。

### 7.3.3　改高度

"改高度"命令可对选中的柱、墙体及其造型的高度和底标高成批进行修改，是调整这些构件竖向位置的主要手段。修改底标高时，门窗底的标高可以和柱、墙联动修改。

**菜单命令：墙体→墙体工具→改高度：**

单击"改高度"菜单命令后，命令行提示：

> 选择墙体、柱子或墙体造型：(选择需要修改的建筑对象。)
> 新的高度<3000>：(输入新的对象高度。)
> 新的标高<0>：[输入新的对象底标高(相对于本层楼面的标高)。]
> 是否维持窗墙底部间距不变？(Y/N)[N]：(输入"Y"或"N"，认定门窗底标高是否同时修改。)

操作完毕，选中的柱、墙体及造型的高度和底标高按给定值修改。如果墙底标高不变，窗墙底部间距不论是否改变(即输入"Y"或"N")都没有关系，但如果墙底标高改变了，就会影响窗台的高度。比如墙底标高原来是0，新的底标高是-300，输入"Y"，各窗的窗台相对墙底标高而言高度维持不变，但从立面图看就是窗台随墙下降了300；输入"N"，则窗台与墙底部间距就有了改变，而从立面图看窗台却没有下降。改高度实例如图7-3-1所示。

### 7.3.4　改外墙高

"改外墙高"命令与"改高度"命令类似，只对外墙有效。运行该命令前，应已做过内、外墙的识别操作。

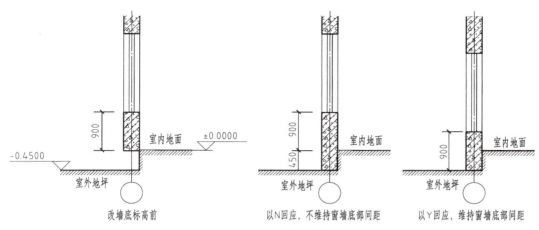

图 7-3-1 改高度实例

**菜单命令:墙体→墙体工具→改外墙高:**

此命令通常用在无地下室的首层平面,把外墙从室内标高延伸到室外标高。

### 7.3.5 平行生线

"平行生线"命令类似"偏移"命令,用于墙体,生成一条与墙边线(分侧)平行的曲线,也可以用于柱,生成与柱周边平行的一圈粉刷线。

**菜单命令:墙体→墙体工具→平行生线:**

单击"平行生线"菜单命令后,命令行提示:

> 请点取墙体一侧<退出>:(选取墙体的内边线或外边线。)
> 输入偏移距离<100>:(输入墙边线到新生成线的净距。)

"平行生线"命令可以用来生成依靠墙边或柱边定位的辅助线,如粉刷线、勒脚线等。图 7-3-2 所示为使用"平行生线"命令生成外墙勒脚的情况。

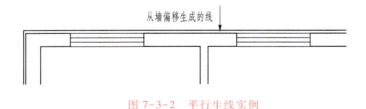

图 7-3-2 平行生线实例

### 7.3.6 墙端封口

"墙端封口"命令用于改变墙体对象自由端的二维显示形式,使墙端在封闭和开口两种形式之间互相转换。该命令不影响墙体的三维效果,对已经与其他墙体相接的墙端不起作用。

**菜单命令:墙体→墙体工具→墙端封口:**

单击"墙端封口"菜单命令后,命令行提示:

选择墙体:(选择要改变端头形状的墙端。)
选择墙体:(按回车键退出命令。)

墙端封口实例如图7-3-3所示。

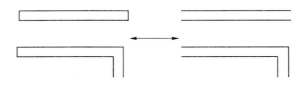

图7-3-3　墙端封口实例

# 任务7.4　墙体立面工具的使用

**任务内容**

练习墙体立面工具的使用。

**任务分析**

墙体立面工具不是在立面施工图上执行的命令,而是在绘制平面图时,为立面或三维建模做准备而编制的几个墙体立面设计命令。

本任务仅介绍"墙面UCS""异形立面""矩形立面"等墙体立面工具的使用。

**任务实施**

### 7.4.1　墙面UCS

为了构造异形洞口或构造异形墙立面,必须在墙体立面上定位和绘制图元,需要把UCS设置到墙面上。"墙面UCS"命令临时定义一个基于所选墙面(分侧)的UCS,在指定视口转为立面显示。

**菜单命令:墙体→墙体立面→墙面UCS:**

单击"墙面UCS"菜单命令后,命令行提示:

请点取墙体一侧<退出>:(选取墙体的外边线。)

如果图中有多个视口,则命令行接着提示:

点取要设置坐标系的视口<当前>:(选取视口内一点。)

"墙面 UCS"命令自动把当前视图置为平行于坐标系的视图。

### 7.4.2　异形立面

"异形立面"命令通过对矩形立面墙进行适当裁剪来构造不规则立面形状的特殊墙体,如创建双坡或单坡山墙与坡屋顶底面相交。

**菜单命令:墙体→墙体立面→异形立面:**

单击"异形立面"菜单命令后,命令行提示:

选择定制墙立面的形状的不闭合多段线<退出>:(在立面视口中选取范围线。)
选择墙体:(在平面或轴测图视口中选取要改为异形立面的墙体,可多选。)

选中墙体随即根据边界线变为不规则立面形状或者更新为新的立面形状;命令结束后作为边界线的多段线仍保留以备再用。

图 7-4-1 为使用"异形立面"命令构造山墙的两种情况。

说明:①"异形立面"命令的剪裁边界以墙面上绘制的多段线表述,如果想构造后保留矩形墙体的下部,多段线从墙两端一边入一边出即可;如果想构造后保留矩形墙体的左部或右部,则在墙顶端的多段线端头指向保留部分的方向,如图 7-4-1 右图所示。

② 墙体变为异形立面后,夹点拖动等编辑功能将失效。异形立面墙体生成后,如果接续墙端画新墙,异形墙体能够保持原状,如果新墙体与异形墙体有交角,则异形墙体恢复原来的形状。

③ 运行"异形立面"命令前,应先用"墙面 UCS"命令临时定义一个基于所选墙面的 UCS,以便在墙体立面上绘制异形立面墙边界线,为便于操作可将屏幕置为多视口配置,立面视口中用"多段线"命令绘制异形立面墙裁剪边界线,其中多段线的首段和末段不能是弧段。

图 7-4-1　使用"异形立面"命令构造山墙的两种情况

### 7.4.3 矩形立面

"矩形立面"命令是"异形立面"的逆命令,可将异形立面墙恢复为标准的矩形立面墙。

**菜单命令:墙体→墙体立面→矩形立面:**

单击"矩形立面"菜单命令后,命令行提示:

> 选择墙体:(选取要恢复的异形立面墙体,允许多选。)

## 项目拓展

## 任务7.5 识别内外工具的使用

## 【项目 7 实训】

按以下要求独立制订计划,并实施完成。

在项目 6 实训的基础上,创建工程案例建筑施工图的墙体。

# 项目 8
# 门窗的绘制

## 项目提要

本项目主要学习以下方面的内容：

1. 门窗的创建：天正门窗创建方法，实现墙、柱对平面门窗的遮拦，解决凸窗碰墙问题。

2. 门窗的编辑：门窗对象的夹点编辑功能与门窗对象的批量编辑方法。

3. 门窗编号与门窗表：门窗编号方法与生成门窗表的方法。

4. 门窗工具：用于修改门窗图例和进行外观修饰，添加门口线、门窗套等门窗附属特性。

▶知识链接：

天正建筑的
门窗

## 任务 8.1　门窗的创建

 任务内容

创建各种类型的门窗。

 任务分析

在天正建筑软件中，门窗分为普通门窗与特殊门窗两大类自定义门窗对象，包括组合门窗，实现墙柱对平面门窗的遮拦，解决凸窗碰墙问题。本任务主要介绍创建普通门窗、组合门窗、带形窗、转角窗、异形洞的方法。

 任务实施

门窗是天正建筑软件中的核心对象之一，类型和形式非常丰富，然而大部分门窗都使用矩形的标准洞口，并且在一段墙或多段相邻墙内连续插入，规律十分明显。创建这类门窗，就是要在墙上确定门窗的位置。

天正建筑软件提供了多种定位方式，以便用户快速在墙内确定门窗的位置，新增动态输入方式，在拖动定位门窗的过程中按 Tab 键可切换门窗定位的当前距离参数，键盘直接输入数据进行定位，适用于各种门窗定位方式的混合使用。如图 8-1-1 为在天正建筑中拖动门

窗的情况。

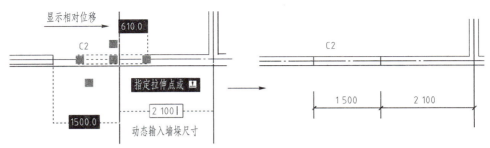

图 8-1-1 拖动门窗夹点动态输入定位

### 8.1.1 普通门窗

普通门、普通窗、弧窗、凸窗和矩形洞等的定位方式基本相同,用"门窗"命令即可创建这些门窗类型。在"知识链接"中介绍了各种门窗的特点,这里以普通门为例,对门窗的创建方法深入介绍。

门窗参数对话框下边有一个工具栏,分隔条左边是定位模式按钮,右边是门窗类型按钮,上边是待创建门窗的参数。由于门窗界面是无模式对话框,单击工具栏按钮选择门窗类型以及定位模式后,即可按命令行提示进行交互插入门窗。

> 说明:在弧墙上插入普通窗时,如窗的宽度大,弧墙的曲率半径小,插入失败,可改用弧窗。

**菜单命令:门窗→门窗:**

单击"门窗"菜单命令后,显示如图 8-1-2 所示对话框,下面从左到右依次介绍工具栏中定位模式按钮。

图 8-1-2 "门"对话框

●"自由插入"按钮 ▤:可在墙段的任意位置插入门窗,速度快但不易准确定位,通常用在方案设计阶段。以墙中线为分界内外移动光标,可控制内外开启方向,按 Shift 键控制左右开启方向,单击墙体后,门窗的位置和开启方向就完全确定了。

单击工具栏中的"自由插入"按钮 ▤,命令行提示:

> 点取门窗插入位置(Shift-左右开):(单击要插入门窗的墙体即可插入门窗,按Shift 键改变开启方向。)

● "顺序插入"按钮 ▤ :以距离选取位置较近的墙边端点或基线端点为起点,按给定距离插入选定的门窗。此后顺着前进方向连续插入,插入过程中可以改变门窗类型和参数。在顺序插入弧墙时,门窗按照墙基线弧长进行定位。

单击工具栏中的"顺序插入"按钮 ▤ ,命令行提示:

> 点取墙体<退出>:(选取要插入门窗的墙线。)
> 输入从基点到门窗侧边的距离<退出>:(键入起点到第一个门窗边的距离。)
> 输入从基点到门窗侧边的距离或[左右翻转(S)/内外翻转(D)]<退出>:(键入到前一个门窗边的距离。)

● "轴线等分插入"按钮 ▤ :将一个或多个门窗等分插入到两根轴线间的墙段等分线中间,如果墙段内没有轴线,则该侧按墙基线等分插入。

命令行提示:

> 点取门窗大致的位置和开向(Shift-左右开)<退出>:(在插入门窗的墙段上任取一点,该点相邻的轴线亮显。)
> 指定参考轴线(S)/输入门窗个数(1~3)<1>:3(键入插入门窗的个数"3"。)

括号中给出按当前轴线间距和门窗宽度计算可以插入门窗个数的范围;键入"S"可跳过亮显轴线,选取其他轴线作为等分的依据(要求仍在同一个墙段内)。轴线等分插入实例如图 8-1-3 所示。

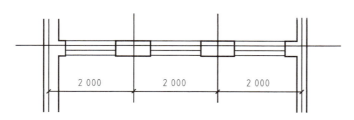

图 8-1-3　轴线等分插入实例

● "墙段等分插入"按钮 ▤ :与轴线等分插入相似,本按钮在一个墙段上按墙体较短的一侧边线,插入若干个门窗,按墙段等分使各门窗之间墙垛的长度相等。

命令行提示:

> 点取门窗大致的位置和开向(Shift-左右开)<退出>:(在插入门窗的墙段上单击一点。)
> 门窗个数(1~3)<1>:3(键入插入门窗的个数"3",括号中给出按当前墙段与门窗宽度计算可以插入门窗个数的范围。)

上述命令行交互的实例如图 8-1-4 所示。

● "垛宽定距插入"按钮 ▤ :系统选取距插入位置最近的墙边线顶点作为参考点,按指定垛宽插入门窗。本图标特别适合插入室内门,图 8-1-5 所示实例设置垛宽 240,在靠近墙

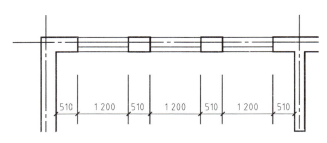

图 8-1-4    墙段等分插入实例

角左侧插入门。

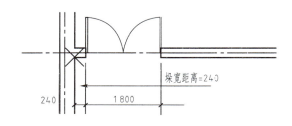

图 8-1-5    垛宽定距插入实例

命令行提示：

> 点取门窗大致的位置和开向（Shift-左右开）<退出>：（单击参考垛宽一侧的墙段插入门窗。）

● "轴线定距插入"按钮 ：与垛宽定距插入相似,系统自动搜索距离插入位置最近的轴线的交点,将该点作为参考位置按预定距离插入门窗。

● "按角度定位插入"按钮 ：专用于弧墙插入门窗,按给定角度在弧墙上插入直线型门窗。

命令行提示：

> 点取弧墙<退出>：（选取弧线墙段。）
>
> 门窗中心的角度<退出>：（键入需插入门窗的角度值。）

● "满墙插入"按钮 ：门窗在门窗宽度方向上完全充满一段墙,使用这种方式时,门窗宽度参数由系统自动确定。

命令行提示：

> 点取门窗大致的位置和开向（Shift-左右开）<退出>：（选取墙段,按回车键结束。）

● "插入上层门窗"按钮 ：在一个墙体已有的门窗上方再加一个宽度相同、高度不同的窗,这种情况常常出现在高大的厂房外墙中。

先单击"插入上层门窗"按钮 ,然后输入上层窗的编号、窗高和上下层窗间距离。使用本方式时,注意尺寸参数中上层窗的顶标高不能超过墙顶高。

• "门窗替换"按钮 ：用于批量修改门窗，包括门窗类型之间的转换。用对话框内的当前参数作为目标参数创建门窗，替换图中已经插入的门窗。单击"门窗替换"按钮 ，弹出如图 8-1-6 所示的对话框，在对话框右侧出现参数过滤开关。如果不打算改变某一参数，可去除该参数过滤开关的勾选，则该参数按原图保持不变。例如将门改为窗，要求宽度不变，应将宽度开关去除勾选。

图 8-1-6　门窗替换

• "拾取门窗参数"按钮 ：用于布置图中已用过的门窗样式，作图过程中可以较方便地布置不同类型的门窗。

### 8.1.2　组合门窗

"组合门窗"命令不会直接插入一个组合门窗，而是把使用"门窗"命令插入的多个门窗组合为一个整体的组合门窗，组合后的门窗按一个门窗编号进行统计，在三维显示时，子门窗之间不再有多余的面片。

**菜单命令：门窗→组合门窗：**

单击"组合门窗"菜单命令后，命令行提示：

> 选择需要组合的门窗和编号文字：（选择要组合的第一个门窗。）
> 选择需要组合的门窗和编号文字：（选择要组合的第二个门窗。）
> ……
> 选择需要组合的门窗和编号文字：（按回车键结束选择。）
> 输入编号：（MC-1 键入组合门窗编号，更新这些门窗为组合门窗。）

"组合门窗"命令不会自动对各子门窗的高度进行对齐，修改组合门窗时临时分解为子门窗，修改后重新进行组合。"组合门窗"命令用于绘制复杂的门联窗与子母门，简单的情况可直接绘制，不必使用"组合门窗"命令。

### 8.1.3　带形窗

"带形窗"命令创建窗台高、窗高均相同，沿墙连续分布的带形窗对象，按一个门窗编号进行统计，带形窗转角可以被柱、墙体造型遮挡。

**菜单命令：门窗→带形窗：**

单击"带形窗"菜单命令后，显示对话框如图 8-1-7 所示。

在对话框中输入带形窗参数，命令行提示：

图 8-1-7　"带形窗"对话框

起始点或[参考点(R)]<退出>:(在带形窗开始墙段选取准确的起始位置。)

终止点或[参考点(R)]<退出>:(在带形窗开始墙段选取准确的结束位置。)

选择带形窗经过的墙:(选择带形窗经过的多个墙段。)

选择带形窗经过的墙:(按回车键结束命令。)

绘制带形窗如图 8-1-8 所示。

说明:① 如果在带形窗经过的路径上存在相交的内墙,应把它们的材料级别设置得比带形窗所在的墙低,才能正确表示窗墙相交。

② 带形窗本身不能被"拉伸"(Stretch)命令拉伸,否则会消失。

③ 带形窗暂时还不能设置为洞口。

④ 柱可以在转角处遮挡带形窗,其他位置应采用先插入柱的方法。

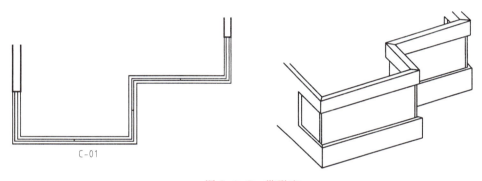

C-01

图 8-1-8 带形窗

### 8.1.4 转角窗

"转角窗"命令在墙角两侧插入窗台高、窗高相同,长度可选的两段带形窗,它包括普通角窗与角凸窗两种形式,按一个门窗编号进行统计。

**菜单命令:门窗→转角窗:**

单击"转角窗"菜单命令后,显示"绘制角窗"对话框,在对话框中按设计要求选择转角窗的三种类型:角窗、角凸窗与落地的角凸窗,如图 8-1-9 所示。

图 8-1-9 "绘制角窗"对话框

**对话框控件的说明：**

- 玻璃内凹：窗玻璃到窗台外缘的退入距离。
- 延伸 1／延伸 2：窗台板与檐口板分别在两侧延伸出窗洞口外的距离。
- 落地凸窗：勾选后，墙内侧不画窗台线。

> 说明：① 默认不勾选"凸窗"复选框就是普通角窗，窗随墙布置。
> ② 勾选"凸窗"复选框，不勾选"落地凸窗"复选框，就是普通的角凸窗。
> ③ 勾选"凸窗"复选框，再勾选"落地凸窗"复选框，就是落地的角凸窗。

如果选择转角窗类型后，在对话框中输入其他转角窗参数，命令行提示：

> 请选取墙内角<退出>：(选取转角窗所在墙内角，窗长从内角起算。)
> 转角距离 1<1000>：2000(当前墙段变虚，输入从内角计算的窗长。)
> 转角距离 2<1000>：1200 (另一墙段变虚，输入从内角计算的窗长。)
> 请选取墙内角<退出>：(执行本命令绘制转角窗，按回车键退出命令。)

> 说明：当侧面碰墙、碰柱时，角凸窗的侧面玻璃会自动被墙或柱对象遮挡；特性表中可设置转角窗作为洞口处理；玻璃分格的三维效果使用"窗棂展开"与"窗棂映射"命令处理。

### 8.1.5　异形洞

"异形洞"命令在墙面上按给定的闭合多段线轮廓线生成任意形状的洞口，平面图例与矩形洞相同。建议先将屏幕设为两个或更多视口，分别显示平面和正立面，然后用"墙面 UCS"命令把墙面转为立面 UCS，在立面用闭合多段线画出洞口轮廓线，最后使用本命令创建异形洞。

菜单命令：门窗→异形洞：

单击"异形洞"菜单命令后，命令行提示：

> 请点取墙体一侧：(选取平面视图中开洞墙段，当洞口不穿透墙体时，选取开口一侧。)
> 选择墙面上的多段线作为洞口轮廓线：(光标移至对应立面视口中，选取洞口轮廓线。)

# 任务 8.2　门窗的编辑

**任务内容**

编辑门窗。

最简单的门窗编辑方法是选取门窗,然后激活门窗夹点,拖动夹点进行夹点编辑,不必使用任何命令。批量翻转门窗可使用专门的门窗翻转命令处理,如通过内外翻转、左右翻转等方法编辑已创建的门窗。

### 8.2.1　门窗的夹点编辑

普通门、普通窗都有若干个预设好的夹点,拖动夹点时门窗对象会按预设的行为作出动作,熟练操纵夹点进行编辑是用户应该掌握的高效编辑手段,夹点编辑的缺点是一次只能对一个对象进行操作,而不能一次更新多个对象,为此系统提供了各种门窗编辑命令。门窗对象提供的夹点编辑功能如图 8-2-1～图 8-2-3 所示,其中部分夹点用 Ctrl 来切换功能。

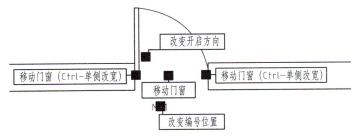

图 8-2-1　普通门的夹点编辑功能

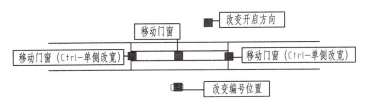

图 8-2-2　普通窗的夹点编辑功能

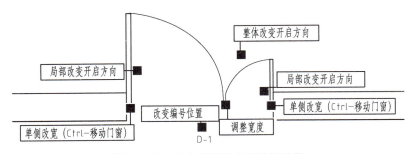

图 8-2-3　组合门窗的夹点编辑功能

### 8.2.2　对象编辑与特性编辑

双击门窗对象即可进入对象编辑状态,对门窗进行参数修改。选择门窗对象单击鼠标右键,在弹出的快捷菜单中可以选择"对象编辑"或者"特性编辑",虽然两者都可以用于修改门窗属性,但是相对而言,"对象编辑"启动了创建门窗的对话框,参数比较直观,而且可以替换门窗的外观样式。

门窗对象编辑对话框与门窗对象插入对话框类似,只是没有了插入或替换的一排图标,并增加了"单侧改宽"的复选框。"窗"对话框如图 8-2-4 所示。

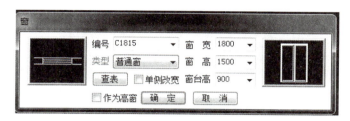

图 8-2-4　"窗"对话框

在对话框中,勾选"单侧改宽"复选框,输入新宽度,单击"确定"后,命令行提示:

点取发生变化的一侧:(在改变宽度的一侧单击。)

其他 $x$ 个相同编号的门窗也同时参与修改?(Y/N)[Y]:(如果要所有相同门窗都一起修改,就输入 Y,否则输入 N。)

输入 Y 后,系统会逐一提示用户对每一个门窗单击变化侧,此时应根据拖引线的指示,平移到该门窗位置单击变化侧。

特性编辑可以批量修改门窗的参数,并且可以控制一些其他途径无法修改的细节参数,如门口线、编号的文字样式和内部图层等。

说明:如果希望新门窗宽度是对称变化的,不要勾选"单侧改宽"复选框。

### 8.2.3　内外翻转

"内外翻转"命令可选择需要内外翻转的门窗,统一以墙中为轴线进行翻转,适用于一次处理多个门窗的情况,方向总是与原来相反。

**菜单命令:门窗→内外翻转:**

单击"内外翻转"菜单命令后,命令行提示:

选择待翻转的门窗:(选择各个要翻转的门窗。)

选择待翻转的门窗:(按回车键结束选择后对门窗进行翻转。)

### 8.2.4　左右翻转

"左右翻转"命令可选择需要左右翻转的门窗,统一以门窗中垂线为轴线进行翻转,适用于一次处理多个门窗的情况，方向总是与原来相反。

**菜单命令：门窗→左右翻转：**

单击"左右翻转"菜单命令后，命令行提示：

> 选择待翻转的门窗：（选择各个要翻转的门窗。）
> 选择待翻转的门窗：（按回车键结束选择后对门窗进行翻转。）

# 任务 8.3　门窗编号与门窗表

## 任务内容

对门窗进行编号，并创建门窗表。

## 任务分析

如何实现门窗的编号，检查当前图中已插入的门窗数据是否合理？如何插入门窗表和门窗总表？

## 任务实施

天正建筑中门窗对象完善了转角窗、带形窗对象的门窗编号功能，使得这些门窗对象的编号能自动纳入门窗表统计范围；新增的"组合门窗"命令解决了复杂的门联窗和子母门的门窗编号问题；而有关的推拉门（密闭门）插入方法的改进，使得这类门得以按门插入，为门窗统计提供了方便。

### 8.3.1　门窗编号

"门窗编号"命令用于生成或者修改门窗编号，根据普通门窗的门洞尺寸大小，提供自动编号功能，可以删除（隐去）已经编号的门窗，转角窗和带形窗按默认规则编号。

如果改编号范围内的门窗还没有编号，会出现选择要修改编号的样板门窗的提示，本命令每一次执行只能对同一种门窗进行编号，因此只能选择一个门窗作为样板，多选后会要求逐个确认，与这个门窗参数相同的门窗编为同一个号，如果以前这些门窗有过编号，即便用过删除编号，也会提供默认的门窗编号。

**菜单命令：门窗→门窗编号：**

单击"门窗编号"菜单命令后，命令行提示如下。

1. 对没有编号的门窗自动编号

> 　请选择需要改编号的门窗的范围:(用 AutoCAD 的任何选择方式选取门窗编号范围。)
> 　请选择需要改编号的门窗的范围:(按回车键结束选择。)
> 　请选择需要修改编号的样板门窗:(指定某一个门窗作为样板门窗。样板门窗和与其同尺寸和类型的门窗编号相同。)
> 　请输入新的门窗编号(删除名称请输入 NULL)<M1521>:(按回车键或键入编号如"M1"。)

按回车键后,根据门窗洞口尺寸自动按默认规则编号;也可以输入其他编号,如 M1。

2. 对已经编号的门窗重新编号

> 　请选择需要改编号的门窗的范围:(用 AutoCAD 的任何选择方式选取门窗编号范围。)
> 　请选择需要改编号的门窗的范围:(按回车键结束选择。)
> 　请输入新的门窗编号(删除编号请输入 NULL)<M1521>:(原有门窗编号作为默认值,输入新编号或者 NULL 删除原有编号。)

> 　说明:转角窗的默认编号规则为 ZJC1、ZJC2…带形窗为 DC1、DC2…由用户根据具体情况自行修改。

## 8.3.2　门窗检查

"门窗检查"命令用于显示门窗参数电子表格,检查当前图中已插入的门窗数据是否合理。

**菜单命令:门窗→门窗检查:**

单击"门窗检查"菜单命令后,显示如图 8-3-1 所示的对话框。

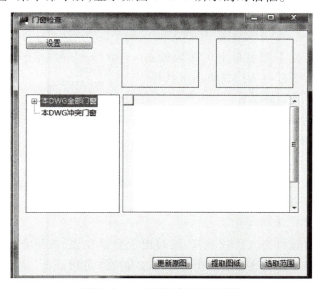

图 8-3-1　"门窗检查"对话框

对话框控件的说明：
- 更新原图：按当前参数框中的门窗信息更新原图门窗对象。
- 提取图纸：提取当前打开的工程或图形中的全部门窗信息。
- 选取范围：由设计师自行框选需提取门窗信息的图形范围。单击"选取范围"，命令行提示：

> 请选择待检查的门窗：（在图形中选择所要检查的图形范围。）

显示门窗信息的"门窗检查"对话框实例如图 8-3-2 所示。

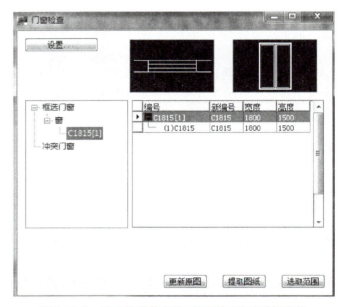

图 8-3-2　显示门窗信息的"门窗检查"对话框实例

- 设置：可以设置门窗检查的内容和类型。单击该按钮会弹出如图 8-3-3 所示的对话框。
- 门窗显示参数：在下拉菜单中可选取检查的门窗类型，有门、窗、子母门等门窗类型可选择。
- 类型：已有门窗类型的名称。
- 宽度：门窗洞口的宽度尺寸。
- 高度：门窗洞口的高度尺寸。
- 显示二、三维样式：门窗的二维与三维样式名称，可以预览。
- 门窗放大显示：将选中的门窗在当前图中依次显示出来，便于用户查看。

图 8-3-3　"设置"对话框

实际作图时，门窗编号修改比较频繁，同时由于数量较多，难免有修改不到的，"门窗检查"命令的功能即是出于此种考虑，不但可以对已有门窗进行统计，更能将图中数据冲突的门窗一一显示出来，还可以预览门窗的二维、三维样式。

说明:本命令执行前,先执行"工程管理"命令,创建各楼层平面图。

### 8.3.3　门窗表

"门窗表"命令用于统计图中使用的门窗参数,检查后生成传统样式门窗表或者符合《建筑工程设计文件编制深度规定》样式的门窗表。

**菜单命令:门窗→门窗表:**

单击"门窗表"菜单命令后,命令行提示:

请选择门窗或[设置(S)]<退出>:(全选图形或选择需统计的部分楼层平面图。)

请点取门窗表位置(左上角点)<退出>:(选取门窗表的位置后屏幕上显示如图 8-3-4 所示的门窗表实例。)

门窗表

| 类型 | 设计编号 | 洞口尺寸/mm | 数量 | 图集名称 | 页次 | 选用型号 | 备注 |
|------|----------|-------------|------|----------|------|----------|------|
| 普通窗 | C1815 | 1 800×1 500 | 2 | | | | |
| 普通窗 | C1816 | 1 800×1 600 | 3 | | | | |

图 8-3-4　门窗表实例

如果对生成的表格不满意,可以通过选中表格,单击右键,弹出快捷菜单,来完成对象编辑、在位编辑、拆分表格、合并表格、表列编辑、表行编辑等一系列操作,门窗表快捷菜单如图 8-3-5 所示。

图 8-3-5　门窗表快捷菜单

例如,在图 8-3-4 所示门窗表中第一行后增加一行,具体操作步骤如下:

选中门窗表,单击右键,弹出快捷菜单,选择"增加表行",命令行提示如下:

> 请点取一表行以(在本行之前)插入新行或[本行之后插入(A)/复制当前行(S)]<退出>:A(如果要插入行在本行之前,直接按回车键;如果要插入行在本行之后,则输入"A"。)

增加行后的门窗表如图 8-3-6 所示。

门窗表

| 类型 | 设计编号 | 洞口尺寸/mm | 数量 | 图集名称 | 页次 | 选用型号 | 备注 |
|------|---------|------------|------|---------|------|---------|------|
| 普通窗 | C1815 | 1 800×1 500 | 2 | | | | |
| | | | | | | | |
| 普通窗 | C1816 | 1 800×1 600 | 3 | | | | |

图 8-3-6　增加行后的门窗表

### 8.3.4　门窗总表

"门窗总表"命令用于统计工程中多个平面图使用的门窗编号,检查后生成门窗总表,可由用户在当前图上指定各楼层所包含的门窗,适用于在一个 DWG 图形文件中存放多楼层平面图的情况。

菜单命令:门窗→门窗总表:

单击"门窗总表"菜单命令后,在当前工程打开的情况下,命令行提示如下:

> 请点取门窗表位置(左上角点)<退出>:(选取门窗表的位置。)

单击"门窗总表"菜单命令后,如果当前工程没有建立或没有打开,会出现一个警告对话框,需要用户新建工程。

门窗总表对话框的内容与门窗表基本相同,用户可以按照门窗表的编辑方法,对门窗总表的内容进行编辑修改。

# 任务 8.4　门窗工具

## 任务内容

学习使用门窗工具。

## 任务分析

如何实现门窗编号复位?如何给门窗加上门窗套?如何生成门口线?如何给门窗加上

装饰套? 如何将窗棂展开? 这些功能可以通过门窗工具实现。

## 任务实施

### 8.4.1　编号复位

"编号复位"命令可把门窗编号恢复为默认设置,特别适用于解决门窗"改变编号位置"夹点与其他夹点重合,而使两者无法分开的问题。

**菜单命令:门窗→编号复位:**

单击"编号复位"菜单命令后,命令行提示:

> 选择编号待复位的门窗:(单击或窗口选择门窗。)
>
> 选择编号待复位的门窗:(按回车键退出命令。)

### 8.4.2　门窗套

"门窗套"命令在门窗两侧加墙垛,三维显示为四周加全门窗框套,可以选择删除添加的门窗套。

**菜单命令:门窗→门窗套:**

单击"门窗套"菜单命令后,显示对话框如图 8-4-1 所示。

图 8-4-1 　"门窗套"对话框

在"门窗套"对话框中默认的操作是"加门窗套",可以切换为"消门窗套",在设置"伸出墙长度"和"门窗套宽度"参数后,移动光标进入绘图区单击,启动命令行交互如下:

> 请选择外墙上的门窗:(选择要加门窗套的门窗。)
>
> 请选择外墙上的门窗:(按回车键结束选择。)
>
> 点取窗套所在的一侧:(单击定义窗套生成侧。)

消门窗套的命令行交互与加门窗套类似,不再重复。

### 8.4.3　门口线

"门口线"命令用于在平面图上指定的一个或多个门的某一侧添加门口线,表示门槛或者门两侧地面标高不同,门口线是门的对象属性之一,因此门口线会自动随门移动。

**菜单命令:门窗→门口线:**

单击"门口线"菜单命令后,命令行提示:

选择要加减门口线的门窗:(以 AutoCAD 选择方式选取要加门口线的门。)

选择要加减门口线的门窗:(按回车键退出选择。)

请点取门口线所在的一侧<退出>:(一次选择墙体一侧,按回车键执行命令。)

可以在门单侧添加门口线,也可以在门双侧添加门口线,实例如图 8-4-2 所示。

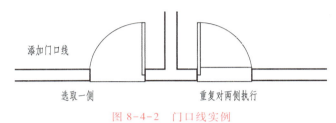

添加门口线

选取一侧　　　　　　重复对两侧执行

图 8-4-2　门口线实例

表示门槛时,门口两侧都要加门口线,这时需要重复执行本命令。对已有门口线一侧执行本命令,即可清除本侧的门口线。

### 8.4.4　加装饰套

"加装饰套"命令用于添加装饰门窗套线,选择门窗后在"门窗套设计"对话框中选择各种装饰风格和参数的装饰套。装饰套细致地描述了门窗附属的三维特征,包括各种门套线与筒子板、檐口板和窗台板的组合,主要用于室内设计的三维建模以及通过立面、剖面模块生成立面、剖面施工图中的相应部分;如果不要装饰套,可直接删除装饰套对象。

**菜单命令:门窗→加装饰套:**

单击"加装饰套"菜单命令后,显示"门窗套设计"对话框,如图 8-4-3 所示,默认进入"门窗套"选项卡进行参数设置。

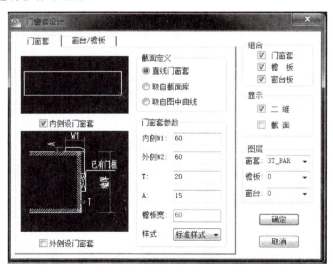

图 8-4-3　"门窗套设计"对话框"门窗套"选项卡

加装饰套的对话框参数设置步骤：

① 确定门窗套的位置（内侧与外侧）；

② 确定门窗套截面的形式和尺寸参数；

③ 需要"窗台/檐板"时，进入该选项卡设置参数，如图 8-4-4 所示。

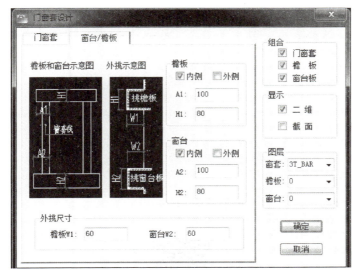

图 8-4-4　"门窗套设计"对话框"窗台/檐板"选项卡

单击"确定"按钮后，进入命令交互：

选择需要加门窗套的门窗：（选取要加相同门窗套的多个门窗。）

选择需要加门窗套的门窗：（单击右键或按回车键结束命令。）

点取室内一侧<退出>：（单击添加装饰套的墙体外边线一侧，随即绘出门窗套。）

### 8.4.5　窗棂展开

默认门窗三维效果不包括玻璃的分格。"窗棂展开"命令用于把窗玻璃在图上按立面尺寸展开，用户可以在上面以直线和圆弧添加窗棂分格线，通过"窗棂映射"命令创建窗棂分格。

**菜单命令：门窗→窗棂展开：**

窗棂分格的步骤：

① 使用"窗棂展开"命令，把原来的窗棂展开到平面图上，如图 8-4-5 所示。

单击"窗棂"菜单命令后，命令行提示：

选择展开的窗：（选择要展开窗棂的窗。）

展开到位置<退出>：（选取图中一个空白位置。）

② 使用直线、圆弧和圆添加窗棂分格线，细化窗棂的展开图，这些线段要求绘制在 0 图层上。

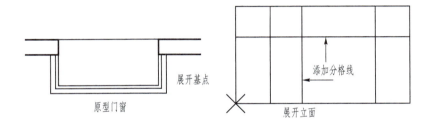

图 8-4-5　窗棂展开实例

# 项目拓展

# 任务 8.5　门窗库

# 【项目 8 实训】

按以下要求独立制订计划,并实施完成。

在项目 7 实训的基础上,创建工程案例建筑施工图的门窗。

# 项目 9
# 房间与屋顶的绘制

## 项目提要

本项目主要学习以下方面的内容：

1. 房间面积的创建：包括搜索房间、房间对象编辑、查询面积、计算套内面积、多个房间面积求和计算等内容。

2. 房间的布置：天正建筑提供了多种房间布置命令，添加踢脚线和对地面和天花平面进行各种分格。

3. 洁具的布置：天正建筑提供了专用的洁具图库，对多种洁具进行不同布置。

4. 屋顶的创建：天正建筑提供了按参数生成人字坡顶、任意坡顶、攒尖屋顶和矩形屋顶等屋顶构件的功能。

▶知识链接：

天正建筑的
面积

## 任务 9.1　房间对象面积的创建

 **任务内容**

创建房间对象的面积。

 **任务分析**

如何搜索房间并对房间对象进行编辑？如何查询房间面积、套内面积、建筑面积，并进行面积的计算？

 **任务实施**

房间对象的面积分为建筑面积、房间面积和套内面积，可通过以下的多种命令创建。按建筑面积测量规范，"搜索房间"等命令在搜索建筑面积时可忽略柱、墙垛超出墙体的部分。

### 9.1.1　搜索房间

"搜索房间"命令可用来批量搜索或更新已有的普通房间和建筑轮廓，建立房间信息并标注面积，标注位置自动置于房间的中心。如果用户编辑墙体改变了房间边界，房间信息不会自动更新,可以通过再次执行本命令更新房间的面积,此时房间的面积和当前边界保持一致。

"搜索房间"命令与节能分析菜单中的同名命令有一定差别,在节能分析中要执行菜单下节能专用的"搜索房间"命令。

**菜单命令:房间屋顶→搜索房间:**

单击"搜索房间"菜单命令后,显示对话框如图 9-1-1 所示。

图 9-1-1　"搜索房间"对话框

**对话框控件的说明:**

● 显示房间名称/显示房间编号:房间的标识类型,建筑平面图中标识房间名称,其他专业的施工图中标识房间编号。

● 标注面积:是否显示面积数值。

● 三维地面:勾选则表示同时沿着房间对象边界生成三维地面。

● 面积单位:是否标注面积单位,默认以 $m^2$ 标注。

● 屏蔽背景:勾选利用 Wipeout 的功能屏蔽房间标注下面的填充图案。

● 板厚:生成三维地面时,给出地面的厚度。

● 生成建筑面积:在搜索生成房间的同时,计算建筑面积。

● 建筑面积忽略柱子:根据面积测量规范,建筑面积忽略凸出墙面的柱与墙垛。

同时命令行提示:

> 请选择构成一完整建筑物的所有墙体(或门窗):(选取平面图上的墙体。)
>
> 请选择构成一完整建筑物的所有墙体(或门窗):(按回车键退出选择。)
>
> 建筑面积的标注位置:(在生成建筑面积时应在建筑外加标注。)

图 9-1-2 为"搜索房间"命令的应用实例。

### 9.1.2　房间对象编辑的方法

在使用"搜索房间"命令后,当前图形中生成房间对象显示为房间面积的文字对象,默认的名称应根据需要重新命名。

双击房间对象进入在位编辑状态可以直接命名,也可以选中后单击右键,在弹出的快捷菜单中单击"对象编辑",弹出如图 9-1-3 所示的"编辑房间"对话框,编辑房间编号和房间名称。

**对话框控件的说明:**

● 编号:对应每个房间的自动数字编号,其他专业用于标识房间。

● 名称:用户对房间给出的名称,可从右侧的常用列表中选取。

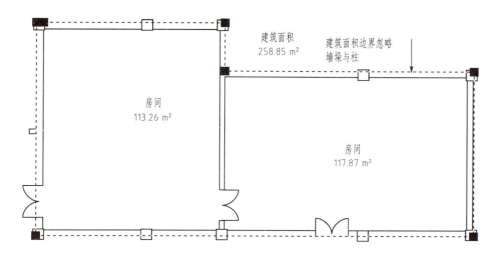

图 9-1-2　"搜索房间"命令的应用实例

- 高度：房间的墙体高度，用于统计粉刷面积。
- 板厚：生成三维地面时，给出地面的厚度。
- 封三维地面：勾选则表示同时沿着房间对象边界生成三维地面。
- 已有编号/常用名称：列出已有的房间编号或者系统预设的常用名称供选取。
- 显示房间编号/显示房间名称：选择房间面积对象显示房间编号或者房间名称。
- 屏蔽掉背景：勾选利用 Wipeout 的功能屏蔽房间标注下面的填充图案。

图 9-1-3　"编辑房间"对话框

### 9.1.3　查询面积

"查询面积"命令可动态查询由墙体围成的房间面积、阳台面积以及由闭合多段线围合的区域面积，并可创建房间面积对象标注在图上。本命令查询获得的平面建筑面积也是不包括墙垛和柱凸出墙体部分的，与"搜索房间"命令获得的建筑面积一致。

**菜单命令：房间面积→查询面积：**

单击"查询面积"菜单命令后，显示对话框如图 9-1-4 所示。

图 9-1-4　"查询面积"对话框

天正建筑中"查询面积"是一个非常实用的工具,不仅可以查询房间全面积、半面积,还可以查询任何封闭曲线(包括圆和多边形)的面积,并且可以对需要标注的区域进行填充和着色。

### 9.1.4　套内面积

"套内面积"命令用于计算住宅单元的套内面积,并创建套内面积的房间对象。根据面积测量规范的要求,自动按分户单元墙中线计算套内面积,选择墙体时应只选择以分户墙体为边界的户型,而不要把其他房间算进去,求得的套内面积不包括阳台面积。

**菜单命令:房间面积→套内面积:**

单击"套内面积"菜单命令后,命令行提示:

> 请选择构成一套房子的所有墙体(或门窗):(给对角点 P1 与 P2 围合面积。)
> 请选择构成一套房子的所有墙体(或门窗):(按回车键结束选择。)
> 套内建筑面积(不含阳台)= ×××.××
> 是否生成封闭的多段线?(Y/N)[Y]:(按回车键生成多段线供校核。)

图 9-1-5 为"套内面积"命令的应用实例。

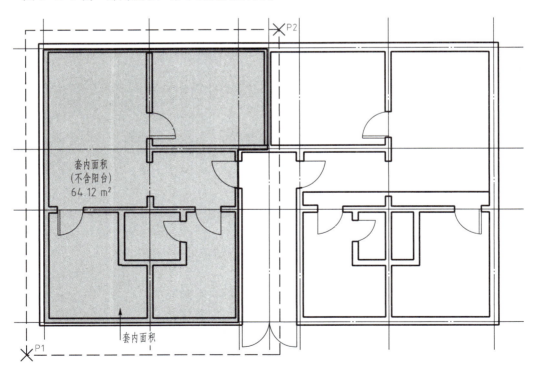

图 9-1-5　"套内面积"命令的应用实例

### 9.1.5　面积计算

"面积计算"命令用于统计"查询面积"或"套内面积"等命令获得的房间使用面积、阳台面积、建筑平面的建筑面积等,按四舍五入累加。

**菜单命令:房间屋顶→面积计算:**

单击菜单命令后,命令行提示:

> 请选择面积对象或面积数值文字:(选取第一个面积对象或数字。)
> 请选择面积对象或面积数值文字:(选取第二个面积对象或数字。)
> ……
> 请选择面积对象或面积数值文字:(按回车键结束选择。)
> 共选中了 $N$ 个对象,求和结果=××.××
> 点取面积标注位置<退出>:(加标注"面积总和=××.××m$^2$"。)

# 任务 9.2　房间的布置

## 任务内容

对房间进行布置。

## 任务分析

在房间布置菜单中提供了多种命令,用于地面与天花平面的布置,添加踢脚线用于装修建模。

## 任务实施

### 9.2.1　加踢脚线

"加踢脚线"命令自动搜索房间轮廓,按用户选择的踢脚截面生成二维和三维一体的踢脚线,门和洞口处自动断开,可以用于室内装饰设计建模,也可以作为室外的勒脚使用。在天正建筑软件中,踢脚线支持 AutoCAD 的 Break(打断)命令。

**菜单命令:房间屋顶→房间布置→加踢脚线:**

单击"加踢脚线"菜单命令后,显示如图 9-2-1 所示对话框。

**对话框控件的说明:**

● 取自截面库:选择本选项后,用户单击右边"…"按钮进入踢脚线图库,在右侧预览区双击选择需要的截面样式。

● 点取图中曲线:选择本选项后,用户单击右边出现的"<"按钮进入图形中选取截面形状,命令行提示:

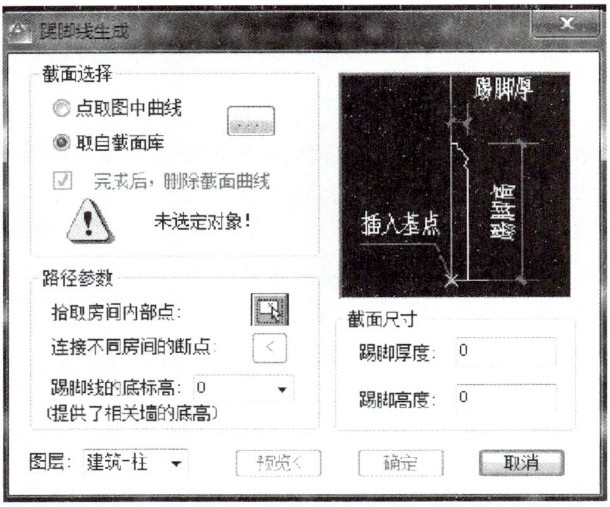

图 9-2-1　"踢脚线生成"对话框

:::
　　　请选择作为断面形状的封闭多段线:(选择断面线后随即返回对话框。)
:::

作为踢脚线的必须是多段线,X 轴方向代表踢脚的厚度,Y 轴方向代表踢脚的高度。

● 拾取房间内部点:单击此按钮,命令行提示:

:::
　　　请指定房间内一点或[参考点(R)]<退出>:(在加踢脚线的方向里选取一个点。)
　　　请指定房间内一点或[参考点(R)]<退出>:(按回车键结束取点,创建踢脚线路径。)
:::

● 连接不同房间的断点:单击此按钮,命令行提示如下:

:::
　　　第一点<退出>:(选取门洞外侧一点 P1。)
　　　下一点<退出>:(选取门洞内侧一点 P2。)
:::

如果房间之间的门洞是无门套的做法,应该连接踢脚线断点。

● 踢脚线的底标高:用户可以在对话框中选择输入踢脚线的底标高,当房间内有高度差时在指定标高处生成踢脚线。

● 预览<:用于观察参数是否合理,此时应切换到三维轴测视图,否则看不到三维显示的踢脚线。

● 截面尺寸:踢脚高度和厚度尺寸,默认为选取的截面实际尺寸,用户可修改。

图 9-2-2 为"加踢脚线"命令的应用实例。

### 9.2.2　奇数分格

"奇数分格"命令用于绘制按奇数分格的地面或天花板平面,分格使用 AutoCAD 对象直线绘制。

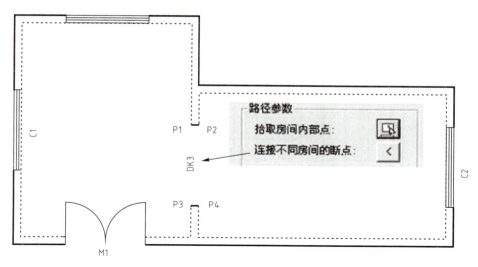

图 9-2-2　"加踢脚线"命令的应用实例

**菜单命令:房间屋顶→房间布置→奇数分格:**

单击"奇数分格"菜单命令后,命令行提示:

> 请用三点定一个奇数分格的四边形,第一点<退出>:(选取四边形的第一个角点。)
> 第二点<退出>:(选取四边形的第二个角点。)
> 第三点<退出>:(选取四边形的第三个角点。)

在选取三个点定出四边形位置后,命令行接着提示:

> 第一、二点方向上的分格宽度(小于 100 为格数)<500>:

① 当键入的值大于 100 时,为分格宽度,命令行显示:

> 第二、三点方向上的分格宽度(小于 100 为格数)<500>:

② 当键入的值小于 100 时,为分格份数,命令行显示:

> 分格宽度为<600>:(键入新值或按回车键接受默认值。)

命令结束后随即使用直线绘制出按奇数分格的天花板平面,且在中心位置出现对称轴。"奇数分格"命令的应用实例如图 9-2-3 所示。

### 9.2.3　偶数分格

"偶数分格"命令用于绘制按偶数分格的地面或天花板平面,分格使用 AutoCAD 对象直线绘制,不能实现对象编辑和特性编辑。

**菜单命令:房间屋顶→房间布置→偶数分格:**

单击"偶数分格"菜单命令后,命令行提示与奇数分格相同,只是分格是偶数,不出现对

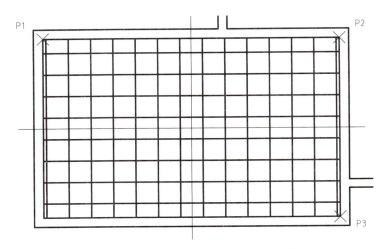

图 9-2-3 "奇数分格"命令的应用实例

称轴,交互过程从略。

# 任务 9.3 洁具的布置

 **任务内容**

对卫生间进行洁具布置。

 **任务分析**

在房间布置菜单中提供了多种命令,适用于卫生间的各种洁具的布置。

 **任务实施**

### 9.3.1 布置洁具

"布置洁具"命令可根据选取的洁具类型的不同,在卫生间中智能布置洁具设施。天正建筑软件中的洁具是从洁具图库口调用的二维图块对象,其他辅助线采用 AutoCAD 的普通对象。

**菜单命令:房间屋顶→房间布置→布置洁具:**

单击"布置洁具"菜单命令后,显示洁具图库如图 9-3-1 所示。

洁具图库操作与天正建筑软件中通用图库操作大同小异。

选取不同类型的洁具后,系统自动给出与该类型洁具相适应的布置方法。在预览框中双击所需布置的洁具,根据弹出的对话框和命令行提示在图中布置洁具。按照布置方式分

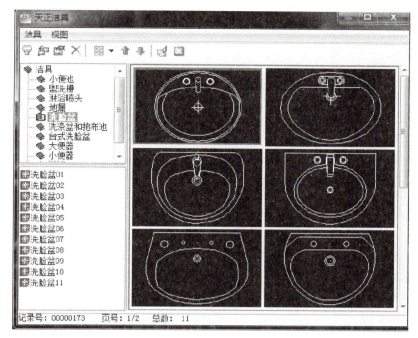

图 9-3-1　洁具图库

类,布置洁具的操作方式介绍如下。

1. 普通洗脸盆、大/小便器、淋浴喷头、洗涤盆的布置

在洁具图库中双击所需布置的洁具,弹出相应的布置洁具对话框。"布置洗脸盆 01"对话框如图 9-3-2 所示。

图 9-3-2　"布置洗脸盆 01"对话框

**对话框控件的说明:**

- 初始间距:第一个洁具插入点距墙角点的距离。
- 设备间距:插入设备的插入点之间的间距。
- 离墙间距;设备的插入点距墙边的距离,对于大便器等设备这个值为 0,即紧靠墙边布置。

单击"沿墙内侧边线布置"按钮🔲后,命令交互如下:

请点取墙体边线或选择已有洁具:(在洁具背后的墙体边线上取点或选择已有的洁具。)

下一个<退出>:(在洁具增加方向取点。)

……

下一个<退出>:(洁具插入完成后按回车键结束交互,命令完成。)

在洁具图库中双击所需布置的洁具,弹出相应的布置洁具对话框,对话框与图 9-3-2 所示"布置洗脸盆 01"对话框相同。

2. 台式洗脸盆的布置

命令交互如下:

请点取墙体边线或选择已有洁具:(在洁具背后的墙体边线上取点或选择已有的洁具。)

下一个<退出>:(在洁具增加方向取点。)

……

下一个<退出>:(洁具插入完成后按回车键,接着提示。)

台面宽度<600>:(输入台面宽度。)

台面长度<2300>:(输入台面长度后按回车键结束。)

台式洗脸盆布置实例如图 9-3-3 所示。

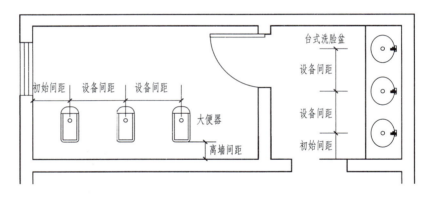

图 9-3-3　台式洗脸盆布置实例

3. 浴缸的布置

在洁具图库中选中浴缸,双击预览框中相应的样式,屏幕上出现如图 9-3-4 所示对话框。

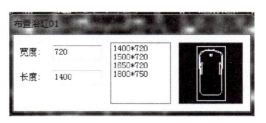

图 9-3-4　"布置浴缸 01"对话框

在对话框中直接选取列表中浴缸尺寸,或者输入其他尺寸。命令交互如下:

> 请点取墙体一侧<退出>:(注意选取浴缸短边所在墙体一侧。)
> 请点取墙体一侧<退出>:(选取后按回车键结束浴缸插入。)

浴缸布置实例如图 9-3-5 所示。

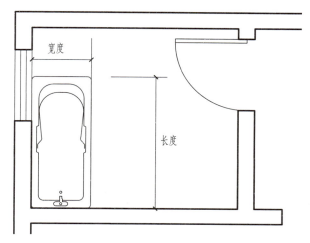

图 9-3-5    浴缸布置实例

**4. 小便池的布置**

在洁具图库中双击小便池后,命令交互如下:

> 请点取墙体一侧<退出>:(单击安装小便池的墙体内边线。)
> 小便池离墙角距离<0>:200(键入新值或按回车键接受默认值。)
> 小便池的长度<3000>:2400(输入小便池的新长度或按回车键接受默认值。)
> 小便池宽度<400>:500(键入新值或按回车键接受默认值。)

小便池布置实例如图 9-3-6 所示。

图 9-3-6    小便池布置实例

**5. 盥洗槽的布置**

在洁具图库中双击盥洗槽后,命令交互如下:

> 点取墙体一侧<退出>:(选取墙体一侧。)
> 盥洗槽离墙角距离<0>:300(键入新值或按回车键接受默认值。)
> 盥洗槽的长度<5300>:2300(键入新值或按回车键接受默认值。)
> 盥洗槽的宽度<690>:700(键入新值或按回车键接受默认值。)
> 排水沟宽度<100>:100(键入新值或按回车键接受默认值。)
> 水龙头的数目<3>:4(键入新值或按回车键接受默认值。)

盥洗槽布置实例如图 9-3-7 所示。

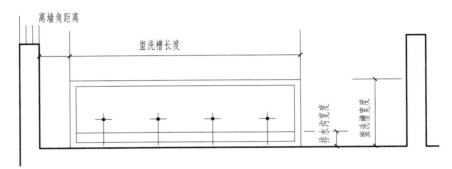

图 9-3-7　盥洗槽布置实例

### 9.3.2　布置隔断

"布置隔断"命令可通过两点选取已经插入的洁具,布置卫生间隔断,要求先布置洁具才能执行。隔板与门分别为墙体对象和门窗对象,支持对象编辑;由于墙体用途为卫生隔断,不参与房间划分与面积计算。

**菜单命令:房间屋顶→房间布置→布置隔断:**

单击"布置隔断"菜单命令后,命令行提示:

> 输入一直线来选洁具,起点:(选取靠近墙的洁具一端。)
> 终点:(选取布置隔断的一排洁具的另一端。)
> 隔板长度<1200>:(输入新值或按回车键接受默认值。)
> 隔断门宽<600>:(输入新值或按回车键接受默认值。)

"布置隔断"命令生成宽度等于洁具间距的卫生间隔断,实例如图 9-3-8 上部所示。通过"内外翻转""门口线"等命令对门进行修改。

### 9.3.3　布置隔板

"布置隔板"命令可通过两点选取已经插入的洁具,布置隔板(主要用于小便器之间)。

**菜单命令:房间屋顶→房间布置→布置隔板:**

单击"布置隔板"菜单命令后,命令行提示:

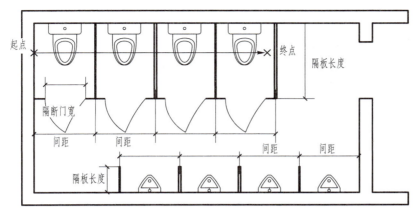

图 9-3-8 "布置隔断"和"布置隔板"命令应用实例

> 输入一直线来选洁具,起点:(选取靠近墙的洁具一端。)
>
> 终点:(选取布置隔断的一排洁具的另一端。)
>
> 隔板长度<400>:(输入新值或按回车键接受默认值。)

"布置隔板"命令应用实例如图 9-3-8 下部所示。

## 任务 9.4 屋顶的创建

 **任务内容**

创建屋顶。

**任务分析**

天正建筑软件提供了多种屋顶造型功能。人字坡顶包括单坡屋顶和双坡屋顶,任意坡顶是指任意多段线围合而成的四坡屋顶、攒尖屋顶,用户也可以利用三维造型工具自建其他形式的屋顶,如用平板对象和路径曲面对象相结合构建带有复杂檐口的平屋顶,利用路径曲面对象构建曲面屋顶(歇山屋顶)。在天正建筑软件中,屋顶均为自定义对象,支持对象编辑、特性编辑和夹点编辑等编辑方式,可用于节能和日照模型。

 **任务实施**

### 9.4.1 搜屋顶线

"搜屋顶线"命令用于搜索整栋建筑物的所有墙线,按外墙的外边界生成屋顶线。屋顶线在属性上为一个闭合的多段线,可以作为屋顶轮廓线,进一步绘制出屋顶的平面施工图,也可以用于构造其他楼层平面轮廓的辅助边界或作为外墙装饰线脚的路径。

**菜单命令:房间屋顶→搜屋顶线:**

单击"搜屋顶线"菜单命令后,命令行提示:

> 请选择构成一完整建筑物的所有墙体(或门窗):(应选择组成一个建筑物的所有墙体,以便系统自动搜索出建筑外轮廓线。)
> 请选择构成一完整建筑物的所有墙体(或门窗):(当完成全部墙体选择后,按回车键结束选择。)
> 偏移外皮距离<600>:(输入屋顶的出檐长度或按回车键接受默认值结束命令。)

然后系统自动生成屋顶线,在个别情况下屋顶线有可能自动搜索失败,用户可沿外墙外边线绘制一条封闭的多段线,再用"偏移"命令偏移出一个屋檐挑出长度,以后天正建筑软件中可把它当作屋顶线进行操作。

### 9.4.2 人字坡顶

"人字坡顶"命令用于以闭合的多段线为屋顶边界生成人字坡顶。两侧坡面可具有不同的坡角,可指定屋脊位置与标高。屋脊线可随意指定和调整,因此两侧坡面可具有不同的底标高。除了使用角度设置坡顶的坡角外,还可以通过限定拔顶高度的方式自动求算坡角,此时创建的坡面具有相同的底标高。

屋顶边界可以是包括弧段在内的复杂多段线。

**菜单命令:房间屋顶→人字坡顶:**

单击"人字坡顶"菜单命令后,命令行提示:

> 请选择一封闭的多段线<退出>:(选择作为屋顶边界的多段线。)
> 请输入屋脊线的起点<退出>:(在屋顶一侧边界上给出一点作为屋脊起点。)
> 请输入屋脊线的终点<退出>:(在起点对面一侧边界上给出一点作为屋脊终点。)

注意:屋脊起点和终点都取外边线时定义单坡屋顶。

进入"人字坡顶"对话框,在其中设置屋顶参数,如图9-4-1所示。

图9-4-1 "人字坡顶"对话框

参数输入后单击"确定",随即创建人字坡顶。以下是其中参数的设置规则。

如果已知屋顶高度,勾选"限定高度"复选框,然后输入高度值,或者输入已知坡角,输入屋脊标高(或者单击"参考墙顶标高<"进入图形中选取墙),单击"确定"绘制屋顶。

屋顶可以带下层墙体在该层创建,此时可以通过墙齐屋顶命令改变山墙立面对齐屋顶;也可以不带墙体独立在屋顶层创建,两种情况的平面图和剖面图如图 9-4-2 所示。

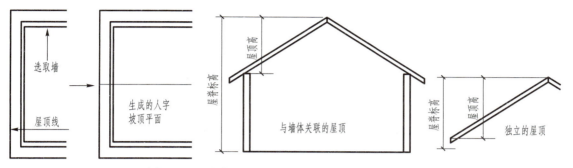

图 9-4-2　人字坡顶两种不同情况的平面图和剖面图

### 9.4.3　任意坡顶

"任意坡顶"命令用于由封闭的任意形状的多段线生成指定坡度的坡形屋顶,可采用对象编辑单独修改每个边坡的坡度。

**菜单命令:房间屋顶→任意坡顶:**

单击"任意坡顶"菜单命令后,命令行提示:

> 选择一封闭的多段线<退出>:(选取四边形屋顶线。)
> 请输入坡度角<30>:(输入屋顶坡度角。)
> 出檐长<600.000>:(如果屋顶有出檐,输入与搜屋顶线时输入的对应的偏移距离。)

随即生成等坡度的四坡屋顶,可通过夹点和对话框方式进行修改。屋顶夹点有两种,一种是顶点夹点,另一种是边夹点。拖动夹点可以改变屋顶平面形状,但不能改变坡度,如图 9-4-3 所示。

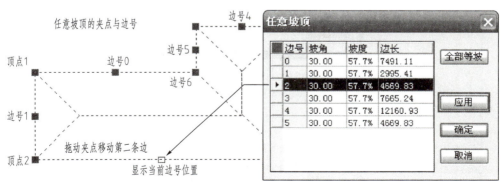

图 9-4-3　"任意坡顶"对话框及任意坡顶的夹点与边号夹点

双击坡屋顶,在对象编辑对话框中可以对各个坡面的坡度进行修改。在图9-4-3中,把端坡的坡角设置为90°,可以创建双坡屋顶。

### 9.4.4　攒尖屋顶

"攒尖屋顶"命令较适合绘制塔、钟楼等尖顶类建筑。

**菜单命令:房间屋顶→攒尖屋顶:**

单击"攒尖屋顶"菜单命令后,会弹出"攒尖屋顶"对话框,如图9-4-4所示。可以在该对话框中输入需要的尖顶相关参数。输入完毕后根据命令行提示进行攒尖屋顶绘制。

图9-4-4　"攒尖屋顶"对话框

命令行提示:

请输入屋顶中心位置<退出>:(选取攒尖屋顶的中心点。)
获得第二个点:(选取攒尖屋顶边缘点。)

### 9.4.5　矩形屋顶

这里的矩形屋顶是指水平投影下屋顶的外轮廓线为矩形的屋顶,是最常遇到的一种屋顶,也包括一些传统民居建筑屋顶和古建屋顶。

**菜单命令:房间屋顶→矩形屋顶:**

单击"矩形屋顶"菜单命令后,会弹出"矩形屋顶"对话框,如图9-4-5所示。可以在该对话框中选择所需屋顶类型,如歇山屋顶、四坡屋顶、人字坡顶、攒尖屋顶。然后输入需要的屋顶相关参数。输入完毕后根据命令行提示进行屋顶绘制。

图9-4-5　"矩形屋顶"对话框

命令行提示:

点取主坡墙外皮的左下角点<退出>:(选取建筑左下外墙角点。)
点取主坡墙外皮的右下角点<返回>:(选取建筑右下外墙角点。)
点取主坡墙外皮的右上角点<返回>:(选取建筑右上外墙角点。)

### 9.4.6　加老虎窗

"加老虎窗"命令在三维屋顶上生成多种老虎窗形式。老虎窗对象提供了墙上开窗功能,并提供了图层设置、窗宽、窗高等多种参数,可通过对象编辑修改。

**菜单命令:房间屋顶→加老虎窗:**

单击"加老虎窗"菜单命令后,命令行提示:

> 　　请选择坡屋顶坡面<退出>:(选取已有的坡屋顶,如该处有多于两个坡面,亮显后提示。)
>
> 　　是否为加亮的坡面?(Y/N)[Y]:(按回车键确认或输入"N"退出。)

出现"加老虎窗"对话框如图9-4-6所示。

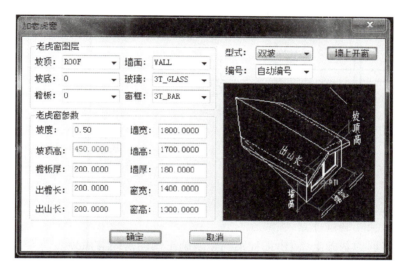

图9-4-6　"加老虎窗"对话框

**对话框控件的说明:**

- 型式:有双坡、三角坡、平顶坡、梯形坡和三坡共计5种类型。
- 编号:老虎窗编号,用户给定。
- 窗高/窗宽:老虎窗开启的小窗高度与宽度。
- 墙宽/墙高:老虎窗正面墙体的宽度与侧面墙体的高度。
- 坡顶高/坡度:老虎窗自身坡顶高度与坡面的倾斜度。
- 墙上开窗:本按钮是默认打开的属性,如果关闭,老虎窗自身的墙上不开窗。

单击"确定"关闭对话框,命令行继续提示:

> 　　老虎窗的插入位置或[参考点(R)]<退出>:(在坡屋顶上选取老虎窗的插入点,或者输入"R"给出参考点与相对位置。)

随即程序会在坡屋顶处插入指定形式的老虎窗,求出与坡屋顶的相贯线。双击老虎窗进入对象编辑即可在对话框中修改其参数,也可以选择老虎窗,按"Ctrl+1"组合键用特性栏进行修改。

### 9.4.7 加雨水管

"加雨水管"命令在屋顶平面图中绘制雨水管穿过女儿墙或檐板的图例。

**菜单命令:房间屋顶→加雨水管:**

单击"加雨水管"菜单命令后,命令行提示:

> 请给出雨水管的起始点(入水口)<退出>:(选取雨水管的起始点。)
>
> 结束点(出水口)<退出>:(选取雨水管的结束点。)

"加雨水管"命令应用实例如图9-4-7所示。

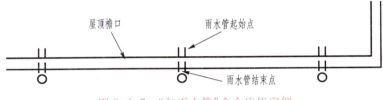

图9-4-7 "加雨水管"命令应用实例

## 【项目9实训】

按以下要求独立制订计划,并实施完成。

在项目8实训的基础上,创建工程案例建筑施工图的房间与屋顶。

# 项目 10
# 楼梯的绘制

## 项目提要

本项目主要学习以下方面的内容：

1. 各种楼梯的创建：天正建筑软件直接提供双跑楼梯和多跑楼梯的绘制，其他形式的楼梯由楼梯构件拼合而成。

2. 楼梯扶手与栏杆：扶手与栏杆都是楼梯的附属构件，在天正建筑软件中栏杆专用于三维建模，平面图中仅绘制扶手。

## 任务 10.1　各种楼梯的创建

 **任务内容**

创建各种类型的楼梯：直线梯段、圆弧梯段、任意梯段、双跑楼梯、多跑楼梯。

 **任务分析**

天正建筑提供了由自定义对象建立的基本梯段对象，包括直线梯段、圆弧梯段与任意梯段，由梯段组成了常用的双跑楼梯对象、多跑楼梯对象，考虑了楼梯对象在二维与三维视口下的不同可视特性。双跑楼梯具有梯段方便地改为坡道、标准平台改为圆弧休息平台等灵活可变特性。各种楼梯与柱在平面相交时，楼梯可以被柱自动剪裁；双跑楼梯的上、下行方向标识符号可以自动绘制。

 **任务实施**

### 10.1.1　直线梯段

"直线梯段"命令用于在对话框中输入梯段参数绘制直线梯段，可以单独使用或用于组合复杂楼梯与坡道。

**菜单命令：楼梯其他→直线梯段：**

单击"直线梯段"菜单命令后，显示对话框如图 10-1-1 所示。

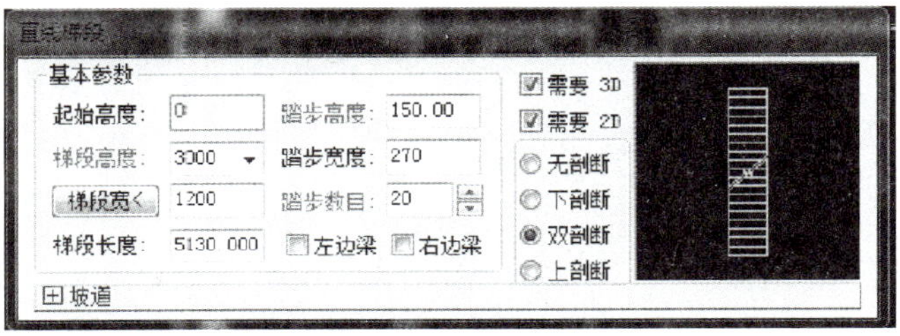

图 10-1-1　"直线梯段"对话框

对话框控件的说明：

● 梯段宽<：梯段宽度，该项为按钮项，可在图中选取两点获得梯段宽。

● 梯段长度：直线梯段的踏步宽度×(踏步数目-1)=平面投影的梯段长度。

● 梯段高度：直线梯段的总高，始终等于踏步高度的总和，如果梯段高度被改变，自动按当前踏步高度调整踏步数目，最后根据新的踏步数目重新计算踏步高度。

● 踏步高度：输入一个概略的踏步高度设计初值，由梯段高度推算出最接近初值的设计值。由于踏步数目是整数，梯段高度是一个给定的整数，因此踏步高度并非总是整数。用户给定一个概略的目标值后，系统经过计算确定踏步高度的精确值。

● 踏步数目：该项可直接输入或者步进调整，由梯段高度和踏步高度概略值推算取整获得，同时修正踏步高度，也可改变踏步数目，与梯段高度一起推算踏步高度。

● 踏步宽度：楼梯段的每一个踏步板的宽度。

● 需要 2D/需要 3D：用来控制梯段的二维视图和三维视图，某些梯段只需要二维视图，某些梯段则只需要三维视图。

● 坡道：单击图 10-1-1 中的"坡道"，展开坡道组，勾选此复选框，踏步间距作为防滑条间距，梯段按坡道生成。有"加防滑条"和"落地"复选框。

弹出对话框的同时，命令行提示：

> 点取位置或[转 90 度(A)/左右翻(S)/上下翻(D)/对齐(F)/改转角(R)/改基点(T)]<退出>:(选取梯段的插入位置和转角插入梯段。)

直线梯段为自定义对象，因此具有夹点编辑特征，同时可用对象编辑功能重新设定参数。

梯段夹点的功能说明：

改梯段宽——梯段被选中后亮显，选取两侧中央夹点即可拖动该梯段改变宽度。

移动梯段——在显示的夹点中，居于梯段四个角点的夹点可以移动梯段，选取四个夹点中任意一个，即表示以该夹点为基点移动梯段。

改剖切位置——在带有剖切线的梯段上，在剖切线的两端还有两个夹点，可拖动这两个夹点改变剖切线的角度和位置。

直线梯段的各种绘图实例如图 10-1-2 所示。

### 10.1.2　圆弧梯段

"圆弧梯段"命令创建单段弧线型梯段，适合单独的圆弧楼梯，也可与直线梯段组合创建复杂楼梯和坡道，如大堂的螺旋楼梯与入口的坡道。

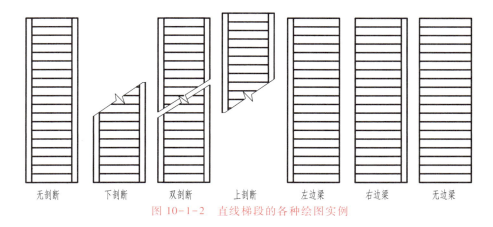

无剖断　　下剖断　　双剖断　　上剖断　　左边梁　　右边梁　　无边梁

图 10-1-2　直线梯段的各种绘图实例

**菜单命令：楼梯其他→圆弧梯段：**

单击"圆弧梯段"菜单命令后，显示对话框如图 10-1-3 所示。

图 10-1-3　"圆弧梯段"对话框

在对话框中输入圆弧梯段的参数，可根据右侧的动态显示窗口，确定楼梯参数是否符合要求。"圆弧梯段"对话框中的控件与"直线梯段"中的类似，可以参照上一节的描述。

弹出对话框的同时，命令行提示：

> 点取位置或［转 90 度（A）/左右翻（S）/上下翻（D）/对齐（F）/改转角（R）/改基点（T）］＜退出＞:（选取梯段的插入位置和转角插入圆弧梯段。）

圆弧梯段为自定义对象，可以通过拖动夹点进行编辑，圆弧梯段夹点意义如图 10-1-4 所示，也可以双击梯段进入对象编辑重新设定参数。

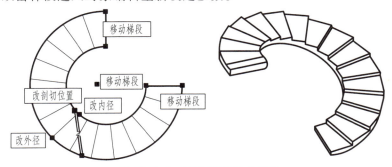

图 10-1-4　圆弧梯段夹点意义

梯段夹点的功能说明：

• 改内径：梯段被选中后亮显，同时显示 7 个夹点，如果该圆弧梯段还带有剖切线，在剖切线的两端还会显示两个夹点。在梯段内圆中心的夹点可以改内径。选取该夹点，即可拖动该梯段的内圆改变其半径。

• 改外径：在梯段外圆中心的夹点可以改外径。选取该夹点，即可拖动该梯段的外圆改变其半径。

• 移动梯段：拖动剩余 5 个夹点中任意一个，即可以该夹点为基点移动梯段。

### 10.1.3 任意梯段

"任意梯段"命令以用户预先绘制的直线或弧线作为梯段两侧边线，在对话框中输入踏步参数，可以创建形状多变的梯段。除了两个边线为直线或弧线外，任意梯段其余参数与直线梯段相同。

**菜单命令：楼梯其他→任意梯段：**

单击"任意梯段"菜单命令后，命令行提示：

> 请点取梯段左侧边线（LINE/ARC）：（选取一根直线或弧线。）
> 请点取梯段右侧边线（LINE/ARC）：（选取另一根直线或弧线。）

选取后屏幕弹出如图 10-1-5 所示的"任意梯段"对话框，其中选项与直线梯段的基本相同。

图 10-1-5 "任意梯段"对话框

输入相应参数后，单击"确定"，即绘制出以指定的两根线为边线的梯段。任意梯段为自定义对象，可以通过拖动夹点进行编辑。

### 10.1.4 双跑楼梯

双跑楼梯是最常见的楼梯形式，是由两个直线梯段、一个休息平台、一个或两个扶手和一组或两组栏杆构成的自定义对象，具有二维视图和三维视图。双跑楼梯可分解为基本构件，即直线梯段、平台和扶手、栏杆等，注意楼梯方向线是与楼梯相互独立的箭头引注对象。双跑楼梯对象内包括常见的构件组合形式变化，如是否设置两侧扶手和梯段边梁、休息平台是半圆形或矩形等，尽量满足建筑的个性化要求。

**菜单命令：楼梯其他→双跑楼梯：**

单击"双跑楼梯"菜单命令后,显示对话框如图 10-1-6 所示,其中控件的说明如下。

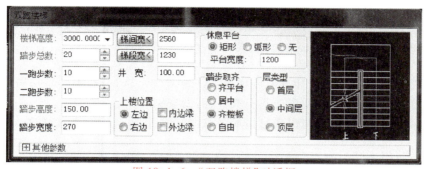

图 10-1-6 "双跑楼梯"对话框

**对话框控件的说明:**

● 梯间宽<:双跑楼梯的总宽度。单击按钮可从平面图中直接量取楼梯间净宽度作为双跑楼梯总宽度。

● 楼梯高度:双跑楼梯的总高度,默认为当前楼层高度,当相邻楼层高度不等时应按实际情况调整。

● 井宽:默认取 100 为井宽,修改梯间宽时,井宽不变,但梯段宽和井宽两个数值互相关联。

● 踏步总数:默认踏步总数为 20 ,是双跑楼梯的关键参数。

● 一跑步数:以踏步总数推算一跑步数与二跑步数,总数为奇数时增加一跑步数。

● 二跑步数:二跑步数默认与一跑步数相同,两者都允许用户修改。

● 踏步高度:用户可先输入大概初始值,由楼梯高度与踏步总数推算出最接近初始值的设计值,推算出的踏步高度均有舍入误差。

● 休息平台:有"矩形""弧形""无"3 个选项,非矩形休息平台时,可以选无平台,自己用平板功能设计休息平台。

● 平台宽度:按建筑设计规范,休息平台的宽度应大于梯段宽度,在选弧形休息平台时应修改宽度值,最小值不能为零。

● 踏步取齐:当一跑步数与二跑步数不等时,两梯段的长度不一样,因此有两梯段的对齐要求,由设计人选择。

● 层类型:在平面图中双跑楼梯按楼层分为 3 种类型绘制:① 首层,只给出一跑的下剖断;② 中间层,一跑是双剖断;③ 顶层,一跑无剖断。

"其他参数"展开时,有以下参数可供设置。

● 扶手宽高:默认为 900 高、60×100 的扶手断面尺寸。

● 扶手距边:在 1∶100 图上一般取 0,在 1∶50 详图上应标实际值。

● 有外侧扶手:在外侧添加扶手,但不会生成外侧栏杆,在室外楼梯时需要单独添加。

● 有内侧栏杆:勾选此复选框,命令自动生成默认的矩形截面竖栏杆。

● 作为坡道:勾选此复选框,梯段按坡道生成。

> 说明:① 勾选"作为坡道"前要求楼梯的两跑步数相等,否则坡长不能准确定义;
> ② 坡道的防滑条的间距用步数来设置,在勾选"作为坡道"前要设好。

在确定楼梯参数和类型后,命令行提示:

> 点取位置或[转90度(A)/左右翻(S)/上下翻(D)/对齐(F)/改转角(R)/改基点(T)]<退出>:(键入关键字改变选项,或选取插入点插入楼梯。)

选取插入点后在平面图中插入双跑楼梯。注意对于三维视图,不同楼层特性的双跑楼梯是不一样的,其中顶层楼梯实际上只有扶手,而没有梯段。

双跑楼梯为自定义对象,可以通过拖动夹点进行编辑,也可以双击楼梯进入对象编辑重新设定参数。

### 10.1.5　多跑楼梯

"多跑楼梯"命令创建以梯段开始且以梯段结束、梯段和休息平台交替布置、各梯段方向自由的多跑楼梯,要点是先在对话框中确定"基线在左"或"基线在右"的绘制方向。

**菜单命令:楼梯其他→多跑楼梯:**

单击"多跑楼梯"菜单命令后,显示对话框如图10-1-7所示,多跑楼梯类型如图10-1-8所示。

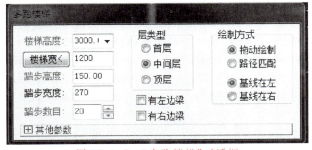

图10-1-7　"多跑楼梯"对话框

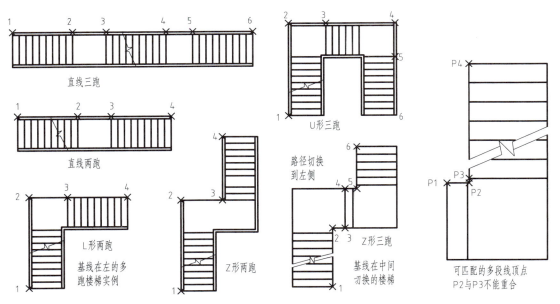

图10-1-8　多跑楼梯类型

在确定楼梯参数和类型后,命令行提示:

> 起点<退出>:[选取首梯段起点(第 0 个顶点)位置。]
>
> 输入新梯段的终点〈退出〉:[选取首梯段终点(第 1 个顶点)位置。]
>
> 输入新休息平台的终点或[撤销上一梯段(U)]<退出>:[拖动楼梯转角后选取第二梯段起点(第 2 个顶点)位置。]
>
> 输入新梯段的终点或[撤销上一平台(U)]<退出>:[选取第二梯段终点(第 3 个顶点)位置。]
>
> 输入新休息平台的终点或[撤销上一梯段(U)]<退出>:[拖动楼梯转角后选取第三梯段起点(第 4 个顶点)位置。]
>
> 输入新梯段的终点或[撤销上一平台(U)]<退出>:[选取第三梯段终点(第 5 个顶点)位置。]

多跑楼梯由给定的基线生成,基线就是多跑楼梯左侧或右侧的边界线。基线可以事先绘制好,也可以交互确定,不要求基线与实际边界完全等长,当步数足够时结束绘制。

# 任务 10.2  楼梯扶手与栏杆

## 任务内容

创建楼梯扶手与栏杆。

## 任务分析

扶手作为与梯段配合的构件,与梯段和台阶产生关联。放置在梯段上的扶手,可以遮挡梯段,也可以被梯段的剖切线剖断,通过"连接扶手"命令把不同分段的扶手连接起来。本任务介绍如何添加扶手、连接扶手,如何进行楼梯栏杆的创建。

## 任务实施

### 10.2.1  添加扶手

"添加扶手"命令以梯段或沿上楼方向的多段线路径为基线,生成楼梯扶手。本命令可自动识别梯段和台阶,但是不识别组合后的多跑楼梯与双跑楼梯。

**菜单命令:楼梯其他→添加扶手:**

单击"添加扶手"菜单命令后,命令行提示:

请选择梯段或作为路径的曲线(线/弧/圆/多段线):(选取梯段或已有曲线。)

扶手宽度<60>:100(键入新值或按回车键接受默认值。)

扶手顶面高度<900>:(键入新值或按回车键接受默认值。)

扶手距边<0>:(键入新值或按回车键接受默认值。)

双击创建的扶手,可进入对话框进行扶手的编辑,如图10-2-1所示。

**对话框控件的说明:**

● 形状:扶手的形状可选"方形""圆形"和"栏板"3种,在下面分别输入适当的尺寸。

● 对齐:仅对多段线、直线、圆弧和圆作为基线时起作用。多段线和直线用作基线时,以绘制时取点方向为基准方向;对于圆弧和圆,内侧为左,外侧为右;而梯段用作基线时,对齐默认为中间,为与其他扶手连接,往往需要改为一致的对齐方向。

● 加顶点</删顶点</改顶点<:可通过单击"加顶点<"和"删顶点<"按钮增加或删除扶手顶点,通过单击"改顶点<"进入图形中修改扶手各段高度,命令行提示如下:

图10-2-1 "扶手"对话框

选取顶点:(光标移到扶手上,自动显示顶点位置。)

改夹角[A]/点取[P]/顶点标高<0>:(输入顶点标高值或者输入"P"取对象标高。)

扶手的对象编辑应当在多视图(平面视图和三维视图)环境中进行,如图10-2-2为在"任意梯段"命令绘制的曲边楼梯上添加扶手的实例。

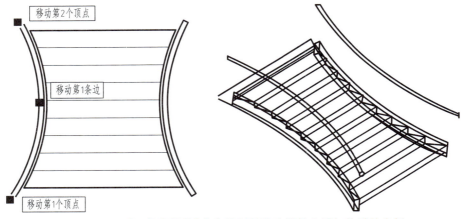

图10-2-2 在"任意梯段"命令绘制的曲边楼梯上添加扶手的实例

## 10.2.2 连接扶手

"连接扶手"命令把未连接的扶手彼此连接起来。如果准备连接的两段扶手的样式不同,连接后的样式以第一段为准;连接顺序要求是前一段扶手的末端连接下一段扶手的始端,梯段的扶手按上行方向为正向,需要从低到高顺序选择扶手连接,接头之间应留出空隙,不能相接和重叠。

**菜单命令:楼梯其他→连接扶手:**

单击"连接扶手"菜单命令后,命令行提示:

> 选择待连接的扶手(注意与顶点顺序一致):(选取待连接的第一段扶手。)
> 选择待连接的扶手(注意与顶点顺序一致):(选取待连接的第二段扶手。)

按回车键后两段楼梯扶手就被连接起来了。

### 10.2.3　楼梯栏杆的创建

在天正建筑软件中,双跑楼梯对话框中有自动添加竖栏杆的设置,其他楼梯则仅可创建扶手或者栏杆与扶手都无法创建,此时可先按上述方法创建扶手,然后使用"三维建模"菜单下"造型对象"子菜单的"路径排列"命令来绘制栏杆。

栏杆在平面图中不必表示,主要用于三维建模和立面图、剖面图。在平面图中,没有显示栏杆,注意选择视图类型。

操作步骤:

① 先用"三维建模"菜单下"造型对象"子菜单的"栏杆库"命令选择栏杆的造型效果;

② 用三维造型方法创建栏杆单元;

③ 使用"三维建模"菜单下"造型对象"子菜单的"路径排列"命令来构造楼梯栏杆。

## 项目拓展

## 任务 10.3　其他设施的创建

## 【项目 10 实训】

按以下要求独立制订计划,并实施完成。

在项目 9 实训的基础上,创建工程案例建筑施工图的楼梯等。

# 项目 11
# 建筑立面图的绘制

▶知识链接:
天正建筑的
立面图

## 项目提要

本项目主要学习天正建筑软件中立面图的创建及立面图的编辑。

在天正建筑软件中,立面图是通过工程的多个平面图中的参数,建立三维模型后进行消隐计算生成的。本项目以某住宅楼为例,利用天正"工程管理"功能,介绍通过平面图生成立面图的基本方法和技巧。生成后的立面图需要部分编辑与修改。

在本项目中还介绍了窗套、雨水管、轮廓线等立面细化功能。

## 任务 11.1　立面图的创建

 **任务内容**

创建立面图。

 **任务分析**

通过"工程管理"面板的相关功能,并对立面生成的参数进行设置后,如何生成建筑立面图?如何生成构件、门窗、阳台、屋顶的立面图?

 **任务实施**

### 11.1.1　建筑立面

"建筑立面"命令用于按照工程文件中的楼层表数据,一次生成多层建筑立面图。在当前工程为空的情况下执行本命令,会出现警告对话框:"请打开或新建一个工程管理项目,并在工程数据库中建立楼层表"。

　　**菜单命令:立面→建筑立面:**

　　单击"建筑立面"菜单命令后,命令行提示:

请输入立面方向或 [正立面(F)/背立面(B)/左立面(L)/右立面(R)]<退出>:R
请选择要出现在立面图上的轴线:找到 1 个
请选择要出现在立面图上的轴线:找到 1 个,总计 2 个
请选择要出现在立面图上的轴线:(选择Ⓐ轴、Ⓙ轴。)

在选择立面图上的轴线时一般选择同立面方向上的开间或进深轴线,选轴号无效。"立面生成设置"对话框如图 11-1-1 所示。

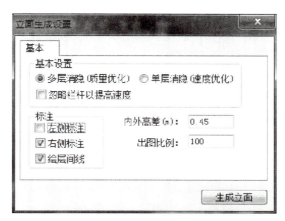

图 11-1-1　"立面生成设置"对话框

如果当前"工程管理"面板中有正确的楼层定义,即可提示保存立面图文件,否则不能生成立面图文件。

立面的消隐计算是由天正建筑软件编制的算法进行的,当楼梯栏杆采用复杂的造型栏杆时,由于这样的栏杆实体面数极多,如果参加消隐计算,可能会使消隐计算的时间大大增长。在这种情况下可选择"忽略栏杆以提高速度",也就是说忽略栏杆只对造型栏杆对象有影响,而双跑、多跑楼梯上自动生成的栏杆并非这种对象(手动添加的栏杆则有影响)。为了忽略双跑、多跑楼梯的扶手栏杆,提供了 T71_IStairRail 命令,设置后执行"建筑立面"命令可不生成以上两种楼梯的扶手栏杆立面,它对"构件立面"命令没有影响。

**对话框控件的说明:**

● 多层消隐/单层消隐:前者考虑两个相邻楼层的消隐,速度较慢,但可考虑楼梯扶手等伸入上层的情况,消隐精度比较高。

● 内外高差:室内地面与室外地坪的高度差,在本例中设置为 0.15。

● 出图比例:立面图的打印出图比例。

● 左侧标注/右侧标注:是否标注立面图左/右两侧的竖向标注,含楼层标高和尺寸。

● 绘层间线:楼层之间的水平横线是否绘制。

● 忽略栏杆以提高速度:勾选此复选框,可优化计算,忽略复杂栏杆的生成。

单击"生成立面"按钮,进入标准文件对话框,在其中选取文件名称,单击"确定"生成立面图文件,并且打开该文件,生成立面图如图 11-1-2 所示。

图 11-1-2　生 成 立 面 图

说明：执行该命令前必须先存盘，否则无法对存盘后更新的对象创建立面图。

## 11.1.2　构件立面

　　"构件立面"命令用于生成当前标准层、局部构件或三维图块对象在选定方向上的立面图与顶视图。生成的立面图内容取决于选定对象的三维图形。本命令按照三维视图对指定方向进行消隐计算，优化的算法使立面图生成快速而准确，生成立面图的图层名为原构件图层名加"E-"前缀。

**菜单命令:立面→构件立面:**

单击"构件立面"菜单命令后,命令行提示:

> 请输入立面方向或 [正立面(F)/背立面(B)/左立面(L)/右立面(R)/顶视图(T)]<退出>:F(生成正立面。)
>
> 请选择要生成立面的建筑构件:(找到 1 个选取楼梯平面对象。)
>
> 请选择要生成立面的建筑构件:(按回车键结束选择。)
>
> 请点取放置位置:(拖动生成的立面图,在合适的位置选点插入。)

图 11-1-3 所示为楼梯平面图、正立面图和右立面图。

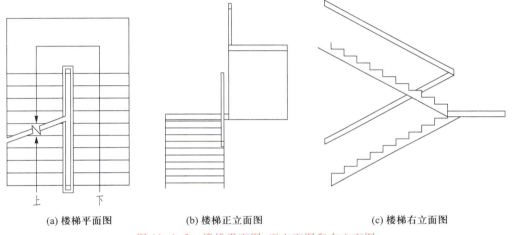

| (a) 楼梯平面图 | (b) 楼梯正立面图 | (c) 楼梯右立面图 |

图 11-1-3 楼梯平面图、正立面图和右立面图

### 11.1.3 立面门窗

"立面门窗"命令用于替换、添加立面图上的门窗,同时也是立剖面图的门窗图块管理工具,提供了带装饰门窗套的门窗图库。

**菜单命令:立面→立面门窗:**

单击"立面门窗"菜单命令后,显示"天正图库管理系统"对话框如图 11-1-4 所示。

在"天正图库管理系统"中对立面图库进行操作,在立面编辑中最常用的是图块替换功能。

1. 替换已有门窗的操作

在图库中选择所需门窗图块,然后单击上方的门窗替换按钮,命令行提示如下:

> 选择图中将要被替换的图块:(在图中选择要替换的门窗。)
>
> 选择对象:(接着选取其他图块。)
>
> 选择对象:(按回车键退出。)

程序自动识别图块插入点和右上角定位点对应的范围,按对应的洞口尺寸替换为指定的门窗图块。

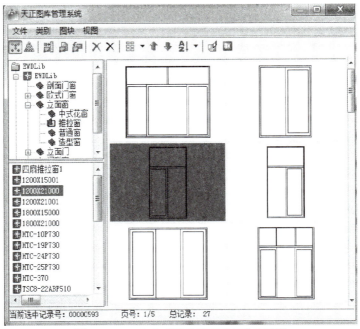

图 11-1-4　"天正图库管理系统"对话框

2. 直接插入门窗的操作

除了替换已有门窗外,在图库中双击所需门窗图块,可插入与门窗洞口外框尺寸相当的门窗,命令行提示为:

> 点取插入点[转 90(A)/左右(S)/上下(D)/对齐(F)/外框(E)/转角(R)/基点(T)/更换(C)]<退出>:(键入"E",提示如下。)
>
> 第一个角点或[参考点(R)]<退出>:(选取门窗洞口方框的左下角点。)
>
> 另一个角点:(选取门窗洞口方框的右上角点。)

程序自动按照图块插入点和右上角定位点对应的范围,在对应的洞口处插入指定的门窗图块。

### 11.1.4　立面阳台

"立面阳台"命令用于替换、添加立面图上阳台的样式,同时也是立面阳台图块管理的工具。

**菜单命令:立面→立面阳台:**

单击"立面阳台"菜单命令后,显示"天正图库管理系统"立面阳台对话框如图 11-1-5 所示,详细操作请参考"立面门窗"命令。

### 11.1.5　立面屋顶

"立面屋顶"命令可完成平屋顶立面、单双坡顶正立面、双坡顶侧立面、单坡顶左侧立面、单坡顶右侧立面、四坡屋顶正立面、四坡屋顶侧立面、歇山顶正立面和歇山顶侧立面、组合的

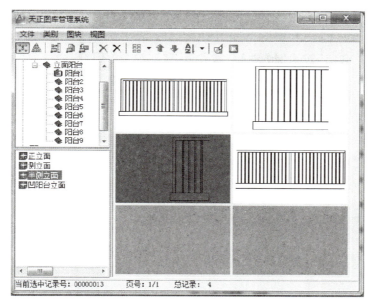

图 11-1-5　"天正图库管理系统"立面阳台对话框

屋顶立面、一侧与其他物体(墙体或另一屋顶)相连接的不对称屋顶立面。

**菜单命令:立面→立面屋顶:**

单击"立面屋顶"菜单命令后,显示对话框如图 11-1-6 所示。

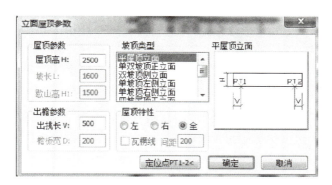

图 11-1-6　"立面屋顶参数"对话框

**对话框控件的说明:**

● 屋顶高:各种屋顶的高度,即从基点到屋顶最高处的高度。

● 坡长:坡屋顶倾斜部分的水平投影长度。

● 屋顶特性:有"左""右"以及"全"3 个互锁按钮,默认是左右对称出挑。假如一侧相接于其他墙体或屋顶,应将此侧"左"或"右"关闭。

● 出挑长:在正立面时为出山长;在侧立面时为出檐长。

该对话框的操作步骤如下:

① 先从"坡顶类型"框中选择所需类型;

② 根据需要从"屋顶特性"的"左""右""全"3 个互锁按钮中选择一个;

③ 在"屋顶参数"区与"出檐参数"区中键入必要的参数；

④ 单击"定位点 PT1-2"按钮，暂时关闭对话框，在图形中选取屋顶的定位点；

⑤ 最后单击"确定"按钮继续执行，或者单击"取消"按钮退出命令。

"立面屋顶"命令能绘制的屋顶立面类型有平屋顶立面、单双坡顶正立面、双坡顶侧立面、单坡顶左侧立面、单坡顶右侧立面、四坡屋顶正立面、四坡屋顶侧立面、歇山顶正立面和歇山顶侧立面。

# 任务 11.2　立面图的编辑

## 任务内容

编辑立面图。

## 任务分析

生成建筑立面图后，如何对门窗参数进行调整？ 如何生成立面窗套？ 如何生成雨水管？ 如何得到柱立面线？ 如何得到立面轮廓线？

## 任务实施

### 11.2.1　门窗参数

"门窗参数"命令用于把已经生成的立面门窗尺寸以及门窗底标高作为默认值，用户修改立面门窗尺寸，系统按尺寸更新所选门窗。

**菜单命令:立面→门窗参数:**

单击"门窗参数"菜单命令后，命令行提示：

> 选择立面门窗:(选择要改尺寸的门窗。)
>
> 选择立面门窗:(按回车键结束选择。)
>
> 底标高<3600>:(需要时输入新的门窗底标高，从地面起算。)
>
> 高度<1400>:1500(输入新值后按回车键。)
>
> 宽度<2400>:1800(输入新值后按回车键，各个选择的门窗均以底部中点为基点对称更新。)

如果在交互时选择的门窗大小不一，会出现这样的提示：

> 底标高从×到××00 不等;高度从××00 到××00 不等;宽度从×00 到××00 不等。

用户输入新尺寸后,不同尺寸的门窗会统一更新为新的尺寸。

### 11.2.2　立面窗套

"立面窗套"命令为已有的立面窗创建全包的窗套或者窗楣线和窗台线。

**菜单命令:立面→立面窗套:**

单击"立面窗套"菜单命令后,显示对话框如图 11-2-1 所示。

图 11-2-1　"窗套参数"对话框

**对话框控件的说明:**

* 全包:环窗四周创建矩形封闭窗套。
* 上下:在窗的上、下方分别生成窗上沿与窗下沿。
* 窗上沿/窗下沿:仅在选择"上下"时有效。分别表示仅要窗上沿或仅要窗下沿。
* 上沿宽/下沿宽:表示窗上沿/窗下沿的宽度。
* 两侧伸出:窗上、下沿两侧伸出的长度。
* 窗套宽:除窗上、下沿以外部分的窗套宽。

在对话框中输入合适的参数,单击"确定"按钮绘制窗套。也可根据需要将门窗连在一起生成窗套、窗上沿与窗下沿。立面窗套的类型,如图 11-2-2 所示。

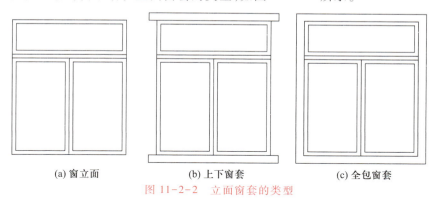

(a) 窗立面　　　　　　(b) 上下窗套　　　　　　(c) 全包窗套

图 11-2-2　立面窗套的类型

### 11.2.3　雨水管线

"雨水管线"命令用于在立面图中按给定的位置生成竖直向下的雨水管。

**菜单命令:立面→雨水管线:**

单击"雨水管线"菜单命令后,命令行提示:

> 当前管径为 100
> 请指定雨水管的起点[参考点(R)/管径(D)]<退出>:(选取雨水管的起点。)

当不易直接定位时,往往需要找到一个已知点作为参考点,此时在上面提示行后面不选

取起点,而是输入"R"指定参考点,则命令行显示:

> 请指定雨水管的参考点:(选取容易获得的一个点作为参考点。)
> 请指定雨水管的起点[管径(D)]<退出>:(给出相对于参考点的一个点作为起点。)

用上面两种情况给出起点后,命令行接着提示:

> 请指定雨水管的下一点[管径(D)/回退(U)]<退出>:(选取雨水管的终点。)
> 请指定雨水管的起点[参考点(R)/管径(D)]<退出>:D(输入"D"可以重新设置管径。)
> 请指定雨水管直径<100>:(输入雨水管的管径。)
> 请指定雨水管的起点[参考点(R)/管径(D)]<退出>:(按回车键结束命令。)

随即在起点和终点之间竖向画出平行的雨水管,其间的墙面饰线均被雨水管断开。

### 11.2.4　柱立面线

"柱立面线"命令按默认的正投影方向模拟柱子立面投影,在柱子立面范围内画出有立体感的竖向投影线。

**菜单命令:立面→柱立面线:**

单击"柱立面线"菜单命令后,命令行提示:

> 输入起始角<180>:(输入平面柱的起始投影角度或取默认值。)
> 输入包含角<180>:(输入平面柱的包含角或取默认值。)
> 输入立面线数目<12>:(输入立面投影线数量或取默认值。)
> 输入矩形边界的第一个角点<选择边界>:(给出柱立面边界的第一角点。)
> 输入矩形边界的第二个角点<退出>:(给出柱立面边界的第二角点。)

### 11.2.5　立面轮廓

"立面轮廓"命令用于自动搜索建筑立面外轮廓,在外轮廓上加一圈粗实线,但不包括地坪线在内。

**菜单命令:立面→立面轮廓:**

单击"立面轮廓"菜单命令后,命令行提示:

> 选择二维对象:(选择外墙边界线和屋顶线。)
> 请输入轮廓线宽度<0>:(键入 30~50 之间的数值。)

在复杂的情况下搜索外轮廓会失败,无法生成轮廓线,此时使用多段线绘制立面轮廓线。图 11-2-3 是立面轮廓加粗,宽度为 50 的效果图。

经过细部修改,加上立面图必要的尺寸标注及标高标注完成最后的立面图。

图 11-2-3　立面轮廓线加粗效果

# 【项目 11 实训】

按以下要求独立制订计划，并实施完成。

在项目 10 实训的基础上，创建工程案例建筑施工图的立面图。

# 项目 12
## 建筑剖面图的绘制

▶知识链接：

天正建筑的
剖面图

## 项目提要

本项目主要介绍天正建筑软件中剖面图创建及剖面图的编辑。

在天正建筑软件中，剖面图是通过工程的多个平面图中的参数，建立三维模型后进行剖切与消隐计算生成的。本项目以某住宅楼为例，利用天正"工程管理"功能，介绍通过平面图生成剖面图的基本方法和技巧，生成后的剖面图需要部分编辑与修改。

在本项目中还介绍了剖面楼梯与栏杆、栏板等剖面构件。

## 任务 12.1　创建剖面图

 **任务内容**

学习创建剖面图。

 **任务分析**

生成剖面图时，必须在首层平面图上用"符号标注"菜单中的"剖面剖切"命令绘制出剖切位置，其余步骤和生成立面图相同，有共同的对齐点，并建立好楼层表。

 **任务实施**

### 12.1.1　建筑剖面

"建筑剖面"命令用于按照工程文件中的楼层表数据，一次生成多层建筑剖面图，在当前工程为空的情况下执行本命令，会出现警告对话框："请打开或新建一个工程管理项目，并在工程数据库中建立楼层表"。

**菜单命令：剖面→建筑剖面：**

单击"建筑剖面"菜单命令后，命令行提示：

> 请点取一剖切线以生成剖视图：（选取首层需生成剖面图的剖切线。）
> 请选择要出现在剖面图上的轴线：（一般选取首、末轴线或按回车键不要轴线。）

"剖面生成设置"对话框如图 12-1-1 所示。

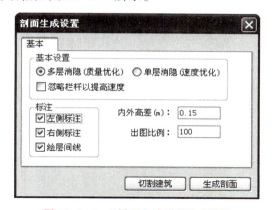

图 12-1-1　"剖面生成设置"对话框

**对话框控件的说明:**

● 多层消隐/单层消隐:前者考虑两个相邻楼层的消隐,速度较慢,但可考虑楼梯扶手等伸入上层的情况,消隐精度比较高。

● 内外高差:室内地面与室外地坪的高度差。

● 出图比例:剖面图的打印出图比例。

● 左侧标注/右侧标注:是否标注剖面图左/右两侧的竖向标注,含楼层标高和尺寸。

● 绘层间线:楼层之间的水平横线是否绘制。

● 忽略栏杆以提高速度:勾选此复选框,可优化计算,忽略复杂栏杆的生成。

单击"生成剖面"按钮后,要求当前"工程管理"面板中有正确的楼层定义,否则不能生成剖面图文件。出现标准文件对话框保存剖面图文件,输入剖面图的文件名及路径,单击"确认"后生成剖面图如图 12-1-2 所示。

单击"切割建筑"按钮后,立刻开始切割三维模型,完成后命令行提示:

　　请点取放置位置:(在图上拖动生成的剖切三维模型,给出插入位置。)

建筑平面图中不表示楼板,而在剖面图中要表示楼板。天正建筑软件可以自动添加层间线,用户自己用"偏移"命令创建楼板。如果已用平板或者房间命令创建了楼板,"建筑剖面"命令会按楼板厚度生成楼板线。

在剖面图中创建的墙、柱、梁、楼板不再是专业对象,所以可使用通用的 AutoCAD 编辑命令进行修改,或者使用剖面菜单下的命令进行加粗或图案填充。

　　说明:执行该命令前必须先存盘,否则无法对存盘后更新的对象创建剖面图。

### 12.1.2　构件剖面

"构件剖面"命令用于生成当前标准层、局部构件或三维图块对象在指定剖视方向上的剖面图。

**菜单命令:剖面→构件剖面:**

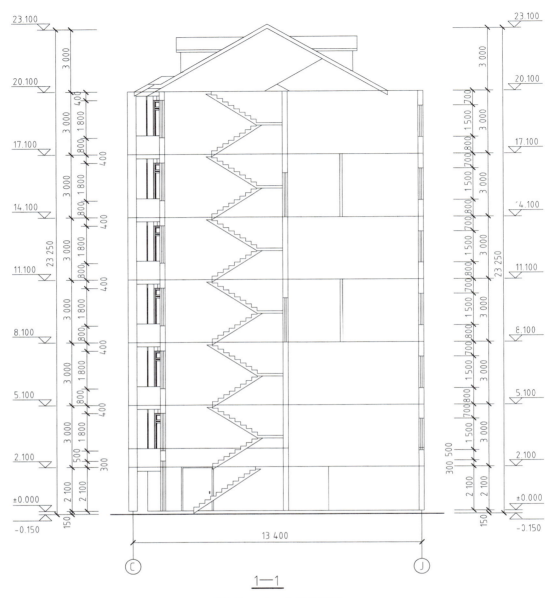

图 12-1-2　生成剖面图

单击"构件剖面"菜单命令后,命令行提示:

请选择一剖切线:(选取用"符号标注"菜单中的"剖面剖切"命令定义好的剖切线。)

请选择需要剖切的建筑构件:(选择与该剖切线相交的构件以及沿剖视方向可见的构件。)

请选择需要剖切的建筑构件:(按回车键结束选择。)

请点取放置位置:(拖动生成的剖面图,在合适的位置插入。)

### 12.1.3　画剖面墙

"画剖面墙"命令可以用一对平行的 AutoCAD 直线或圆弧对象,在"S_WALL"图层中直接绘制剖面墙。

菜单命令:剖面→画剖面墙:

单击"画剖面墙"菜单命令后,命令行提示:

> 请点取墙的起点(圆弧墙宜逆时针绘制)/F 取参照点/D 单段<退出>:(选取剖面墙起点位置或键入选项。)
>
> 请点取直墙的下一点/A 弧墙/W 墙厚/F 取参照点/U 回退<结束>:(选取剖面墙下一点位置。)
>
> 请点取直墙的下一点/A 弧墙/W 墙厚/F 取参照点/U 回退<结束>:(按回车键结束命令。)

### 12.1.4　双线楼板

"双线楼板"命令可以用一对平行的 AutoCAD 直线对象,在"S_FLOOR"图层中直接绘制剖面双线楼板。

菜单命令:剖面→双线楼板:

单击"双线楼板"菜单命令后,命令行提示:

> 请输入楼板的起始点<退出>:(选取楼板的起始点。)
> 结束点<退出>:(选取楼板的结束点。)
> 楼板顶面标高<23790>:(输入标高或按回车键。)
> 楼板的厚度(向上加厚输负值)<200>:(输入新值或按回车键接受默认值。)

结束命令后,按指定位置绘出双线楼板。

### 12.1.5　预制楼板

"预制楼板"命令可以用组成预制板剖面的 AutoCAD 块对象,在"S_FLOOR"图层中按要求的尺寸插入一排预制板剖面。

菜单命令:剖面→预制楼板:

单击"预制楼板"菜单命令后,显示如图 12-1-3 所示对话框。

对话框控件的说明:

● 楼板类型:选定当前预制楼板的形式——"圆孔板"(横剖和纵剖)、"槽形板"(正放和反放)、"实心板"。

● 楼板参数:确定当前楼板的尺寸和布置情况,包括楼板尺寸"宽""高"和槽形板"厚"以及布置情况的"块数","总宽"是全部预制板和板缝的总宽度,单击从图上获取,修改单块板宽和块数,可以获得合理的板缝宽度。

● 基点定位:确定楼板基点与楼板角点的相对位置,包括"偏移 X""偏移 Y"和"基点选

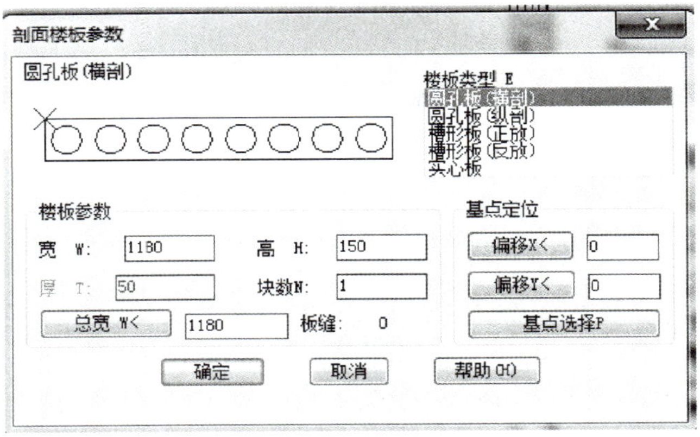

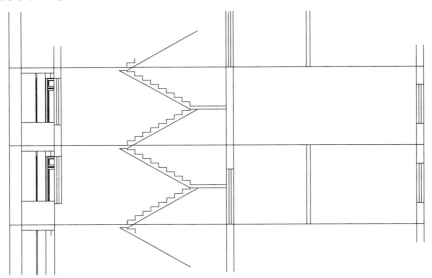

图 12-1-3　"剖面楼板参数"对话框

择 P"。

选定楼板类型并确定各参数后,单击"确定"按钮,命令行提示:

> 请给出楼板的插入点<退出>:(选取楼板插入点。)
>
> 再给出插入方向<退出>:(选取另一点给出插入方向后绘出所需预制楼板。)

在本例中设置楼板的厚度为 100,形成的效果图如图 12-1-4 所示。

图 12-1-4　楼板效果图

### 12.1.6　加剖断梁

"加剖断梁"命令用于在剖面楼板处按给出尺寸加剖断梁,裁剪双线楼板底线。

**菜单命令:剖面→加剖断梁:**

单击"加剖断梁"菜单命令后,命令行提示:

> 请输入剖面梁的参照点<退出>:(选取楼板顶面的定位参考点。)
> 梁左侧到参照点的距离<100>:(输入新值或按回车键接受默认值。)
> 梁右侧到参照点的距离<150>:(输入新值或按回车键接受默认值。)
> 梁底边到参照点的距离<300>:(输入包括楼板厚在内的梁高。)

### 12.1.7　剖面门窗

"剖面门窗"命令可以连续插入剖面门窗(包括含有门窗过梁或开启门窗扇的非标准剖面门窗),可以替换已经插入的剖面门窗,此外还可以修改剖面门窗高度与窗台高度值,为修改提供了全新的工具。

图 12-1-5　"剖面门窗样式"对话框

**菜单命令:剖面→剖面门窗:**

单击"剖面门窗"菜单命令后,显示"剖面门窗样式"对话框如图 12-1-5 所示。

对话框中显示默认的剖面门窗样式,如果插入过剖面门窗,最后插入的剖面门窗样式即为默认的剖面门窗样式被保留,同时命令行提示:

> 请点取要插入门窗的剖面墙线[选择剖面门窗样式(S)/替换剖面门窗(R)/改窗台高(E)/改窗高(H)]<退出>:

选取要插入门窗的剖面墙线或者键入其他热键选择剖面门窗样式、替换剖面门窗、修改窗参数。

输入"S"或单击如图 12-1-5 所示对话框中的门窗图像,可重新从图库中选择剖面门窗样式。

在"天正图库管理系统"中对剖面图库进行操作,在剖面编辑中最常用的是图块替换功能。

分别介绍"剖面门窗"命令中常用的选项操作。

1. 插入剖面门窗的操作

选择墙线插入剖面门窗时,自动找到所选取墙线上标高为 0 的点作为相对位置,命令行接着显示:

> 门窗下口到墙下端距离<900>:(选取门窗的下口位置或输入相对高度值。)
> 门窗的高度<1500>:(输入新值或按回车键接受默认值。)

输入数值后,即按所需插入剖面门窗,然后命令返回,重复如上提示,以上一个距离为默认值插入下一个门窗,图形中的插入基点移到刚插入的门窗顶端,循环反复,按 ESC 键退出命令。

2. 输入"S"选择剖面门窗样式

输入"S"后,进入剖面门窗图库如图 12-1-6 所示,在此图库中双击选择所需的剖面门窗作为当前门窗样式,可供替换或者插入使用。

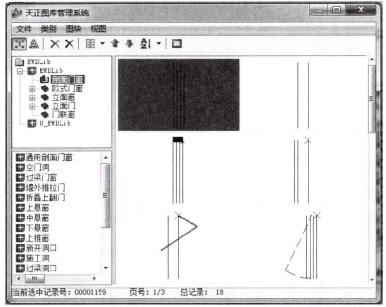

当前选中记录号：00001159　　页号：1/3　　总记录：18

图 12-1-6　剖面门窗图库

3. 输入"R"替换剖面门窗

输入"R"，替换剖面门窗，命令行提示如下：

　　请选择所需替换的剖面门窗<退出>：

在剖面图中选择要替换的剖面门窗，按回车键结束选择。

对所选择的门窗进行统一替换，返回命令行后按回车键结束本命令或继续插入剖面门窗。

4. 输入"E"修改剖面门窗

输入"E"，修改剖面窗台高，命令行提示如下：

　　请选择剖面门窗<退出>：

此时可在剖面图中选择多个要修改窗台高的剖面门窗，按回车键确认。

　　请输入窗台相对高度[点取窗台位置(S)]<退出>：

输入相对高度，正值上移，负值下移，或者键入"S"，选点定义窗台位置。

5. 输入"H"修改剖面窗

输入"H"，修改剖面窗高度，命令行提示如下：

　　请选择剖面门窗<退出>：（可在剖面图中选择多个要统一修改窗高的剖面窗，按回车键确认。）

　　请指定门窗高度<退出>：（用户此时可输入一个新的统一高度值，按回车键确认更新。）

6. 剖面门窗图块的定制

剖面门窗与立面门窗图块定制方法类似。立/剖面门窗图块的基点必须是门窗洞的左下角,如果门窗洞的右上角不与图块外框的右上角重合,图块中要加一个点来作为控制点,标明门窗洞的右上角,替换时立/剖面门窗图块的基点和右上角控制点将与窗洞的左下角和右上角对齐。如果自定义立/剖面门窗的窗洞右上角与图块外框的右上角一致,则不必绘制控制点。

标识点是需要用"点"命令绘制的,而基点是在入库或绘制图块时选取的插入基点,不需要特意绘制;入库使用"新图入库",如果剖面图是在已有图块基础上修改的,对插入后的图块执行两次"分解"命令,把图块分解为线,然后才能进行入库操作。

在本例中涉及替换门窗,具体命令行交互如下:

> 请点取剖面墙线下端或 [选择剖面门窗样式(S)/替换剖面门窗(R)/改窗台高
> (E)/改窗高(H)]<退出>:R
> 门窗下口到墙下端距离<0>:900
> 门窗的高度<2100>:2100
> 门窗下口到墙下端距离<900>:
> 门窗的高度<2100>:2100
> 门窗下口到墙下端距离<900>:
> 门窗的高度<2100>:

替换后的门窗如图 12-1-7 所示。

### 12.1.8　剖面檐口

"剖面檐口"命令用于在剖面图中绘制剖面檐口。

**菜单命令:剖面→剖面檐口:**

单击"剖面檐口"菜单命令后,显示对话框如图 12-1-8 所示。

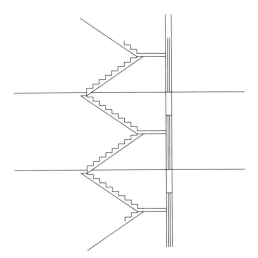

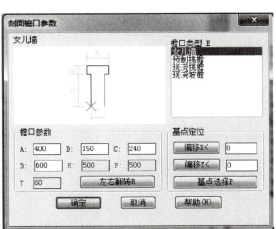

图 12-1-7　替换后的门窗　　　　　图 12-1-8　"剖面檐口参数"对话框

**对话框控件的说明：**

● 檐口类型：选择檐口的类型，有 4 个选项——"女儿墙""预制挑檐""现浇挑檐"和"现浇坡檐"。

● 檐口参数：确定檐口的尺寸及相对位置。各参数的意义参见对话框中示意图，"左右翻转"可使檐口做整体翻转。

● 基点定位：用以选择屋顶的基点与屋顶的角点的相对位置，包括"偏移 X""偏移 Y"和"基点选择"3 个按钮。

选定檐口类型并确定各参数，单击"确定"后，命令行提示：

> 请给出剖面檐口的插入点<退出>：（给出檐口插入点后，绘出所需的檐口。）

剖面檐口如图 12-1-9 所示。

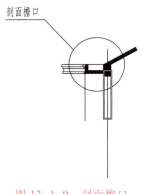

图 12-1-9　剖面檐口

### 12.1.9　门窗过梁

"门窗过梁"命令可在剖面门窗上方画出给定梁高的矩形剖面过梁，带有灰度填充。
**菜单命令：剖面→门窗过梁：**
单击"门窗过梁"菜单命令后，命令行提示：

> 选择需加过梁的剖面门窗：（选取要添加过梁的剖面门窗图块，可多选。）
> 选择需加过梁的剖面门窗：（按回车键退出选择。）
> 输入梁高<120>：（输入门窗过梁高，按回车键结束命令。）

# 任务 12.2　绘制剖面楼梯与栏杆

 **任务内容**

学习绘制剖面楼梯与栏杆的方法。

**任务分析**

利用剖面生成工具生成的建筑剖面图,往往有少许错误,内容也不够完善,需要对生成的剖面图进行处理。天正建筑软件提供了多种剖面深化处理工具。

**任务实施**

### 12.2.1　参数楼梯

"参数楼梯"命令用于按参数交互方式生成剖切与可见的楼梯。

**菜单命令:剖面→参数楼梯:**

单击"参数楼梯"菜单命令后,显示对话框如图 12-2-1 所示。

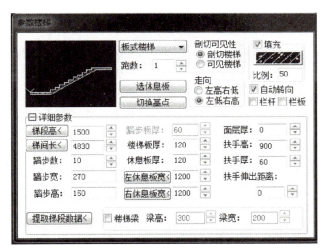

图 12-2-1　"参数楼梯"对话框

**对话框控件的说明:**

"板式楼梯"处为梯段类型选择,可选定当前梯段的形式,有 4 个选项:"板式楼梯""梁式现浇 L""梁式现浇 Δ""梁式预制"。

- 跑数:选择楼段的跑数。
- 走向:选择当前被编辑梯段的倾斜方向,有两个互锁按钮:"左低右高"和"左高右低"。
- 剖切可见性:用以选择画出的梯段是剖切部分还是可见部分,以不同的颜色表示,有"剖切楼梯"和"可见楼梯"两个互锁按钮。
- 详细参数:用以确定梯段具体尺寸,包括"踏步数""踏步宽""踏步高""踏步板厚""休息板厚"和"楼梯板厚"等项。
- 左休息板宽/右休息板宽:可以在图形中取点来决定板宽值,在右方的编辑框中显示,并可进行修改;也可以直接在右方的编辑框中键入板宽值。

　　● 选休息板:用于确定是否绘出左右两侧的休息板,有全有、全无、左有和右有 4 个选项,单击此处进行选项切换。

　　● 切换基点:确定基点(绿色×)在楼梯上的位置,单击此处进行基点切换。

　　选定梯段形式并输入各参数后,命令行提示:

> 请给出剖面楼梯的插入点<退出>:(选取插入点后,剖面楼梯插入图中。)

> 说明:可以在对话框中先确定踏步数,后改变梯段高,程序自动算出非整数的踏步高。

### 12.2.2　参数栏杆

"参数栏杆"命令用于按参数交互方式生成楼梯栏杆。

菜单命令:剖面→参数栏杆:

单击"参数栏杆"菜单命令后,显示对话框如图 12-2-2 所示。

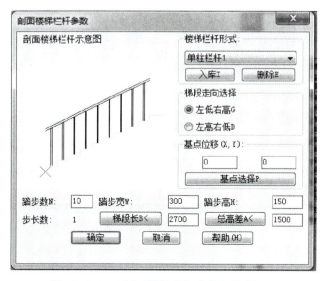

图 12-2-2　"剖面楼梯栏杆参数"对话框

**对话框控件的说明:**

　　● 楼梯栏杆形式:选定栏杆形式。

　　● 入库:用来扩充栏杆库。

　　● 删除:用来删除栏杆库中由用户添加的某一栏杆形式。

　　● 步长数:指栏杆基本单元所跨越楼梯的踏步数。

　　在对话框中输入合适的参数,单击"确定"按钮,命令行提示:

> 请给出剖面楼梯栏杆的插入点<退出>:(选取插入点后,插入剖面楼梯栏杆。)

栏杆插入如图 12-2-3 所示。

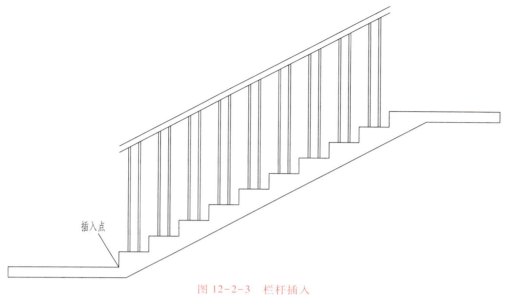

插入点

图 12-2-3　栏杆插入

用户制作新栏杆：

①　在图中绘制一段楼梯，以此楼梯为参照物，绘制栏杆基本单元，从而确定了栏杆基本单元与楼梯的相对位置关系。注意栏杆高度由用户给定，一经确定，就不会随后续踏步参数的变化而变化。

②　单击"参数栏杆"命令进入对话框，再单击"入库"按钮，命令行提示：

> 请选取要定义成栏杆的图元(LINE,ARC,CIRCLE)<退出>：

此时可选取图元，选中的图元亮显，选毕命令行显示：

> 栏杆图案的起始点<退出>：(选取栏杆基本单元的起始点。)
> 栏杆图案的结束点<退出>：(选取栏杆基本单元的结束点。)

在选取起始点与结束点时，需要说明的是：两点之间的水平距离为栏杆基本单元的长度，也即步长；两点连线的方向即为楼梯的走向。命令行接着提示：

> 栏杆图案的名称<退出>：(输入此栏杆图案的名称。)
> 步长数<1>：(输入栏杆基本单元跨越的踏步数。)

定义好栏杆的基本单元，并给定栏杆图案的名称后，此栏杆形式便装入栏杆库中，并在示意图中显示此栏杆。以后即可从栏杆库中调出此栏杆。

### 12.2.3　楼梯栏杆

"楼梯栏杆"命令可根据图层识别在双跑楼梯中剖切到的梯段与可见的梯段，按常用的直栏杆设计,自动处理两相邻楼梯栏杆的遮挡关系。

**菜单命令:剖面→楼梯栏杆:**

单击"楼梯栏杆"菜单命令后,命令行提示:

> 请输入楼梯扶手的高度<1000>:(输入新值或按回车键接受默认值。)
> 是否打断遮挡线<Y/N>? <Yes>:(输入"N"或者使用默认值。)

按回车键后由系统处理可见梯段被剖切梯段的遮挡,自动截去部分栏杆扶手,命令行接着显示:

> 输入楼梯扶手的起始点<退出>:
> 结束点<退出>:
> ……

命令行重复要求输入各梯段扶手的起始点与结束点,分段画出楼梯栏杆扶手,按回车键退出命令。

### 12.2.4　楼梯栏板

"楼梯栏板"命令根据实心栏板设计,可按图层自动处理栏板遮挡踏步:对可见梯段踏步以虚线表示,对剖面梯段踏步以实线表示。

**菜单命令:剖面→楼梯栏板:**

"楼梯栏板"命令操作与"楼梯栏杆"命令相同,楼梯栏杆与楼梯栏板实例如图 12-2-4 所示。

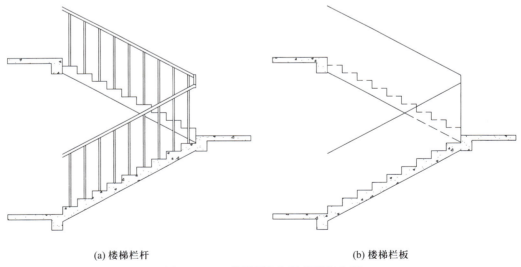

(a) 楼梯栏杆　　　　(b) 楼梯栏板

图 12-2-4　楼梯栏杆与楼梯栏板实例

### 12.2.5　扶手接头

"扶手接头"命令用于对楼梯扶手的接头位置做倒角与水平连接处理,水平伸出长度可以由用户输入。

　　菜单命令：剖面→扶手接头：

　　单击"扶手接头"菜单命令后，命令行提示：

> 请点取楼梯扶手的第一组接头线（近段）＜退出＞：（选剖切梯段的一对扶手。）
> 再点取第二组接头线（远段）＜退出＞：（选另一对扶手。）
> 扶手接头的伸出长度＜150＞：（键入新值或按回车键接受默认值。）

　　楼梯扶手的接头效果是近段遮盖远段，图 12-2-5 为扶手接头实例。

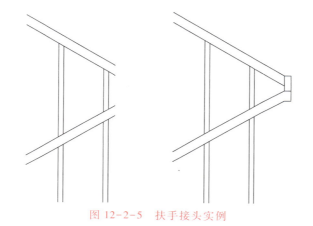

图 12-2-5　扶手接头实例

## 项目拓展

# 任务 12.3　剖面填充与加粗

# 【项目 12 实训】

　　按以下要求独立制订计划，并实施完成。

　　在项目 11 实训的基础上，创建工程案例建筑施工图的剖面图。

# 项目 13
## 文字表格

►知识链接：

天正文字和
表格

## 项目提要

本项目主要学习以下方面的内容：

1. 天正文字工具：包括文字样式、单行文字、多行文字等注写命令，以及统一字高、查找替换命令等。

2. 天正表格工具：包括表格的创建工具，天正建筑软件与 Microsoft Excel 软件之间交换表格文件工具与行列编辑工具。

3. 表格单元编辑：介绍表格的单元编辑工具，表格单元的修改可通过双击对象编辑和在位编辑实现。

## 任务 13.1　天正文字工具的使用

 **任务内容**

1. 设置文字样式。
2. 创建单行文字、多行文字。

 **任务分析**

利用天正建筑可以创建单行文字和多行文字等，还可以对创建好的文字进行各种编辑。

 **任务实施**

### 13.1.1　文字样式

"文字样式"命令为天正自定义文字样式的组成，设定中西文字体各自的参数。

**菜单命令：文字表格→文字样式：**

单击"文字样式"菜单命令后，显示对话框如图 13-1-1 所示。

对话框控件的说明参见 AutoCAD 文字样式的说明，不再重复。

文字样式由分别设定参数的中西文字体或者 Windows 字体组成。天正建筑软件扩展了

AutoCAD 的文字样式,可以分别控制中英文字体的宽度和高度,实现文字的名义高度与实际可量高度统一的目的,字高由使用文字样式的命令确定。

### 13.1.2　单行文字

"单行文字"命令可使用已经建立的天正文字样式输入单行文字,方便为文字设置上下标、加圆圈、添加特殊符号、导入专业词库内容。

**菜单命令:文字表格→单行文字:**

单击"单行文字"菜单命令后,显示对话框如图 13-1-2 所示。

图 13-1-1　"文字样式"对话框

图 13-1-2　"单行文字"对话框

**对话框控件的说明:**

- 文字输入列表:可供输入文字;在列表中保存有已输入的文字,方便重复输入同类内容,在下拉列表中选择一行文字后,该行文字复制到首行。
- 文字样式:在下拉列表中选用已由 AutoCAD 或天正文字样式定义的文字样式。
- 对齐方式:选择文字与基点的对齐方式。
- 转角:输入文字的转角。
- 字高:表示最终图纸打印的字高,而非在屏幕上测量出的字高,两者有一个绘图比例值的倍数关系。
- 背景屏蔽:勾选后文字可以遮盖背景,例如填充图案。本选项利用 AutoCAD 的 Wipeout 图像屏蔽特性,屏蔽作用随文字移动存在。
- 连续标注:勾选后单行文字可以连续标注。
- 上/下标:用鼠标选定需变为上/下标的部分文字,然后单击上/下标图标。
- 加圆圈:用鼠标选定需加圆圈的部分文字,然后单击加圆圈的图标。
- 钢筋符号:在需要输入钢筋符号的位置,单击相应的钢筋符号。
- 其他特殊符号:单击进入特殊字符集,在弹出的对话框中选择需要插入的符号。

单行文字的在位编辑:双击图中的单行文字即可进入在位编辑状态,直接在图上显示编辑框,总是按从左到右的水平方向修改。

当需要使用特殊字符、专业词汇等时,移动光标到编辑框外单击右键,即可调用单行文字的快捷菜单进行编辑,使用方法与对话框中的工具栏图标完全一致,单行文字在位编辑实例如图13-1-3所示。

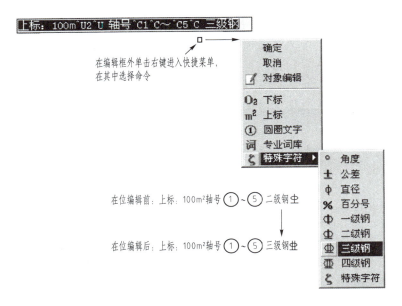

图13-1-3　单行文字在位编辑实例

### 13.1.3　多行文字

"多行文字"命令使用已经建立的天正文字样式,按段落输入多行中文文字,方便设定页宽与硬回车位置,并可随时拖动夹点改变页宽。

**菜单命令:文字表格→多行文字:**

单击"多行文字"菜单命令后,显示对话框如图13-1-4所示。

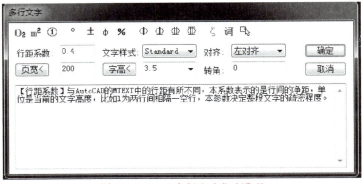

图13-1-4　"多行文字"对话框

**对话框控件的说明:**

● 文字输入区:在其中输入多行文字,也可以输入来自剪贴板的其他文本编辑内容。如由Microsoft Word编辑的文本可以通过Ctrl+C组合键复制到剪贴板,再由Ctrl+V组合键输入到文字输入区,在其中随意修改其内容。允许硬回车,也可由页宽控制段落的宽度。

● 行距系数:与 AutoCAD 的 MTEXT 中的行距有所不同,本参数表示的是行间的净距,单位是当前的文字高度,比如 1 为两行间相隔一空行,本系数决定整段文字的疏密程度。

● 字高:以 mm 为单位表示的打印出图后实际文字高度,已经考虑当前比例。

● 对齐:决定了文字段落的对齐方式,共有"左对齐""右对齐""中心对齐""两端对齐" 4 种对齐方式。

其他控件的含义与"单行文字"对话框相同。

输入文字内容编辑完毕以后,单击"确定"按钮完成多行文字输入,本命令的自动换行功能特别适合输入以中文为主的设计说明文字。

多行文字对象设有两个夹点,左侧的夹点用于整体移动,而右侧的夹点用于拖动改变段落宽度,当宽度小于设定时,多行文字对象会自动换行,而最后一行的结束位置由该对象的对齐方式决定。

多行文字的编辑需考虑排版的因素,默认双击进入"多行文字"对话框,而不推荐使用在位编辑,但是可通过快捷菜单进入在位编辑功能。

### 13.1.4　统一字高

"统一字高"命令将 AutoCAD 文字、天正文字的字高按给定尺寸进行统一。

菜单命令:文字表格→统一字高:

单击"统一字高"菜单命令后,命令行提示:

> 请选择要修改的文字(AutoCAD 文字,天正文字)<退出>:(选择要统一高度的文字。)
>
> 请选择要修改的文字(AutoCAD 文字,天正文字)<退出>:(退出命令。)
>
> 字高( )<3.5 mm>:4(输入新的统一字高"4",这里的字高也是指完成后的图纸尺寸。)

### 13.1.5　查找替换

使用"查找替换"命令可查找、替换当前图形中所有的文字,包括 AutoCAD 文字、对象中的文字,但不包括图块内的文字和属性文字。这个命令非常实用,也很重要,当有大量的文字修改时,修改很方便。学会使用这个命令后,可以与 AutoCAD 中的 FIND 命令进行比较。

菜单命令:文字表格→查找替换:

单击"查找替换"菜单命令后,显示对话框,如图 13-1-5 所示。

"查找替换"命令对图中或选定范围内的所有文字类信息进行查找,按要求进行逐一替换或者全体替换,在搜索过程中在图上找到该文字处显示红框,单击"下一个"时,红框转到下一个找到该文字的位置,此命令类似于 Microsoft Word 软件中的"查找"和"替换"功能。

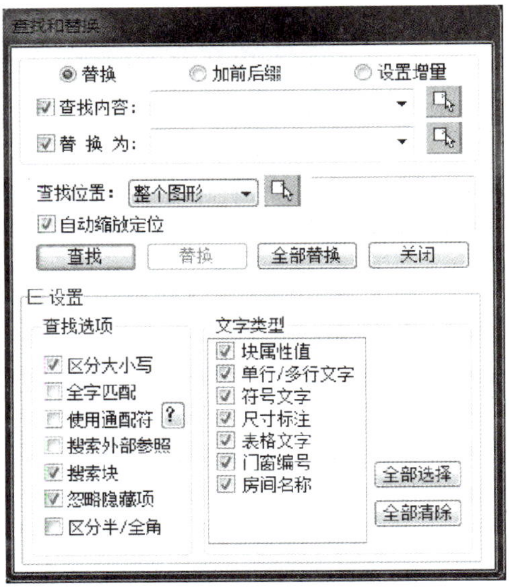

图 13-1-5　"查找和替换"对话框

# 任务 13.2　天正表格工具的使用

熟悉新建表格命令,了解拆分表格、合并表格、增加表行、删除表行、转出 Excel 和读入 Excel 的方法。

了解表格的创建方法以及与其他软件之间的数据交换方法。

**任务实施**

### 13.2.1　新建表格

"新建表格"命令根据已知行列参数通过对话框新建一个表格,提供了行高与列宽的初始值。此初始值以最终图纸尺寸值(mm)为单位,还考虑了根据当前图纸比例自动设置表格尺寸大小等因素。

**菜单命令:文字表格→新建表格:**

单击"新建表格"菜单命令后,显示"新建表格"对话框,如图 13-2-1 所示。

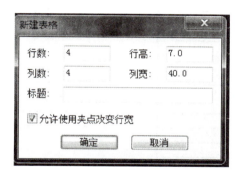

图 13-2-1　"新建表格"对话框

在其中输入表格的标题以及所需的行数和列数,单击"确定"后,命令行提示:

> 左上角点或[参考点(R)]<退出>:(给出表格在图上的位置。)

单击选中表格,双击需要输入的单元格,即可启动在位编辑功能,在编辑栏进行文字输入。

### 13.2.2　拆分表格

"拆分表格"命令可把表格按行或者按列拆分为多个表格,也可按用户设定的行列数自动拆分,有丰富的选项供用户选择,如保留标题、规定表头行数等。

**菜单命令:文字表格→表格编辑→拆分表格:**

单击"拆分表格"菜单命令后,显示"拆分表格"对话框,如图 13-2-2 所示。

图 13-2-2　"拆分表格"对话框

"拆分表格"命令应用实例如图 13-2-3 所示。

① 自动拆分:在对话框中设置拆分参数后,单击"拆分"按钮,拆分后的新表格自动布置在原表格右边,原表格被拆分缩小。

② 交互拆分:不勾选"自动拆分"复选框,此时"指定行数"虚显。

以按行拆分为例,单击"拆分"按钮,进行拆分点的交互,命令行提示:

> 请点取要拆分的起始行<退出>:(选取要拆分为新表格的起始行。)
> 请点取插入位置<返回>:(拖动要插入的新表格选取插入位置。)
> 请点取要拆分的起始行<退出>:(在新表格中选取继续拆分的起始行。)
> 请点取插入位置<返回>:(拖动要插入的新表格选取插入位置。)

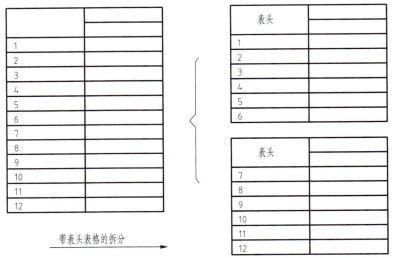

带表头表格的拆分

图 13-2-3　"拆分表格"命令应用实例

### 13.2.3　合并表格

"合并表格"命令可把多个表格逐次合并为一个表格,这些待合并的表格行列数可以不等,默认按行合并,也可以改为按列合并。

**菜单命令:文字表格→表格编辑→合并表格:**

单击"合并表格"菜单命令后,命令行提示:

> 选择第一个表格或[列合并(C)]<退出>:(选择位于首行的表格。)
>
> 选择下一个表格<退出>:(选择紧接其下的表格。)
>
> 选择下一个表格<退出>:(按回车键退出命令。)

完成后表格行数合并,最终表格行数等于所选择各个表格行数之和,标题保留第一个表格的标题。

注意:如果被合并的表格有不同列数,最终表格的列数为最多的列数,各个表格合并后多余的表头由用户自行删除。

### 13.2.4　增加表行

"增加表行"命令可对表格进行编辑,在选择行上方一次增加一行或者复制当前行到新行,也可以通过"表行编辑"实现。

**菜单命令:文字表格→表格编辑→增加表行:**

单击"增加表行"菜单命令后,命令行提示:

> 请点取一表行以(在本行之前)插入新行[在本行之后插入(A)/复制当前行(S)]<退出>:(选取表格时显示方块光标,单击要增加行的位置;或者在提示下键入"S",表示增加表行时,顺带复制当前行内容。)

### 13.2.5　删除表行

"删除表行"命令可对表格进行编辑,以行为单位一次删除当前指定的行。

菜单命令:文字表格→表格编辑→删除表行:

单击"删除表行"菜单命令后,命令行提示:

> 请点取要删除的表行<退出>:(选取表格时显示方块光标,单击要删除的某一行。)
>
> 请点取要删除的表行<退出>:(重复以上提示,每次删除一行,按回车键退出命令。)

### 13.2.6　转出 Excel

天正建筑软件提供了与 Microsoft Excel 之间交换表格文件的接口,把表格对象的内容输出到 Excel 中,供用户在其中进行统计和打印,还可以根据 Excel 中的数据表更新原有的天正表格;当然也可以读入 Excel 中建立的数据表格,创建天正表格对象。

菜单命令:文字表格→转出 Excel:

单击"转出 Excel"菜单命令后,命令行提示:

> 请点取表格对象<退出>:(选择一个表格对象。)

系统自动开启一个 Excel 进程,并把所选定的表格内容输入到 Excel 中,转出 Excel 的内容包含表格的标题。

### 13.2.7　读入 Excel

"读入 Excel"命令用于把当前 Excel 表单中选中的数据更新到指定的天正表格中,支持 Excel 中保留的小数位数。

菜单命令:文字表格→读入 Excel:

单击"读入 Excel"菜单命令后,如果没有打开 Excel 文件,会提示要先打开一个 Excel 文件并选择要复制的范围,接着显示如图 13-2-4 所示提示。

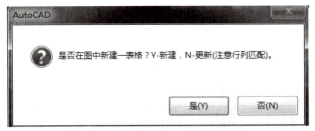

图 13-2-4　读入 Excel 提示对话框

如果打算新建表格,单击"是"按钮,命令行提示:

> 请点取表格位置或[参考点(R)]<退出>:(给出新建表格对象的位置。)

如果打算更新表格,单击"否"按钮,命令行提示:

> 请点取表格对象<退出>:(选择已有的一个表格对象。)

本命令要求事先在 Excel 表单中选中一个区域,系统根据 Excel 表单中选中的内容,新建或更新天正表格对象,在更新天正表格对象的同时,检验 Excel 中选中的行列数目与所选取的天正表格对象的行列数目是否匹配,按照单元格一一对应的原则进行更新,如果不匹配将拒绝执行。

> 说明:读入 Excel 时,不要选择作为标题的单元格,因为程序无法区分 Excel 的表格标题和内容。程序把 Excel 选中的内容全部视为表格内容。

# 任务 13.3　表格单元编辑

 **任务内容**

掌握常用表格单元编辑方法。

 **任务分析**

表格绘制完成后,还需要对表格单元进行编辑操作,主要有单元编辑、单元递增、单元复制、单元合并、撤销合并、表格设定等内容。

 **任务实施**

### 13.3.1　单元编辑

"单元编辑"命令用于启动"单元格编辑"对话框,可方便地编辑该单元格内容或改变单元文字的显示属性。也可以使用在位编辑,双击要编辑的单元格即可进入在位编辑状态,直接对单元格内容进行修改。

菜单命令:文字表格→单元编辑:

单击"单元编辑"菜单命令后,命令行提示:

> 请点取一单元格进行编辑或[多格属性(M)/单元分解(X)]<退出>:

单击指定要编辑的单元格,显示"单元格编辑"对话框,如图 13-3-1 所示。

图 13-3-1　"单元格编辑"对话框

如果要求一次修改多个单元格的内容,可以输入"M"选定多个单元格,命令行继续提示:

请点取确定多格的第一点以编辑属性或[单格编辑(S)/单元分解(X)]<退出>:(单击选取多个单元格。)

请点取确定多格的第二点以编辑属性<退出>:(按回车键退出选取状态。)

这时出现单元格属性编辑对话框,在其中仅可以改单元格文字的属性,不能更改文字内容。

对已经被合并的单元格,可以通过键入"X"选择"单元分解"选项,把这个单元格分解还原为独立的标准单元格,恢复单元格间的分隔线。命令行提示:

请点取要分解的单元格或[单格编辑(S)/多格属性(M)]<退出>:(单击指定要分解的单元格。)

分解后的各个单元格均复制了分解前单元格的文字内容。

### 13.3.2　单元递增

"单元递增"命令可将单元文字内容在同一行或一列复制,同时将编号递增复制,按住 Shift 键为直接复制,按住 Ctrl 键为递减复制。

**菜单命令:文字表格→表格编辑→单元递增:**

单击"单元递增"菜单命令后,命令行提示:

请点取第一个单元格<退出>:(单击已有编号的首单元格。)

点取最后一个单元格<退出>:(单击递增编号的末单元格。)

完成"单元递增"命令,图形进行更新。在选取最后一个单元格时可选项执行:按住 Shift

键可改为复制,编号不进行递增,按住 Ctrl 键,编号改为递减。

### 13.3.3　单元复制

"单元复制"命令可复制表格中某一单元格内容或者图形中的文字、图块至目标单元格。

菜单命令:文字表格→表格编辑→单元复制:

1. 复制单元格文字

单击"单元复制"菜单命令后,命令行提示:

> 点取拷贝源单元格或[选取文字(A)]<退出>:(选取表格上已有内容的单元格,复制其中内容。)
>
> 点取粘贴至单元格(按 CTRL 键重新选择复制源)[选取文字(A)]<退出>:(选取表格上目标单元格,粘贴源单元格内容到目标单元格,也可以按住 Ctrl 键重新选择复制源。)
>
> 点取粘贴至单元格(按 CTRL 键重新选择复制源)或[选取文字(A)]<退出>:(继续选取表格上目标单元格,粘贴源单元格内容到目标单元格或按回车键结束命令。)

2. 复制单元格图块

单击"单元复制"菜单命令后,命令行提示:

> 点取拷贝源单元格[选取文字(A)/选取图块(B)]<退出>:B(键入"B"选取图块。)
>
> 请选择拷贝源图块<退出>:(在当前图形上选取需要复制的图块。)
>
> 点取粘贴目标单元格[选取文字(A)/选取图块(B)]<退出>:(选取表格上目标单元格,粘贴源图块内容到这里。)
>
> 点取粘贴目标单元格[选取文字(A)/选取图块(B)]<退出>:(继续选取表格上目标单元格,粘贴源图块内容到这里,或按回车键结束命令。)

输入"A"复制文字,方法与复制图块完全相同。

### 13.3.4　单元合并

"单元合并"命令可将几个单元格合并为一个大的表格单元。

菜单命令:文字表格→表格编辑→单元合并:

单击"单元合并"菜单命令后,命令行提示:

> 点取第一个角点:(选取一个点作为第一个角点。)
> 点取另一个角点:(选取一个点作为第二个角点。)

以两点定范围,窗口选择表格中要合并的单元格,即可完成选中单元格的合并。

合并后的单元文字居中,使用的是第一个单元格中的文字内容。需要注意的是,选取这两个角点时,不要选取横、竖表格线上的点,而应选取单元格内的点。

### 13.3.5　撤销合并

"撤销合并"命令可将已经合并的单元格重新恢复为几个小的表格单元。

**菜单命令:文字表格→表格编辑→撤销合并:**

单击"撤销合并"菜单命令后,命令行提示:

　　点取已经合并的单元格<退出>:(选取后命令即恢复该单元格的原有单元的组成结构。)

### 13.3.6　表格设定

双击表格的边框,会弹出"表格设定"对话框,如图 13-3-2 所示,可以对标题、表行、表列和内容等全局属性进行设置。

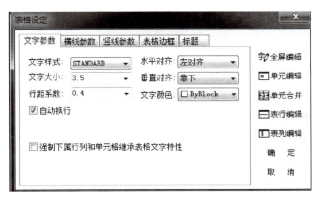

图 13-3-2　"表格设定"对话框

"表格设定"有 5 个选项卡,分别是:① 文字参数;② 横线参数;③ 竖线参数;④ 表格边框;⑤ 标题。

单击"表格设定"中各选项卡会出现相应的参数设置(类似于 Microsoft Excel 的表格参数,在此不再赘述),按提示进行设置即可。

### 13.3.7　表行编辑

"表行编辑"命令可在快捷菜单中选择。首先选中准备编辑的表格,单击鼠标右键在弹出的快捷菜单中单击"表行编辑"菜单项,进入本命令后移动光标选择表行,单击进入如图 13-3-3所示的对话框。

行参数的说明:

● 继承表格横线参数:勾选此复选框,本次操作的表行对象按全局表行的参数设置显示。

　　说明:若勾选"表格设定"中的"自动换行"复选框,表行文字自动换行。这个设置必须和行高特性配合使用,即行高特性必须为自由或自动,否则文字换行后覆盖表格前一行或后一行。

### 13.3.8　表列编辑

　　"表列编辑"命令可在快捷菜单中选择。首先选中准备编辑的表格,单击鼠标右键,在弹出的快捷菜单中单击"表列编辑"菜单项,进入本命令后移动光标选择表列,单击进入"列设定"对话框,如图 13-3-4 所示。

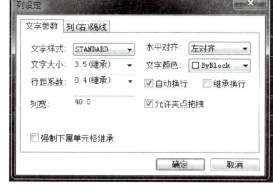

图 13-3-3　"行设定"对话框　　　　图 13-3-4　"列设定"对话框

　　列参数的说明:

　　● 继承表格竖线参数:在"列(右)隔线"选项卡中勾选此项,本次操作的表列对象按全局表列的参数设置显示。

　　● 强制下属单元格继承:勾选此复选框,本次操作的表列各单元格按文字参数设置显示。

　　● 不设竖线:在"列(右)隔线"选项卡中勾选此项,相邻两列间的竖线不显示,但相邻单元格不进行合并。

　　● 自动换行:勾选此复选框,表列内的文字超过单元宽度后自动换行,必须和行高特性配合使用。

### 13.3.9　夹点编辑

　　对于表格的尺寸调整,除了用命令外,也可以通过选择表格,拖动表格中的夹点,获得合适的表格尺寸。在生成表格时,总是按照等分生成列宽和行高。通过夹点可以调整各列的合理宽度,行高根据行高特性的不同,可以通过夹点、单元字高或换行来调整。角点缩放功能可以按不同比例任意改变整个表格的大小,行高、列宽、字高随着缩放自动调整为合理的尺寸。如果行高特性为"自由"和"至少",那么就可以启用夹点来改变行高。

# 【项目 13 实训】

　　按以下要求独立制订计划，并实施完成。

　　在项目 12 实训的基础上，创建工程案例建筑施工图中所有表格，并填写相关内容。

# 项目 14
## 尺寸与符号标注

## 项目提要

本项目主要学习以下方面的内容：

1. 尺寸标注的创建：天正尺寸标注可以针对图上的门窗、墙体对象的特点进行门窗、墙体标注，也可以针对几何特征进行直线、角度、弧长标注。

2. 尺寸标注的编辑：介绍了针对天正尺寸标注的各种专门的尺寸编辑命令。这些命令除了在屏幕菜单中选取外，主要通过选取尺寸标注对象后在快捷菜单中执行。

3. 符号标注：标注分动态标注和静态标注两种，具体介绍符号标注中的坐标标注、标高标注、箭头引注、引出标注。针对总图制图规范的要求，天正建筑软件提供了符合规范的坐标标注和标高符号标注，适用于在各种坐标系下对以 m 为单位和以 mm 为单位的总平面图进行标注。

## 任务 14.1　创建尺寸标注

### 任务内容

学习创建尺寸标注。

### 任务分析

▶知识链接：
天正建筑的
尺寸标注

建筑平面图中尺寸标注的类型众多，除了在绘制轴号标注时生成的外部开间和进深尺寸外，还需要添加更多的尺寸标注。

下面介绍如何进行门窗、墙厚、两点、内门、快速、逐点、半径、直径、角度等尺寸标注。

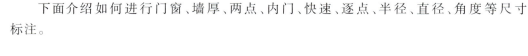

### 任务实施

#### 14.1.1　门窗标注

"门窗标注"命令适合标注建筑平面图的门窗尺寸，有两种情况。

① 在平面图中参照轴网标注的第一、二道尺寸线,自动标注直墙和圆弧墙上的门窗尺寸,生成第三道尺寸线。

② 当没有轴网标注的第一、二道尺寸线时,在用户选定的位置标注出门窗尺寸线。

**菜单命令:尺寸标注→门窗标注:**

单击"门窗标注"菜单命令后,命令行提示:

> 请用线选第一、二道尺寸线及墙体:
>
> 起点<退出>:(第一种情况,在墙体内侧任点选一点 P1 作为起点。)
>
> 终点<退出>:(垂直墙线方向,穿过墙体和第一、二道尺寸线选取终点 P2,系统绘制出第一段墙体的门窗标注。)
>
> 选择其他墙体:[选择其他要标注的墙体(该墙体被内墙断开),按回车键结束命令。]

分别表示两种情况的门窗标注的实例如图 14-1-1 所示。左边的门窗标注是第一种情况,即有第一、二道尺寸线时,标注在第三道尺寸线上,尺寸线不一定经过 P2 点。右边的门窗标注是第二种情况,即没有第一、二道尺寸线时,门窗标注在 P2 点所在的位置上,尺寸线经过 P2 点。

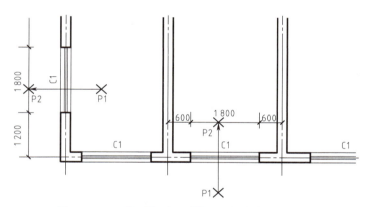

图 14-1-1 分别表示两种情况的门窗标注的实例

### 14.1.2 墙厚标注

"墙厚标注"命令可在图中一次标注两点连线经过的一至多段天正墙体对象的墙厚尺寸,标注时可识别墙体的方向,标注出与墙体正交的墙厚尺寸。当墙体内有轴线存在时,标注以轴线划分的左、右墙宽,墙体内没有轴线存在时标注墙体的总宽。

**菜单命令:尺寸标注→墙厚标注:**

单击"墙厚标注"菜单命令后,命令行提示:

> 直线第一点<退出>:(在标注尺寸线处选取起始点。)
>
> 直线第二点<退出>:(在标注尺寸线处选取结束点。)

墙厚标注的实例如图 14-1-2 所示。

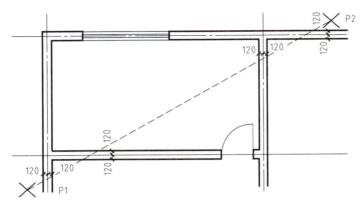

图 14-1-2　墙厚标注的实例

### 14.1.3　两点标注

"两点标注"命令可为两点连线附近有关系的轴线、墙线、门窗、柱等构件标注尺寸,标注点为墙中点,或者添加其他标注点,U 热键可撤销上一个标注点。

**菜单命令:尺寸标注→两点标注:**

单击"两点标注"菜单命令后,命令行提示:

> 起点(当前墙面标注)或[墙中标注(C)]<退出>:

在标注尺寸线一端选取起始点或键入"C"进入墙中标注,提示相同。

> 终点<选物体>:(在标注尺寸线另一端选取终点。)
> 请选择不要标注的轴线和墙体:(如果要略过某些不需要标注的轴线和墙体,这里有机会去掉这些对象。)
> 请选择不要标注的轴线和墙体:(按回车键结束选择。)
> 选择其他要标注的门窗和柱子:

此时可以用任何一种选取图元的方法选择其他墙段上的窗等图元,最后提示:

> 请输入其他标注点[参考点(R)/撤销上一标注点(U)]<退出>:(依次选择其他标注点。)
> 请输入其他标注点[参考点(R)/撤销上一标注点(U)]<退出>:(按回车键结束标注。)

可采用对象捕捉(快捷键 F3 切换)的模式选择标注点,天正建筑软件将前后多次选定的对象与标注点一起完成标注。

两点标注的实例如图 14-1-3 所示。

输入"C"切换为墙中标注,实例如图 14-1-4 所示。

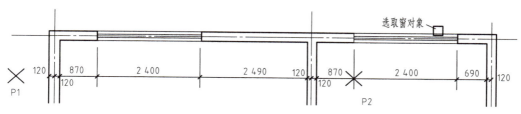

图 14-1-3　两点标注的实例

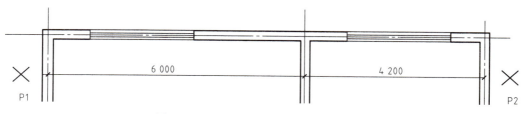

图 14-1-4　两点标注的实例(墙中标注)

### 14.1.4　内门标注

"内门标注"命令用于标注平面室内门窗尺寸以及定位尺寸,其中定位尺寸与邻近的正交轴线或者墙角(墙垛)相关。

菜单命令:尺寸标注→内门标注:

单击"内门标注"菜单命令后,命令行提示:

> 标注方式:轴线定位(用线选门窗,并且第二点作为尺寸线位置。)
> 起点或[垛宽定位(A)]<退出>:(在标注门窗的一侧选取起点或者键入"A"改为垛宽定位。)
> 终点<退出>:(经过标注的室内门窗,在尺寸线标注位置上给终点。)

分别表示轴线和垛宽两种定位方式的内门标注实例如图 14-1-5 所示。

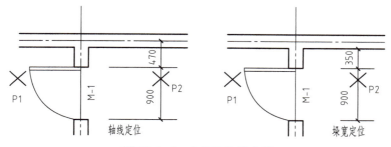

图 14-1-5　内门标注的实例

### 14.1.5　快速标注

"快速标注"命令类似 AutoCAD 的同名命令,适用于天正对象,特别适用于选取平面图后快速标注外包尺寸线。

**菜单命令:尺寸标注→快速标注:**

单击"快速标注"菜单命令后,命令行提示:

> 选择要标注的几何图形:(选取天正对象或平面图。)
> 选择要标注的几何图形:(选取其他对象或按回车键结束。)
> 请指定尺寸线位置或[整体(T)/连续(C)/连续加整体(A)]<整体>:

选项中"整体"是为整体图形创建外包尺寸线,"连续"是提取对象节点创建连续直线标注尺寸,"连续加整体"是两者同时创建。

快速标注外包尺寸线的实例如图 14-1-6 所示,标注步骤如下:

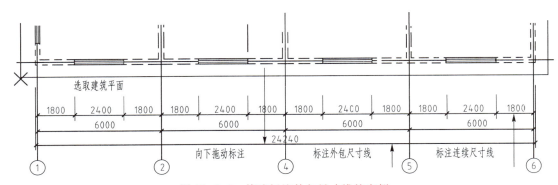

图 14-1-6　快速标注外包尺寸线的实例

选取整个平面图,默认整体标注,下拉完成外包尺寸线标注,键入"C"可标注连续尺寸线。

### 14.1.6　逐点标注

"逐点标注"命令是一个通用的灵活标注工具,对选取的一串给定点沿指定方向和选定的位置标注尺寸,特别适用于没有指定天正对象特征,需要取点定位标注的情况,完成其他标注命令难以完成的尺寸标注。实际绘图过程中用此命令来测量取距离也是很方便好用的。

**菜单命令:尺寸标注→逐点标注:**

单击"逐点标注"菜单命令后,命令行提示:

> 起点或[参考点(R)]<退出>:(选取第一个标注点作为起点。)
> 第二点<退出>:(选取第二个标注点。)
> 请点取尺寸线位置或[更正尺寸线方向(D)]<退出>:(拖动尺寸线,选取尺寸线定位点,或键入"D"选取线或墙对象用于确定尺寸线方向。)
> 请输入其他标注点或[撤销上一标注点(U)]<结束>:(逐点给出标注点。)
> ……
> 请输入其他标注点或[撤销上一标注点(U)]<结束>:(继续取点,按回车键结束命令。)

逐点标注的实例如图 14-1-7 所示。

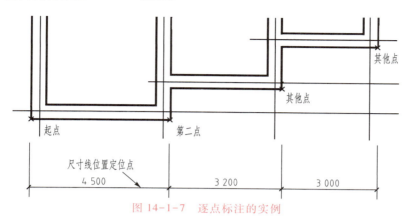

图 14-1-7　逐点标注的实例

### 14.1.7　半径标注

"半径标注"命令用于在图中标注弧线或圆弧墙的半径,尺寸文字容纳不下时,会按照制图标准规定,自动引出标注在尺寸线外侧。

**菜单命令:尺寸标注→半径标注:**

单击"半径标注"菜单命令后,命令行提示:

> 请选择待标注的圆弧<退出>:(选取圆弧上任一点,即在图中标注好半径。)

### 14.1.8　直径标注

"直径标注"命令用于在图中标注弧线或圆弧墙的直径,尺寸文字容纳不下时,会按照制图标准规定,自动引出标注在尺寸线外侧。

**菜单命令:尺寸标注→直径标注:**

单击"直径标注"菜单命令后,命令行提示:

> 请选择待标注的圆弧<退出>:(选取圆弧上任一点,即在图中标注好直径。)

### 14.1.9　角度标注

"角度标注"命令按逆时针方向标注两根直线之间的夹角,注意按逆时针方向选择要标注的直线。

**菜单命令:尺寸标注→角度标注:**

单击"角度标注"菜单命令后,命令行提示:

> 请选择第一条直线<退出>:(在标注位置选取第一根线。)
> 请选择第二条直线<退出>:(在标注位置选取第二根线。)

### 14.1.10　弧长标注

"弧长标注"命令以国家建筑制图标准规定的弧长标注画法分段标注弧长,保持整体的一个角度标注对象,可在弧长、角度和弦长三种状态下相互转换。

**菜单命令:尺寸标注→弧长标注:**

单击"弧长标注"菜单命令后,命令行提示:

> 请选择要标注的弧段:(选取准备标注的弧墙、弧线。)
> 请点取尺寸线位置<退出>:(类似逐点标注,选取尺寸线定位点。)
> 请输入其他标注点<结束>:(继续选取其他标注点。)
> ……
> 请输入其他标注点<结束>:(按回车键结束。)

图 14-1-8 为弧长标注的实例,通过"切换角标"命令可改变标注类型。

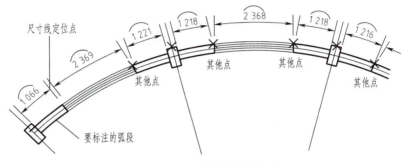

图 14-1-8　弧长标注的实例

# 任务 14.2　编辑尺寸标注

 **任务内容**

学习天正建筑软件提供的专用尺寸编辑命令。

 **任务分析**

天正建筑的尺寸标注对象是天正自定义对象,支持裁剪、延伸、打断等编辑命令,使用方法与 AutoCAD 尺寸对象相同。

本任务主要介绍文字复位、文字复值、剪裁延伸、取消尺寸、连接尺寸、尺寸打断、对齐标注、增补尺寸、切换角标、尺寸转化、尺寸自调等尺寸编辑命令。

任务实施

### 14.2.1　文字复位

"文字复位"命令用于将尺寸标注中被拖动夹点移动过的数值恢复回原来的初始位置，可解决夹点拖动不当时与其他夹点合并的问题。

菜单命令:尺寸标注→尺寸编辑→文字复位:

单击"文字复位"菜单命令后,命令行提示:

> 请选择天正尺寸标注:(选取要恢复的天正尺寸标注,可多选。)
> 请选择天正尺寸标注:(按回车键结束命令,系统把选中的尺寸标注中所有文字恢复原始位置。)

### 14.2.2　文字复值

"文字复值"命令用于将尺寸标注中被有意修改的尺寸恢复回尺寸的初始数值。有时为了方便起见,会把其中一些标注尺寸数值加以改动,在校核或提取工程量等需要尺寸实际数值和标注数值一致的场合,可以使用本命令按实测尺寸恢复尺寸数值。

菜单命令:尺寸标注→尺寸编辑→文字复值:

单击"文字复值"菜单命令后,命令行提示:

> 请选择天正尺寸标注:(选取要恢复的天正尺寸标注,可多选。)
> 请选择天正尺寸标注:(按回车键结束命令,系统把选中的尺寸标注中所有数值恢复实测数值。)

### 14.2.3　剪裁延伸

"剪裁延伸"命令用于在尺寸线的某一端,按指定点剪裁或延伸该尺寸线。本命令综合了"剪裁"和"延伸"两命令,自动判断对尺寸线的剪裁或延伸。

菜单命令:尺寸标注→尺寸编辑→剪裁延伸:

单击"剪裁延伸"菜单命令后,命令行提示:

> 请给出剪裁延伸的基准点或[参考点(R)]<退出>:(选取剪裁线要延伸到的位置。)
> 要剪裁或延伸的尺寸线<退出>:(选取要进行剪裁或延伸的尺寸线。)

所选取尺寸线的一端即做了相应的剪裁或延伸。

> 要剪裁或延伸的尺寸线<退出>:(命令行重复以上提示,按回车键退出。)

"剪裁延伸"命令的应用实例如图 14-2-1 所示,标注步骤如下:

执行两次"剪裁延伸"命令,第一次执行延伸功能构造外包尺寸,第二次执行剪裁功能剪裁尺寸。

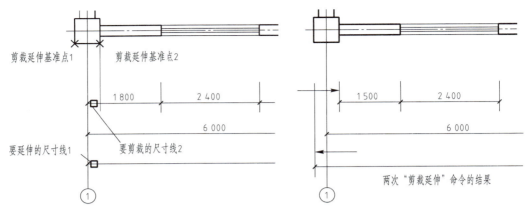

图14-2-1 "剪裁延伸"命令的应用实例

### 14.2.4 取消尺寸

"取消尺寸"命令用于删除天正尺寸标注对象中指定的尺寸线区间,如果尺寸线共有奇数段,删除中间段会把原来的尺寸标注对象分开成为两个相同类型的尺寸标注对象。因为天正尺寸标注对象是由多个区间的尺寸线组成的,用"删除"命令无法删除其中某一个区间,必须使用本命令完成。

菜单命令:尺寸标注→尺寸编辑→取消尺寸:

单击"取消尺寸"菜单命令后,命令行提示:

> 请选择待取消的尺寸区间的文字<退出>:(选取要删除的尺寸线区间内的数值或尺寸线均可。)
> 请选择待取消的尺寸区间的文字<退出>:(选取其他要删除的尺寸线区间内的数值或尺寸线,或者按回车键结束命令。)

### 14.2.5 连接尺寸

"连接尺寸"命令用于连接两个独立的天正自定义直线或圆弧标注对象,将选取的两尺寸线区间加以连接,原来的两个尺寸标注对象合并成为一个尺寸标注对象。如果准备连接的尺寸标注对象尺寸线之间不共线,连接后的尺寸标注对象以第一个选取的尺寸标注对象为主尺寸标注对齐。本命令通常用于把AutoCAD的尺寸标注对象转为天正尺寸标注对象。

菜单命令:尺寸标注→尺寸编辑→连接尺寸:

单击"连接尺寸"菜单命令后,命令行提示:

> 请选择主尺寸标注<退出>:(选取要对齐的尺寸线作为主尺寸标注。)
> 选择需要连接的其他尺寸标注<结束>:(选取其他要连接的尺寸线。)
> ……
> 选择需要连接的其他尺寸标注<结束>:(按回车键结束。)

连接尺寸的实例如图 14-2-2 所示。

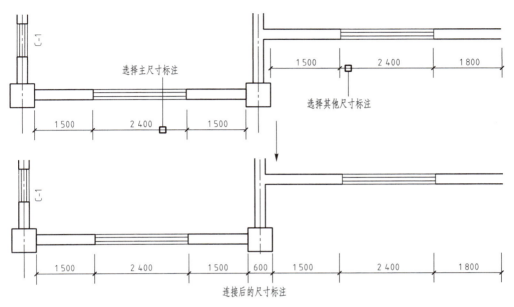

图 14-2-2    连接尺寸的实例

### 14.2.6    尺寸打断

"尺寸打断"命令用于把整体的天正自定义尺寸标注对象在指定的尺寸界线上打断,成为两段互相独立的尺寸标注对象,可以各自拖动夹点、移动和复制。

**菜单命令:尺寸标注→尺寸编辑→尺寸打断:**

单击"尺寸打断"菜单命令后,命令行提示:

> 请在要打断的一侧点取尺寸线<退出>:(在要打断的位置选取尺寸线,系统随即打断尺寸线。)

选择预览尺寸线可见,此时尺寸标注已经是两个独立对象,如图 14-2-3 所示。

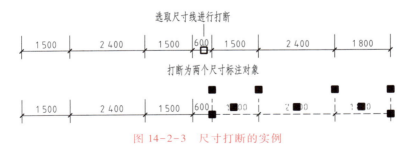

图 14-2-3    尺寸打断的实例

### 14.2.7    对齐标注

"对齐标注"命令用于一次按 Y 轴方向坐标对齐多个尺寸标注对象,对齐后各个尺寸标注对象按参考标注的高度对齐排列。

菜单命令：尺寸标注→尺寸编辑→对齐标注：

单击"对齐标注"菜单命令后，命令行提示：

> 选择参考标注＜退出＞：（选取作为样板的标注，它的高度作为对齐的标准。）
> 选择其他标注＜退出＞：（选取其他要对齐排列的标注。）
> 选择其他标注＜退出＞：（按回车键退出命令。）

执行"对齐标注"命令把三个尺寸标注对象对齐，结果如图 14-2-4 所示。

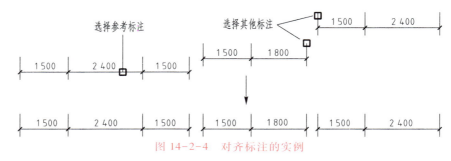

图 14-2-4　对齐标注的实例

### 14.2.8　增补尺寸

"增补尺寸"命令用于在一个天正自定义直线标注对象中增加区间，增补新的尺寸界线断开原有区间，但不增加新尺寸标注对象。

菜单命令：尺寸标注→尺寸编辑→增补尺寸：

单击"增补尺寸"菜单命令后，命令行提示：

> 请选择尺寸标注＜退出＞：（选取要在其中增补的尺寸线分段。）
> 点取待增补的标注点的位置或［参考点（R）］＜退出＞：（捕捉选取增补点或输入"R"定义参考点。）

如果给出了参考点，这时命令行提示：

> 参考点：（选取参考点，然后从参考点引出定位线，无参考点直接到这里。）
> 点取待增补的标注点的位置或［参考点（R）／撤销上一标注点（U）］＜退出＞：（按该线方向输入准确数值定位增补点。）
> 点取待增补的标注点的位置或［参考点（R）／撤销上一标注点（U）］＜退出＞：（连续选取其他增补点，没有顺序区别。）
> ……
> 点取待增补的标注点的位置或［参考点（R）／撤销上一标注点（U）］＜退出＞：（按回车键退出命令。）

增补尺寸的实例如图 14-2-5 所示。

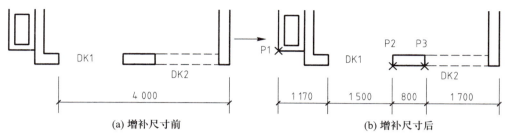

(a) 增补尺寸前　　　　　　　　　　(b) 增补尺寸后

图 14-2-5　增补尺寸的实例

> 说明:尺寸标注夹点提供"增补尺寸"模式控制,拖动尺寸标注夹点时,按 Ctrl 键切换为"增补尺寸"模式即可在拖动位置添加尺寸界线。

实际绘图过程中,也可以直接双击所标注的尺寸,会自动执行"增补尺寸"命令。通过双击图元来实现编辑,不仅方便好用,还能提高绘图效率,这在实际绘图中很重要,应尽量使用这种方法。

### 14.2.9　切换角标

"切换角标"命令用于将角度标注对象在角度标注、弦长标注与弧长标注三种模式之间切换。

菜单命令:尺寸标注→尺寸编辑→切换角标:

单击"切换角标"菜单命令后,命令行提示:

> 请选择天正角度标注:(选取角度标注或者弦长标注,切换为其他模式显示。)
> 请选择天正角度标注:(按回车键结束命令。)

重复执行"切换角标"命令,选择同一个角度标注,切换三种标注模式。

### 14.2.10　尺寸转化

"尺寸转化"命令用于将 AutoCAD 尺寸标注对象转化为天正尺寸标注对象。

菜单命令:尺寸标注→尺寸编辑→尺寸转化:

单击"尺寸转化"菜单命令后,命令行提示:

> 请选择 AutoCAD 尺寸标注:(一次选择多个尺寸标注,按回车键进行转化。完成后提示:)

全部选中的 N 个对象成功地转化为天正尺寸标注。

### 14.2.11　尺寸自调

实际绘图过程中,特别是绘制比较复杂的图时,所标注的尺寸会重叠或遮挡图元,影响图纸质量。若严重,则应使用更大的制图比例,若只是少量遮挡,可用"尺寸自调"命令,此时天正建筑软件会自动调整重叠的尺寸标注。

菜单命令:尺寸标注→尺寸编辑→尺寸自调:

单击菜单命令后,命令行提示:

> 请选择天正尺寸标注:(一次选择多个尺寸标注,按回车键完成调整。)

程序根据调整方式选择向上调或向下调。

# 任务 14.3　符号标注

## 任务内容

了解动态标注和静态标注的区别,以及如何进行坐标标注、标高标注、箭头引注、引出标注等。

## 任务分析

▶ 知识链接:

天正建筑的
符号标注

坐标标注在工程制图中用于表示某个点的平面位置,一般由政府的测绘部门提供,而标高标注则用来表示某个点的高程或者垂直高度。标高分为绝对标高和相对标高,绝对标高的数值也来自政府测绘部门,而相对标高则是由设计单位设计的,一般以室内地坪为±0.000。

箭头引注用于将标注的内容用箭头引出来,并附上说明性的文字。

引出标注可用于对多个标注点进行说明的文字标注,自动按端点对齐文字,具有拖动自动跟随的特性。

## 任务实施

### 14.3.1　标注状态设置

标注分动态标注和静态标注两种,移动和复制后的坐标符号受状态开关菜单项的控制:

• 动态标注状态下,移动和复制后的坐标数据将自动与世界坐标系一致,适用于整个 DWG 文件仅仅布置一个总平面图的情况;

• 静态标注状态下,移动和复制后的坐标数据不改变原值,例如在一个 DWG 文件上复制同一总平面图,绘制绿化、交通等不同类别的图纸,此时只能使用静态标注。

天正建筑提供了状态行的按钮开关,可单击切换坐标的动态和静态两种状态。

### 14.3.2　坐标标注

"坐标标注"命令用于在总平面图上标注测量坐标或者施工坐标。

**菜单命令:符号标注→坐标标注:**

单击"坐标标注"菜单命令后,命令行提示:

> 当前绘图单位:m,标注单位:M;以世界坐标取值;北向角度 90 度
>
> 请点取标注点或[设置(S)]<退出>:S

首先要了解当前图形的绘图单位是否是 mm,如果图形绘图单位是 m,需要输入"S"设置绘图单位,显示"坐标标注"对话框,如图 14-3-1 所示。

"坐标取值"可以从世界坐标系或用户坐标系中任意选择(默认取世界坐标系),"坐标类型"可选"测量坐标"或者"施工坐标"(默认"测量坐标")。

根据《总图制图标准》(GB/T 50103)第 2.4.1 条的规定,南北方向的坐标轴为 X(A),东西方向的坐标轴为 Y(B),与建筑绘图习惯使用的坐标系是相反的。

如果图中插入了指北针符号,在对话框中单击"选指北针",从图中选择指北针,系统以它的指向为 X(A)方向标注新的坐标点。

图 14-3-1　"坐标标注"对话框

使用用户坐标标注的坐标符号使用颜色为青色,区别于使用世界坐标标注的坐标符号,在同一 DWG 文件中不得使用两种坐标系统进行坐标标注。

单击下拉列表设置"绘图单位"是"mm","标注单位"是"m",单击"确定"按钮返回命令行:

> 当前绘图单位:mm;标注单位:m;以世界坐标取值;北向角度 90 度
>
> 请点取标注点或[设置(S)]<退出>:(选取坐标标注点。)
>
> 点取坐标标注方向<退出>:(单击确定坐标标注方向。)
>
> 请点取坐标标注点<退出>:(重复选取坐标标注点。)
>
> 请点取坐标标注点<退出>:(按回车键退出命令。)

对有已知坐标基准点的图形,在对话框中单击"设置坐标系"进行设置,命令行提示:

> 点取参考点:(选取已知坐标的基准点作为参考点。)
>
> 输入坐标值<14260.8,18181.2>:

根据该点已知的真实坐标值(X,Y)输入,如 27856.75,165970.32。

> 请点取标注点或[设置(S)]<退出>:(选取其他标注点进行标注。)

图 14-3-2 是以 m 为单位绘制的总平面图,其坐标以用户坐标系方向标注,按世界坐标系取值,图中的世界坐标系图标是为说明情况而特别添加的,实际不会与用户坐标系图标同时出现。

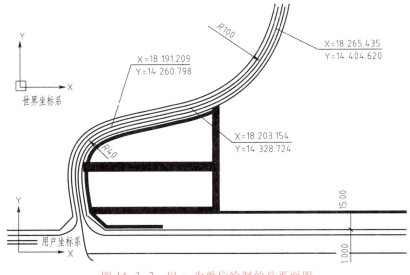

图 14-3-2  以 m 为单位绘制的总平面图

### 14.3.3  标高标注

"标高标注"命令适用于平面图的楼面标高与地坪标高标注,可标注绝对标高和相对标高,也可用于立/剖面图标注楼面标高。标高三角符号为空心或实心填充,通过按钮可选,两种类型的按钮的功能是互锁的,其他按钮控制标高的标注样式。

**菜单命令:符号标注→标高标注:**

单击"标高标注"菜单命令后,显示如图 14-3-3 所示对话框。

图 14-3-3  "标高标注"对话框

双击自动输入的标高对象进入在位编辑,直接修改标高数值,如图 14-3-4 所示。

勾选"手工输入"复选框后,在第一个标高后按回车键或按向下箭头,可以输入多个标高表示楼层标高,如图 14-3-5 所示。

图 14-3-4  标高在位编辑          图 14-3-5  楼层标高的标注

### 14.3.4　箭头引注

菜单命令:符号标注→箭头引注:

单击"箭头引注"菜单命令后,显示如图 14-3-6 所示对话框。

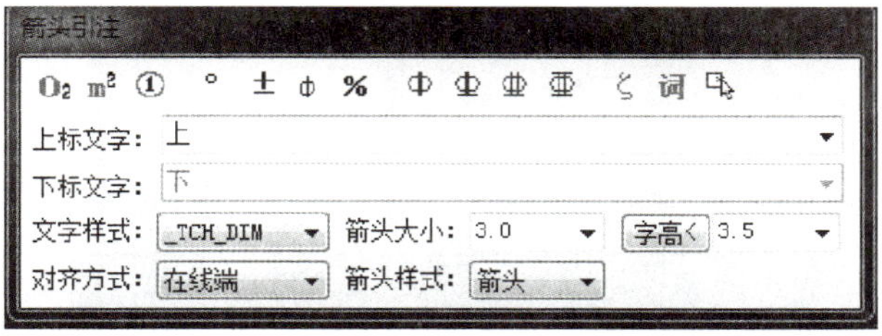

图 14-3-6　"箭头引注"对话框

在对话框中输入引线端部要标注的文字,可以从下拉列表中选取保存的文字历史记录,也可以不输入文字只画箭头。对话框中还提供了更改箭头长度、样式的功能,箭头长度以最终图纸尺寸为准,以 mm 为单位。箭头的可选样式有"箭头"和"半箭头"两种。

在对话框中输入要注写的文字,设置好参数,按命令行提示操作:

> 箭头起点或[点取图中曲线(P)/点取参考点(R)]<退出>:(选取箭头起始点。)
> 直段下一点[弧段(A)/回退(U)]<结束>:[画出引线(直线或弧线)。]
> 直段下一点[弧段(A)/回退(U)]<结束>:(按回车键结束。)

双击箭头引注中的文字,即可进入在位编辑框修改文字。

### 14.3.5　引出标注

"引出标注"命令可用于对多个标注点进行说明的文字标注,自动按端点对齐文字,具有拖动自动跟随的特性。

菜单命令:符号标注→引出标注:

单击"引出标注"菜单命令后,显示如图 14-3-7 所示对话框。

图 14-3-7　"引出标注"对话框

在对话框中编辑好标注内容及其形式后,按命令行提示操作:

请给出标注第一点<退出>:(选取标注引线上的第一点。)

输入引线位置或[更改箭头形式(A)]<退出>:(选取文字基线上的第一点。)

点取文字基线位置<退出>:(选取文字基线上的结束点。)

输入其他的标注点<结束>:(选取第二条标注引线上端点。)

……

输入其他的标注点<结束>:(按回车键结束。)

双击引出标注对象可进入"编辑引出标注"对话框,如图 14-3-8 所示。

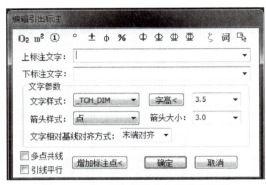

图 14-3-8　"编辑引出标注"对话框

"编辑引出标注"对话框与"引出标注"对话框所不同的是下面多了"增加标注点"按钮,单击该按钮,可进入图形添加引出线与标注点。

引出标注对象可实现夹点编辑,如拖动标注点时箭头(圆点)自动跟随,拖动文字基线时文字自动跟随等特性。除了夹点编辑外,双击其中的文字进入在位编辑,修改文字后在屏幕空白处单击鼠标,退出在位编辑状态。

引出标注在位编辑实例如图 14-3-9 所示。

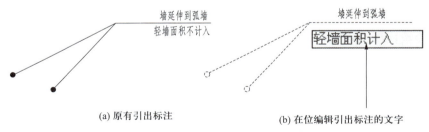

(a) 原有引出标注　　　　　　　　　(b) 在位编辑引出标注的文字

图 14-3-9　引出标注在位编辑实例

# 【项目 14 实训】

按以下要求独立制订计划,并实施完成。

在项目 13 实训的基础上,给建筑平面图添加尺寸标注、标高等符号。完成整套建筑施工图的绘制。

## 郑重声明

高等教育出版社依法对本书享有专有出版权。任何未经许可的复制、销售行为均违反《中华人民共和国著作权法》，其行为人将承担相应的民事责任和行政责任；构成犯罪的，将被依法追究刑事责任。为了维护市场秩序，保护读者的合法权益，避免读者误用盗版书造成不良后果，我社将配合行政执法部门和司法机关对违法犯罪的单位和个人进行严厉打击。社会各界人士如发现上述侵权行为，希望及时举报，本社将奖励举报有功人员。

反盗版举报电话　（010）58581999　58582371　58582488

反盗版举报传真　（010）82086060

反盗版举报邮箱　dd@ hep.com.cn

通信地址　北京市西城区德外大街 4 号
　　　　　高等教育出版社法律事务与版权管理部

邮政编码　100120

## 防伪查询说明

用户购书后刮开封底防伪标签上的涂层，利用手机微信等软件扫描二维码，会跳转至防伪查询网页，获得所购图书详细信息。也可将二维码下的 20 位密码按从左到右、从上到下的顺序发送短信至 106695881280，免费查询所购图书真伪。

反盗版短信举报　编辑短信"JB，图书名称，出版社，购买地点"发送至 10669588128

防伪客服电话　（010）58582300

## 学习卡账号使用说明

一、注册/登录

访问 http://abook.hep.com.cn/sve，点击"注册"，在注册页面输入用户名、密码及常用的邮箱进行注册。已注册的用户直接输入用户名和密码登录即可进入"我的课程"页面。

二、课程绑定

点击"我的课程"页面右上方"绑定课程"，正确输入教材封底防伪标签上的 20 位密码，点击"确定"完成课程绑定。

三、访问课程

在"正在学习"列表中选择已绑定的课程，点击"进入课程"即可浏览或下载与本书配套的课程资源。刚绑定的课程请在"申请学习"列表中选择相应课程并点击"进入课程"。

如有账号问题，请发邮件至：4a_admin_zz@ pub.hep.cn。